Teubner Studienbücher

Physik

Becher/Böhm/Joos: **Eichtheorien der starken und elektroschwachen Wechselwirkung** 2. Aufl. DM 39,80

Berry: **Kosmologie und Gravitation.** DM 26,80

Bopp: **Kerne, Hadronen und Elementarteilchen.** DM 34,–

Bourne/Kendall: **Vektoranalysis.** 2. Aufl. DM 28,80

Carlsson/Pipes: **Hochleistungsfaserverbundwerkstoffe.** DM 28,80

Constantinescu: **Distributionen und ihre Anwendung in der Physik.** DM 23,80

Daniel: **Beschleuniger.** DM 28,80

Engelke: **Aufbau der Moleküle.** DM 38,–

Fischer/Kaul: **Mathematik für Physiker**
Band 1: Grundkurs. 2. Aufl. DM 48,–

Goetzberger/Wittwer: **Sonnenenergie.** 2. Aufl. DM 29,80

Gross/Runge: **Vielteilchentheorie.** DM 39,80

Großer: **Einführung in die Teilchenoptik.** DM 26,80

Großmann: **Mathematischer Einführungskurs für die Physik.** 5. Aufl. DM 36,–

Grotz/Klapdor: **Die schwache Wechselwirkung in Kern-, Teilchen- und Astrophysik.** DM 46,–

Heil/Kitzka: **Grundkurs Theoretische Mechanik.** DM 39,–

Heinloth: **Energie.** DM 42,–

Kamke/Krämer: **Physikalische Grundlagen der Maßeinheiten.** DM 26,80

Kleinknecht: **Detektoren für Teilchenstrahlung.** 2. Aufl. DM 29,80

Kneubühl: **Repetitorium der Physik.** 4. Aufl. DM 48,–

Kneubühl/Sigrist: **Laser.** 2. Aufl. DM 42,–

Kopitzki: **Einführung in die Festkörperphysik.** 2. Aufl. DM 44,–

Kröger/Unbehauen: **Technische Elektrodynamik.** DM 42,–

Kunze: **Physikalische Meßmethoden.** DM 28,80

Lautz: **Elektromagnetische Felder.** 3. Aufl. DM 32,–

Lindner: **Drehimpulse in der Quantenmechanik.** DM 28,80

Lohrmann: **Einführung in die Elementarteilchenphysik.** 2. Aufl. DM 26,80

Lohrmann: **Hochenergiephysik.** 3. Aufl. DM 34,–

Mayer-Kuckuk: **Atomphysik.** 3. Aufl. DM 34,–

Mayer-Kuckuk: **Kernphysik.** 4. Aufl. DM 39,80

Mommsen: **Archäometrie.** DM 38,–

Neuert: **Atomare Stoßprozesse.** DM 28,80

Nolting: **Quantentheorie des Magnetismus**
Teil 1: Grundlagen. DM 38,–
Teil 2: Modelle. DM 38,–

Raeder u. a.: **Kontrollierte Kernfusion.** DM 42,–

Fortsetzung auf der 3. Umschlagseite

Elektronik für Physiker

Eine Einführung in analoge Grundschaltungen

Von Dipl.-Phys. Karl-Heinz Rohe, Haan

3., durchgesehene Auflage
Mit 199 Figuren

B. G. Teubner Stuttgart 1987

Dipl.-Phys. Karl-Heinz Rohe

Geboren 1938 in Arnsberg (Westfalen). Studium der Physik in Göttingen, Saarbrücken und Münster. 1964 Diplom, anschließend Entwicklungsingenieur bei Fa. Siemens in Karlsruhe. Seit 1967 wiss. Angestellter in der Abteilung für Physik und Astronomie an der Universität Bochum. Ab 1986 Entwicklungstätigkeit in der Industrie.

CIP-Kurztitelaufnahme der Deutschen Bibliothek

Rohe, Karl-Heinz
Elektronik für Physiker : e. Einf. in analoge Grundschaltungen / von Karl-Heinz Rohe. - 3., durchges. Aufl. - Stuttgart : Teubner, 1987.

(Teubner Studienbücher : Physik)
ISBN-13: 978-3-519-23044-1 e-ISBN-13: 978-3-322-89117-4
DOI: 10.1007/978-3-322-89117-4

Gesamtherstellung: Druckhaus Beltz, Hemsbach/Bergstraße
Umschlaggestaltung: W. Koch, Sindelfingen

Vorwort

Das vorliegende Buch entstand aus einer Einführungsvorlesung in die Elektronik, die ich seit 1975 an der Ruhr-Universität Bochum für Physik-Studenten (ab 3. Semester) halten konnte. Eine solche Vorlesung entsprang dem Wunsch, möglichst früh den kommenden Experimentalphysiker mit einer der wichtigsten Arbeitsmethoden vertraut zu machen. Es war die Absicht, in Abgrenzung zu anderen Gebieten der Elektronik, die Analog-Elektronik darzustellen, die ja in der Regel am Beginn einer elektrischen Meßdatengewinnung mit ausreichender analoger Verstärkung steht, bis auch digitale Methoden zur Anwendung kommen können. Entsprechend dem Ausbildungsstand der Zuhörer wurden die wichtigsten Grundgesetze der Elektronik mit Anwendungsbeispielen, sowie die bedeutendsten elektronischen Bauelemente und ihre Grundschaltungen behandelt. Dabei wurde die Erklärung von Schaltungen und Funktionsweisen möglichst "physikalisch" gehalten. Das Ziel des Buches ist es, in die Begriffswelt der Elektronik einzuführen, um das Verständnis für Funktionen und Anwendungsmöglichkeiten zu fördern und dem Leser die Möglichkeit zu geben, Schaltungen für seine Zwecke selbst zu entwerfen.

Das Buch verdankt seine Entstehung einer Anregung von Prof. Dr. D. Kamke. Ihm gebührt mein Dank für seine beständige Förderung und Unterstützung, sowie für viele Vorschläge, die auch den Inhalt und die Darstellung betrafen. Zu danken habe ich ferner Frau D. Runzer für die saubere Herstellung der Zeichnungen, Frau D. Hake für die Photoarbeiten und endlich besonders Frau E. Wieselmann für die unermüdliche und sorgfältige Ausführung der Schreibarbeiten.

Bochum, im Herbst 1978 K.-H. Rohe

Vorwort zur dritten Auflage

Für seine Mitarbeit bei der Überarbeitung der zweiten Auflage möchte ich Herrn Prof. Dr. D. Kamke meinen herzlichen Dank aussprechen.

Haan, im Herbst 1986 K. H. Rohe

Inhaltsverzeichnis

1 Passive Bauelemente

1.1 Lineare Bauelemente

1.1.1 Widerstand, Grundgesetze und Grundschaltungen

1.1.1.1 Elektrische Leitfähigkeit fester Stoffe

Die elektrische Leitfähigkeit eines Stoffes hängt von der Anzahl seiner freien Ladungsträger und deren Beweglichkeit ab.

In Festkörpern kommen als freie Ladungsträger nur Elektronen in Betracht, weil die Atome entweder in einer regelmäßigen Raumgitterstruktur an feste "Gitterpunkte" gebunden sind (kristalline Struktur) oder in einer ungeordneten, amorphen Struktur im Festkörper eingefroren sind. Entscheidend für die Anzahl freier Elektronen in einem Festkörper ist die Größe der Bindungsenergie, mit der die äußersten Elektronen der Festkörperatome - die sogenannten Valenzelektronen - an ihre Atome gebunden sind.

In einem Einzelatom bewegen sich die Elektronen (mit der Ladung -e) im Coulombfeld des Atomkerns (mit der Ladung +Ze). Die Kraft F, mit der ein Elektron, das sich im Abstand r vom Kern befindet, an das Atom gebunden ist, nimmt quadratisch mit dem Kernabstand ab,

$$F \sim \frac{e^2 Z}{r^2} .$$

Wie die elementare Quantentheorie zeigt, können Elektronen den Kern nur auf Bahnen mit bestimmten, diskreten Kernabständen r_n umlaufen. Ebenso kann die Energie W der Elektronen, die sich aus ihrer potentiellen Energie im Coulombfeld $W_{pot}(r_n)$ und ihrer kinetischen Energie $W_{kin}(r_n)$ zusammensetzt, nur ganz bestimmte diskrete Werte annehmen. Die bei einem Einzelatom möglichen Elektronenenergien stellt man in einem Energieschema dar, wobei die Energieniveaus durch horizontale Linien veranschaulicht werden (Fig. 1a).

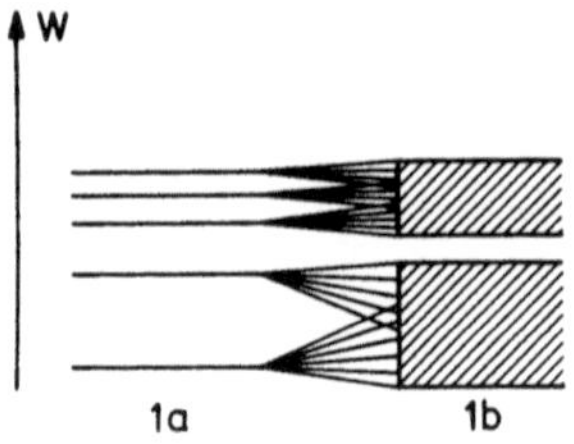

Fig. 1a: Energiezustände in einem isolierten Atom
Fig. 1b: Energiebänder im Festkörper

In einem Festkörper bewegen sich die Valenzelektronen nicht mehr in einem ungestörten Coulombfeld, sondern in komplizierten elektrischen Feldern, die sich durch Überlagerung der elektrischen Felder aller Gitteratome ergeben. Dies führt zu einer Aufspaltung der Energieniveaus des Einzelatoms in so viele dicht zusammenliegende Einzelniveaus wie Atome im Festkörper vorhanden sind. Wegen ihrer ungeheuren Zahl faßt man ununterscheidbar dichtliegende Einzelniveaus zu Energiebändern zusammen (Fig. 1b).

Der Energiebereich der Valenzelektronen wird Valenzband genannt. Führt man diesen äußersten Elektronen Energie zu (z.B. thermische Anregung), so kann man sie aus ihrer Bindung an das Atom lösen. Dadurch entstandene "freie Elektronen" bewegen sich ebenfalls im komplizierten elektrischen Feld des Festkörpers. Ebenso wie die gebundenen Elektronen können auch die freien Elektronen innerhalb des Festkörpers nur Energien eines bestimmten Energiebereichs annehmen. Die Gesamtheit aller Energien, die freie Elektronen annehmen können, faßt man im Leitungsband zusammen. Valenzband und Leitungsband sind im allgemeinen durch eine verbotene Zone endlicher Breite ΔW_B voneinander getrennt (Fig. 2). Energien im Bereich der verbotenen Zone können Elektronen im Festkörper nicht annehmen.

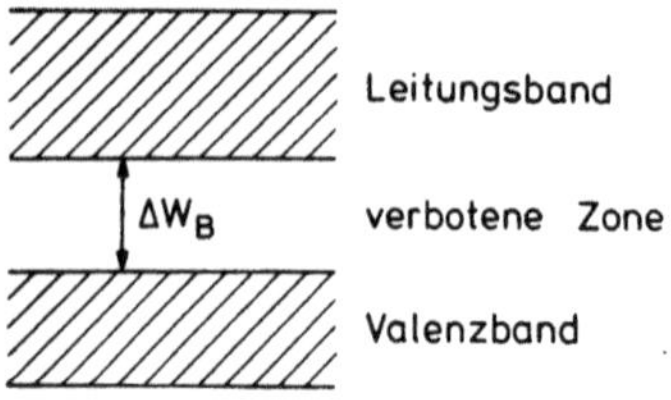

Fig. 2: Energiebänder und verbotene Zone im Festkörper

Die Breite der verbotenen Zone ist entscheidend dafür, ob sich der Festkörper wie ein Leiter, Halbleiter oder Isolator verhält: Zur Bildung freier Elektronen muß den Valenzelektronen ein Energiebetrag

$W > \Delta W_B$ zugeführt werden; dann können sie vom Valenz- ins Leitungsband überwechseln.

Bei Metallen überlappen sich Valenz- und Leitungsband, so daß praktisch jedes Gitteratom ein Elektron ins Leitungsband abgibt. Die Anzahl der freien Elektronen ist gleich der Anzahl der Gitteratome.

Bei Halbleitern beträgt der Bandabstand ΔW_B ca. 1 eV. Die mittlere thermische Energie der Elektronen $\overline{W_{th}}$ beträgt bei Zimmertemperatur ca. 0,04 eV. Aufgrund der statistischen Energieverteilung hat eine gewisse Anzahl von Elektronen eine thermische Energie $W_{th} > \Delta W_B$. Die Anzahl der durch thermische Anregung in Halbleitern gebildeten freien Elektronen ist bei Raumtemperatur klein.Sie steigt jedoch mit wachsender Temperatur stark an.

Stoffe mit einem Bandabstand $\Delta W_B > 3$ eV zählt man zu den Isolatoren: Sie enthalten praktisch keine freien Ladungsträger.

1.1.1.2 O h m sches Gesetz

Legt man an einen metallischen Leiter der Länge l eine Spannung U, so entsteht darin ein elektrisches Feld der Stärke E=U/l (Fig. 3).

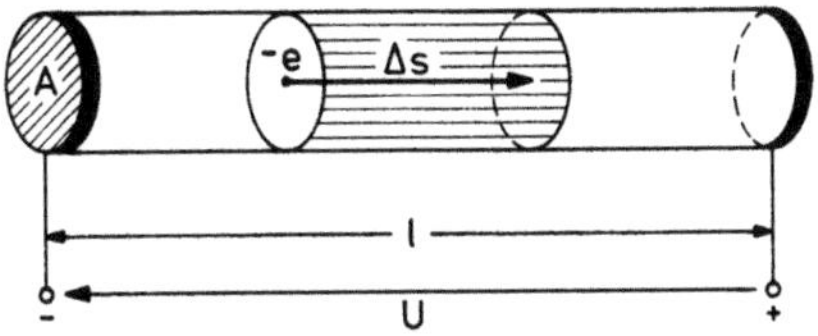

Fig.3: Elektrischer Strom und Elektronenbewegung

Auf ein freies Elektron innerhalb des Leiters wirkt die Kraft $F = eE$. Infolgedessen führt das Elektron eine beschleunigte Bewegung aus, bis es mit einem Gitteratom zusammenstößt und seine Geschwindigkeit nach Betrag und Richtung ändert. Makroskopisch betrachtet, bewegt sich das Elektron unter dem Einfluß des elektrischen Feldes mit einer mittleren Driftgeschwindigkeit v_D , die proportional zur Feldstärke ist, $v_D = \mu \cdot E$. Die Größe μ ist die Beweglichkeit. Der elektrische Strom I, der durch einen Leiter mit dem Querschnitt A fließt, folgt aus der Ladung ΔQ, die sich in der Zeit Δt durch die Querschnittfläche A bewegt: $I = \frac{\Delta Q}{\Delta t}$ (allgemein $\frac{dQ}{dt}$). Ein Elektron trägt die Ladung e. Es legt in der Zeit Δt die Strecke $\Delta s = v_D \cdot \Delta t$ zurück. Alle Elektronen, die innerhalb des Volumenelements $A \cdot \Delta s$ liegen, durchqueren in der Zeit Δt die Querschnittsfläche A. Ihre Anzahl beträgt $\Delta N = nA\Delta s$, wenn n freie Elektronen in der Volumeneinheit (Träger-Anzahldichte) des Leitermaterials vorhanden sind. Die Elektronen tragen die Ladung $\Delta Q = \Delta Ne$. Der Strom ist daher gegeben durch

$$(1.1) \qquad I = \frac{\Delta Q}{\Delta t} = e\,\frac{\Delta N}{\Delta t} = enA\,\frac{\Delta s}{\Delta t} = enAv_D = enA\mu E = enA\mu\,\frac{U}{l} \quad .$$

Bei konstanter Beweglichkeit und Anzahldichte der Träger besteht also ein linearer Zusammenhang zwischen der an den metallischen Leiter angelegten Spannung U und der Stromstärke I. Den Zusammenhang zwischen Stromstärke und Spannung beschreibt die Beziehung $I = U/R$. Bei dem hier zugrundeliegenden zylindrischen Leiter ist

$$(1.2) \qquad R = \frac{l}{A} \cdot \frac{1}{en\mu} = \frac{l}{A} \cdot \rho \text{ mit } \rho = \frac{1}{en\mu} \; .$$

Die Größe R heißt Widerstand des Leiters. Der Widerstand ist von der Leitergeometrie abhängig (hier von l/A) und von der Materialkonstante ρ, der Resistivität. Die Resistivität hängt, wie gezeigt, ab von der Trägeranzahldichte n der freien Ladungsträger und ihrer Beweglichkeit μ. Bei Metallen ist n praktisch gleich der Anzahl der Atome (pro Atom etwa 1 freies Elektron) und somit temperaturunabhängig. Die Beweglichkeit μ dagegen ist eine von der Temperatur ϑ abhängige Größe: $\mu = \mu(\vartheta)$. Die Wahrscheinlichkeit der Zusammenstöße freier Elektronen mit Gitteratomen nimmt mit wachsender Temperatur zu, so daß die Beweglichkeit abnimmt. Infolgedessen steigt der Widerstand metallischer Leiter mit wachsender Temperatur an: $R(\vartheta) \sim \frac{1}{\mu(\vartheta)}$.

Die Temperaturabhängigkeit von Widerständen wird durch den Temperaturkoeffizienten

$$(1.3) \qquad \beta_R = \frac{1}{R} \cdot \frac{\partial R}{\partial \vartheta}$$

charakterisiert. Er gibt die relative Widerstandsänderung pro Grad an. Für hochwertige Festwiderstände ist $\beta_R < 10^{-4}\ K^{-1}$, für Kupfer gilt $\beta_R = 3{,}93 \cdot 10^{-3}\ K^{-1}$.

Ein Leiter, bei dem ein linearer Zusammenhang zwischen angelegter Spannung U und durchfließendem Strom I besteht, erfüllt das Ohmsche Gesetz in der Form $U = I \cdot R$ mit konstantem R. Die Größe R heißt Ohmscher Widerstand. Ein Ohmscher Widerstand ist z.B. durch einen metallischen Leiter realisierbar, dessen Temperatur konstant gehalten wird. Fig. 4 zeigt das Schaltsymbol eines Ohmschen Widerstandes mit den Anschlußpunkten A und B, an die eine Spannung U_{AB} gelegt ist und der vom Strom I durchflossen wird. Es ist $U_{AB} > 0$, falls der Punkt A positives Potential gegenüber dem Punkt B hat. Der Spannungspfeil weist häufig vom höheren zum niedrigeren Potential, der Strompfeil stimmt mit der Richtung des elektrischen Feldes im Leiter überein. Die konventionelle Stromrichtung ist also der Driftbewegungsrichtung der Elektronen entgegengesetzt.

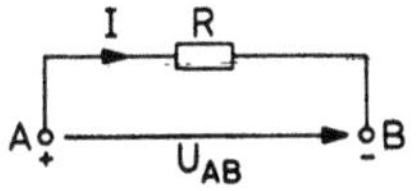

Fig.4: Schaltsymbol eines Widerstandes. Richtung von Spannung und Stromstärke nach DIN 5489.

Wird der Widerstand R von einem Strom I durchflossen, so wird in ihm die Leistung $P_V = I^2R = U^2/R$ in Wärme umgesetzt. Dabei erhöht sich seine Oberflächentemperatur ϑ_o. Diese setzt sich zusammen aus der Umgebungstemperatur ϑ_u und der Übertemperatur $\Delta\vartheta_V$ infolge der in Wärme umgesetzten elektrischen Leistung: $\vartheta_o = \vartheta_u + \Delta\vartheta_V$. Die Übertemperatur $\Delta\vartheta_V$ ist der umgesetzten elektrischen Leistung proportional: $\Delta\vartheta_V = R_{th} \cdot P_V$. Der Faktor R_{th} heißt "thermischer Widerstand". Er gibt die Temperaturzunahme des Widerstandes in ^oC, bezogen auf die Verlustleistung an (z.B. $50^oC/W$) und hängt wesentlich von der Oberfläche des Widerstandes ab. Es ist also

$$(1.4) \qquad \vartheta_o = \vartheta_u + R_{th} \cdot P_V \quad .$$

Aus technischen Gründen darf eine bestimmte Oberflächentemperatur $\vartheta_{o,max}$ nicht überschritten werden. Durch Auflösen nach P_V erhält man die maximal zulässige Verlustleistung als Funktion der Umgebungstemperatur:

$$(1.5) \qquad P_v = \frac{\vartheta_{o,max} - \vartheta_u}{R_{th}} .$$

In Datenbüchern wird die maximale Verlustleistung eines Widerstandes für eine Umgebungstemperatur von $\vartheta_u \leq 25^oC$ angegeben:

$$P_{v,max}(25^oC) = \frac{\vartheta_{o,max} - 25^oC}{R_{th}} .$$

Löst man diese Gleichung nach R_{th} auf und ersetzt R_{th} in (1.5), so erhält man

$$(1.6) \qquad P_v(\vartheta_u) = P_{v,max}(25^oC)\,\frac{\vartheta_{o,max} - \vartheta_u}{\vartheta_{o,max} - 25^o} .$$

Die graphische Darstellung des Zusammenhangs $P_v = P_v(\vartheta_u)$ ergibt eine "Lastminderungskurve", aus der man ablesen kann, welche Verlustleistung bei $\vartheta_u > 25^oC$ noch zulässig ist (Fig. 5).

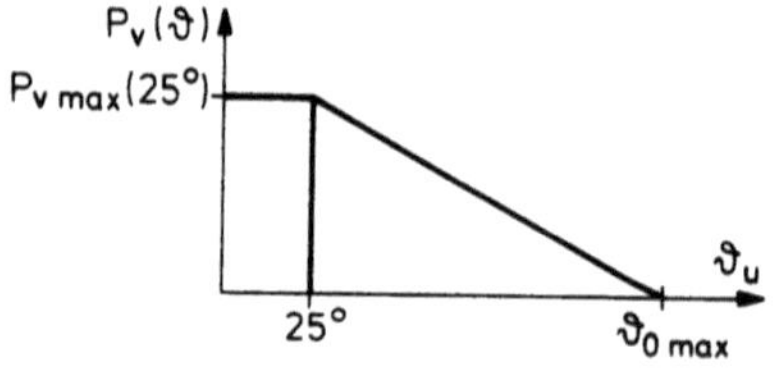

Fig. 5: Verminderung der zulässigen Verlustleistung bei wachsender Umgebungstemperatur ϑ_u.

1.1.1.3 Technische Ausführung von Widerständen

Die gebräuchlichen Widerstände für Leistungen $P_{v,max}(25^oC) < 2W$ sind Schichtwiderstände. Sie bestehen aus einem keramischen Trägerkörper, auf dem im Vakuum eine Widerstandsschicht aus Kohlenstoff oder Metall aufgedampft worden ist. Man unterscheidet demnach Kohleschicht- und Metallschichtwiderstände. (Kohleschichtwiderstände sehr preiswert; Metallschichtwiderstände für höchste Anforderungen).

Der geforderte Widerstandswert wird sowohl durch die Schichtdicke als auch durch Einschleifen einer Wendel in die Schicht erreicht (wodurch leider eine induktive Komponente entsteht). Der Widerstandswert ist entweder in Form einer Zahl oder kodiert in Form von Farbringen auf dem Widerstandskörper verzeichnet. Es werden serienmäßig nur bestimmte Widerstandswerte gefertigt, die geometrische Reihen mit den Faktoren $\sqrt[6]{10}$, $\sqrt[12]{10}$ oder $\sqrt[24]{10}$ bilden. Die folgende Tabelle 1 enthält eine Zusammenstellung gebräuchlicher Widerstandsreihen.

Tabelle 1: Widerstandsreihen und Farbcodes

Reihe E 24, Multiplikator $\sqrt[24]{10} \approx 1,1$

Toleranz $\pm$ 5% und $\pm$ 2%, 24 Widerstandswerte innerhalb einer Dekade:

1,0 1,1 1,3 1,5 1,6 1,8 2,0 2,2 2,4 2,7 3,0 3,3
3,6 3,9 4,3 4,7 5,1 5,6 6,2 6,8 7,5 8,2 9,1

Reihe E 12, Toleranz $\pm$ 10%

1,0 1,2 1,5 1,8 2,2 2,7 3,2 3,9 4,7 5,6 6,8 8,2

Reihe E 6, Toleranz $\pm$ 20%

1,0 1,5 2,2 3,3 4,7 6,8

Standard-Farbcode für Widerstände

Der Widerstandswert wird durch Farbringe angegeben. In Anlehnung an die Reihenfolge der Spektralfarben wird jeder Ziffer eine Farbe zugeordnet.

Farbe	Ziffer
schwarz	0
braun	1
rot	2
orange	3
gelb	4
grün	5
blau	6
violett	7
grau	8
weiss	9

Die beiden ersten Farbringe geben den Widerstandswert an. Der dritte Farbring die Zehnerpotenz des Multiplikators, bzw. die Anzahl der Nullen.

Für den dritten Farbring gilt als Besonderheit

silber: Faktor 0,01

gold: Faktor 0,1

Der vierte Farbring gibt die Toleranz an:

rot:	$\pm$ 2%
gold:	$\pm$ 5%
silber:	$\pm$ 10%
ohne 4. Ring:	$\pm$ 20%

Beispiel (nebenstehendes Bild)

grün	braun	rot	gold
5	1	2	$\pm$5%
5	1	00	$\pm$5%

5100 Ω $\pm$ 5%

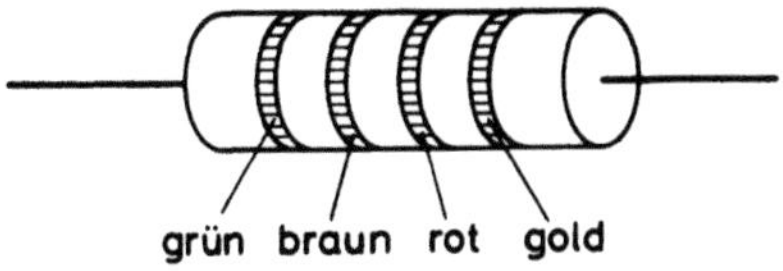

Tabelle 2: Eigenschaften technischer Widerstände (Standardwerte)

Typ	Belastbarkeit $P_{v,max}/W$	max. Oberflächentemp. $\vartheta_o/^oC$	Wertebereich	Widerstandstoleranz %	β_R/K^{-1}	Stabilität: $\frac{\Delta R}{R}$ nach 5000 h Lagerung	Stabilität: $\frac{\Delta R}{R}$ nach 1000 h Vollast
Draht [1]	0,5...600	200...350	$0{,}1\Omega ... 100K\Omega$	±0,1...±10	$+3 \cdot 10^{-5} ... +5 \cdot 10^{-4}$	< 1 %	< 3 %
Kohleschicht [2]	0,1...5	125	$0{,}1\Omega ... 10M\Omega$	± 1... ±20	$-2 \cdot 10^{-4} ... -8 \cdot 10^{-4}$	< 0,5 %	< 5 %
			$10M\Omega ... 10^{12}\Omega$	± 2... ±20	$-2 \cdot 10^{-3} ... -8 \cdot 10^{-3}$		
Metallschicht [3]	0,1...2	170	$1\Omega ... 10^{7}\Omega$	±0,1...±2	$\pm 1{,}5 \cdot 10^{-5} ... \pm 10^{-4}$	< 0,1 %	< 0,2 %
Metalloxid [4]	0,5...250	180...250	$0{,}1\Omega ... 10^{6}\Omega$	±2...±10	$\pm 1{,}5 \cdot 10^{-4} ... \pm 4 \cdot 10^{-4}$	< 1 %	< 3 %
Massewiderstand [5]	0,1...2	150	$1\Omega ... 10^{8}\Omega$	±5...±20	$\pm 10^{-3} ... \pm 10^{-2}$	< - 6 %	< - 6 %

Bemerkungen:
[1] Hochlastwiderstände (Nachteil: hohe Wickelinduktivität)
[2] Standardwiderstand für normale Anwendungen
[3] Hochwertige, sehr stabile Widerstände
[4] Induktionsfreie Hochlastwiderstände
[5] Preiswert, hohe Impulsbelastbarkeit, nicht sehr stabil

1.1.1.4 Temperaturabhängige Widerstände

Während in elektronischen Schaltungen Festwiderstände mit möglichst temperaturunabhängigem Widerstandswert eingesetzt werden, benötigt man zur Überwachung und Messung von Temperaturen gerade Widerstände mit möglichst großen und reproduzierbaren Widerstandsänderungen.

Als Präzisionsmeßwiderstände werden Platindrahtwiderstände eingesetzt. Der Platindraht ist auf einen Glas- oder Keramikkörper gewickelt und eingeschmolzen. Die Temperaturabhängigkeit eines Platinwiderstandes wird durch einen Potenzreihenansatz beschrieben,

$$(1.7) \qquad R(\vartheta) = R_o(1+\alpha_1\vartheta+\alpha_2\vartheta^2+\cdots) ,$$

wobei

$$\alpha_1 \approx \frac{1}{273}\,K^{-1},\ \alpha_2 \approx -6\cdot 10^{-7}K^{-2}$$

ist.

Im Bereich $-200^oC < \vartheta < 500^oC$ erhält man einen annähernd linearen Zusammenhang zwischen Widerstand und Temperatur.

Neben den relativ teuren Platindrahtwiderständen werden oft Meßwiderstände aus halbleitenden Materialien eingesetzt. Bei Halbleitern nimmt die Anzahldichte $n = n(\vartheta)$ der freien Ladungsträger mit steigender Temperatur zu. Infolgedessen fällt der Widerstand halbleitender Stoffe mit steigender Temperatur: $R(\vartheta) \sim \frac{1}{n(\vartheta)}$ nach Glg.(1.2). Im Gegensatz zu Metallen haben Halbleiter daher einen negativen Temperatur-Koeffizienten. Man nennt solche Widerstände NTC-Widerstände oder Heißleiter (sie leiten im heißen Zustand besser als im kalten). Die Temperaturabhängigkeit eines Heißleiters gehorcht einem Exponentialgesetz: $R(\vartheta) = Ae^{B/\vartheta}$, wobei A und B von Bauform und Material abhängen. Für den Temperaturkoeffizienten gilt damit nach Glg.(1.3)

$$(1.8) \qquad \beta_R = \frac{1}{R}\frac{\partial R}{\partial \vartheta} = -\frac{B}{\vartheta^2} .$$

Ein mittlerer Wert bei Zimmertemperatur ist $\beta_R \approx -4 \cdot 10^{-2}/K$. Der Temperaturkoeffizient ist also rund 10mal größer als bei einem Platinwiderstand; die Temperaturabhängigkeit des Widerstandes ist stark nichtlinear, und β_R ist nicht so stabil wie bei Platin.

Eine ganz andere Art eines temperaturabhängigen Widerstandes stellen die sogenannten Kaltleiter dar. Da für sie in einem gewissen Temperaturgebiet $\beta_R \geq 0$ ist, sie also einen stark positiven Temperatur-Koeffizienten haben, werden sie auch PTC-Widerstände genannt.

Es gibt Halbleiter - namentlich $BaTiO_3$ in polykristalliner Form - die bei Überschreiten einer bestimmten Temperatur an ihren inneren Kristallgrenzen elektrische Sperrschichten aufbauen. Bedingt durch diese reversiblen Veränderungen an inneren Kristallgrenzen steigt der Widerstand $R(\vartheta)$ solcher Stoffe bei Überschreiten einer bestimmten Temperatur innerhalb eines kleinen Temperaturintervalls steil an (Fig. 6).

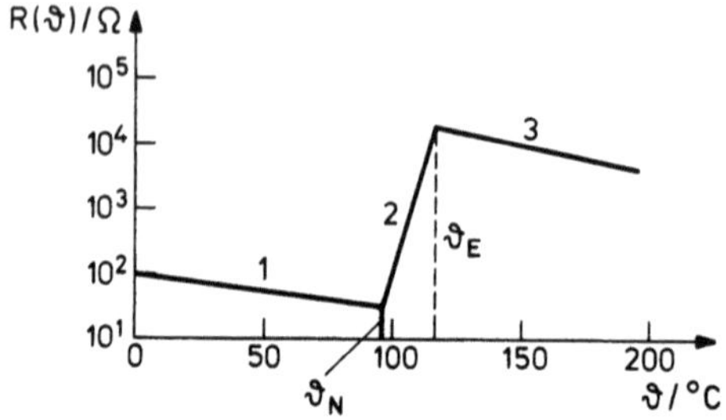

Fig. 6: Temperaturabhängigkeit des Widerstandes eines Kaltleiters. Abschnitte 1 und 3 zeigen Halbleiter-Verhalten ($\beta_R < 0$), im Abschnitt 2 ($\vartheta_N < \vartheta < \vartheta_E$) findet man PTC-Verhalten.

PTC-Widerstände werden hauptsächlich zur Temperaturüberwachung eingesetzt: Bei Überschreiten der "Nenntemperatur" ϑ_N wird der PTC-Widerstand "hochohmig". Dadurch kann er direkt oder über elektronische Schalter das zu schützende Bauteil abschalten.

1.1.1.5 Grundschaltungen und Grundgesetze

Sind mehrere Widerstände elektrisch miteinander verbunden, so entsteht ein Netzwerk mit Knoten und Maschen. Zur Berechnung der

Stromverteilung an den Knoten und zur Berechnung der Spannungen innerhalb der Maschen benötigt man neben dem Ohmschen Gesetz zwei weitere Grundgleichungen, die beiden Kirchhoffschen Gesetze.

Das erste Kirchhoffsche Gesetz beschreibt die Verteilung der Ströme an einem Knotenpunkt: Weil im Knoten keine elektrische Ladung aufgestaut werden kann, ist die Summe der ankommenden Ströme gleich der Summe der abfließenden Ströme: $\Sigma I_{an} = \Sigma I_{ab}$, $I_o = I_1 + I_2$ (Fig.7).

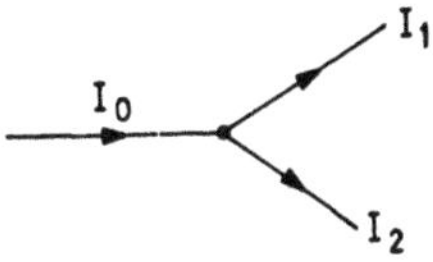

Fig. 7: Zum 1. Kirchhoffschen Gesetz

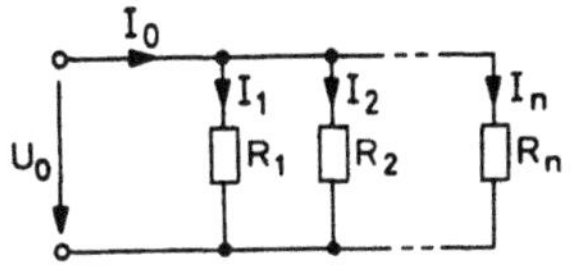

Fig. 8: Parallelschaltung von Widerständen

Anwendung: Parallelschaltung mehrerer Widerstände.

Die angelegte Spannung U_o ruft einen Strom I_o hervor, der sich aufteilt gemäß $I_o = I_1 + I_2 + \ldots + I_n$ (Fig. 8). Für die einzelnen Widerstände gilt

$$I_1 = U_o/R_1,\ I_2 = U_o/R_2, \ldots,\ I_n = U_o/R_n \ .$$

Daraus folgt

$$(1.9) \qquad \frac{I_o}{U_o} = \frac{1}{R_1} + \frac{1}{R_2} + \ldots + \frac{1}{R_n} = \frac{1}{R_{ges}} \ .$$

Der Quotient I_o/U_o definiert den Kehrwert des Gesamtwiderstandes R_{ges} der Parallelschaltung, also $R_{ges} = U_o/I_o$. Der Kehrwert eines Widerstandes heißt Leitwert. Bei Parallelschaltung von n Widerständen gilt also: Der Gesamtleitwert $S_{ges} = \frac{1}{R_{ges}}$ ist gleich der Summe der Einzelleitwerte $S = \Sigma S_i$.

Wichtiger Spezialfall: Zwei Widerstände werden parallel geschaltet,

(1.10) $$\frac{1}{R_{ges}} = \frac{1}{R_1} + \frac{1}{R_2} \; ; \quad R_{ges} = \frac{R_1 R_2}{R_1 + R_2} \; .$$

Das zweite Kirchhoffsche Gesetz lautet: in einer Masche ist die Summe aller Spannungen gleich Null: $\Sigma U_i = 0$. Beispiel: Masche mit Spannungsquelle und zwei Widerständen (Fig. 9). Bei der Addition von Spannungen wird zunächst eine Zählrichtung festgelegt (z.B. vom Pluspol zum Minuspol der Spannungsquelle). Unter Beachtung der Zählpfeile erhält man als Aussage des zweiten Kirchhoffschen Gesetzes:

(1.11) $$U_o - U_2 - U_1 = 0 \text{ bzw. } U_o = U_1 + U_2 \; .$$

Allgemein gilt, daß in einer Masche die Summe der Urspannungen der Spannungsquellen gleich der Summe der Spannungsabfälle am Verbraucher ist.

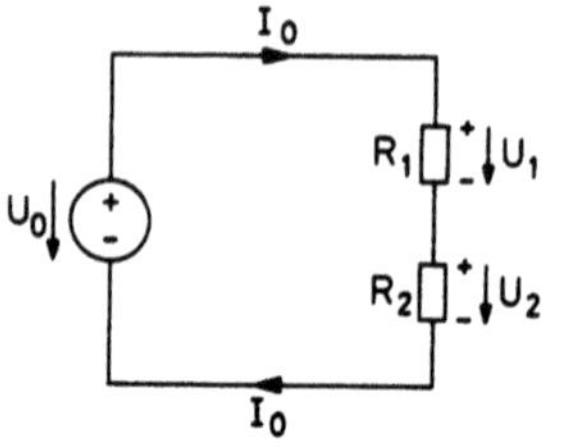

Fig.9: Zum 2. Kirchhoffschen Gesetz

Nebenbei entnimmt man aus Fig. 9 das Gesetz für die Reihenschaltung von Widerständen: Der Strom I_o fließt durch beide Widerstände. Die Spannungen sind

$$U_1 = I_o R_1, \; U_2 = I_o R_2 \; .$$

Folglich gilt wegen $U_o = U_1 + U_2$

$$U_o = I_o (R_1 + R_2) \; ,$$

und der Gesamtwiderstand der Reihenschaltung ist

(1.12) $$R_{ges} = \frac{U_o}{I_o} = R_1 + R_2 \; .$$

Allgemein gilt bei Reihenschaltung von n Widerständen $R_{ges}=\Sigma R_i$, und der Gesamtwiderstand ist größer als jeder der Teilwiderstände.

Eine einfache aber wichtige Grundschaltung stellt der Spannungsteiler dar: Mindestens zwei Widerstände sind in Reihe geschaltet und an eine Spannungsquelle U_o gelegt (Fig. 10). Wird der Spannungsteiler nicht belastet (offene Klemmen, $R_L=\infty$), dann ist

$$U_1 = R_1 I_o \text{ und } U_2 = R_2 I_o \,,$$

ferner

$$I_o = \frac{U_o}{R_1 + R_2} \,.$$

Es folgt

$$(1.13) \qquad U_1 = U_o \frac{R_1}{R_1 + R_2} \text{ und } U_2 = U_o \frac{R_2}{R_1 + R_2} \,.$$

Allgemein gilt für den Spannungsabfall am m-ten Widerstand eines Spannungsteilers der aus n hintereinander geschalteten Widerständen besteht:

$$(1.14) \qquad U_m = U_o \frac{R_m}{R_1 + \ldots + R_n} \,.$$

Als nächstes soll das Verhalten der Ausgangsspannung $U_A = U_L$ für den Fall untersucht werden, daß der Spannungsteiler mit einem Verbraucher des Widerstandes R_L belastet wird, der den Ausgangsstrom I_A entnimmt.

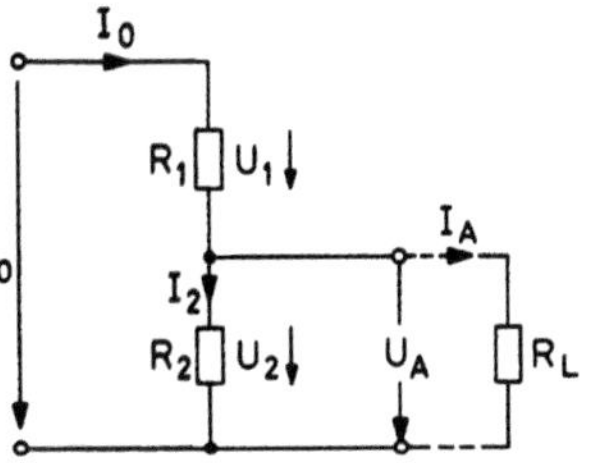

Fig. 10: Spannungsteilerschaltung ohne und mit Lastwiderstand R_L.

Für die Stromverteilung am Knoten gilt: $I_o = I_2 + I_A$. Ferner ist $U_o = U_1 + U_A$.

Man erhält

$$U_A = U_o - U_1 \text{ mit } U_1 = I_o R_1 = (I_2 + I_A) R_1 \text{ und } I_2 = \frac{U_A}{R_2} \; .$$

Das ergibt, aufgelöst nach der Ausgangsspannung U_A,

(1.15) $$U_A = U_o \frac{R_2}{R_1 + R_2} - I_A \frac{R_1 R_2}{R_1 + R_2} = U_A(I_A) \; .$$

Die graphische Darstellung des Zusammenhangs $U_A = U_A(I_A)$ ist in Fig. 11 dargestellt. Im unbelasteten Zustand, $I_A = 0$, liegt an den Ausgangsklemmen die Leerlaufspannung (s. Glg.(1.15))

$$U_A(I_A = 0) = U_{Ao} = U_o \frac{R_2}{R_1 + R_2} \; .$$

Mit zunehmendem Ausgangsstrom I_A fällt die Ausgangsspannung U_A linear ab. Dieser Zusammenhang wird durch den <u>ausgangsseitigen Innenwiderstand</u> R_i des Spannungsteilers beschrieben:

(1.16) $$\frac{dU_A}{dI_A} = - R_i \; .$$

Aus Glg.(1.15) liest man ab

(1.17) $$R_i = \frac{R_2 R_1}{R_1 + R_2} \; ,$$

der Innenwiderstand wird durch den Widerstand der <u>Parallel</u>schaltung der Teilwiderstände R_1 und R_2 gebildet.

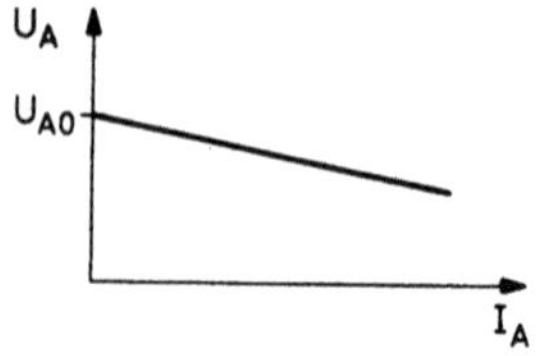

Fig. 11: Teilspannung des Spannungsteilers bei wachsender Strombelastung

Die Spannungsteilerschaltung - und allgemein jede Spannungsquelle - kann nach <u>Helmholtz</u> durch ihre <u>Leerlaufspannung</u> U_{Ao} und ihren <u>Innenwiderstand</u> R_i beschrieben werden. Für die Ausgangs- oder Klemmenspannung der Spannungsquelle gilt

(1.18) $U_A = U_{Ao} - R_i \cdot I_A$.

So kann eine komplizierte Schaltung auf eine vereinfachte Ersatzschaltung mit einem Ersatzschaltbild zurückgeführt werden. Z.B. führt der Spannungsteiler in Fig. 12 nach Glg.(1.15) auf

$$U_{Ao} = U_o \frac{R_2}{R_1 + R_2} \quad \text{und} \quad R_i = \frac{R_2 R_1}{R_1 + R_2} \; .$$

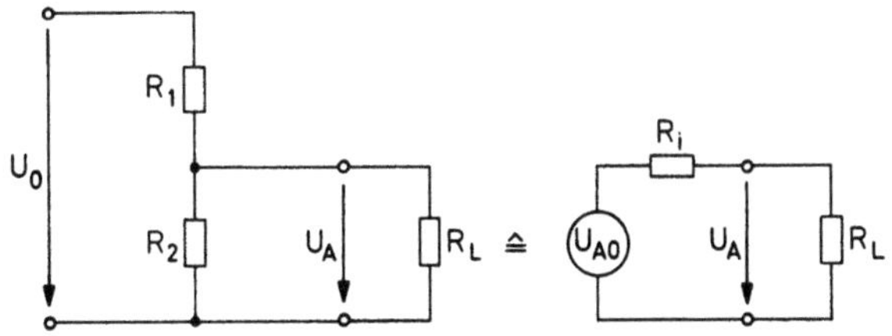

Fig. 12: Spannungsteiler und sein Ersatzschaltbild

Die Beschreibung einer Spannungsquelle durch ihre Leerlaufspannung (Urspannung) U_{Ao} und ihren Innenwiderstand R_i ist immer dann angebracht, wenn der Innenwiderstand klein gegen den Lastwiderstand ist, $R_i \ll R_L$. Wie man dem Ersatzschaltbild entnehmen kann, hängt in diesem Fall der Ausgangsstrom wesentlich von R_L ab,

(1.19) $I_A = U_{Ao}/(R_i + R_L) \approx U_{Ao}/R_L$.

Falls umgekehrt $R_i \gg R_L$, wird $I_A \approx U_{Ao}/R_i$, also praktisch vom Innenwiderstand bestimmt. Man spricht dann vom Betrieb als Stromquelle. Zweckmäßigerweise wird eine Stromquelle nicht durch eine Urspannung, sondern durch einen eingeprägten Strom I_o ("Urstrom") und den Innenwiderstand R_i beschrieben (Fig. 13), der parallel zum Stromgenerator liegt. Es ist

(1.20) $I_o = I_i + I_A$ und $I_i = U_A/R_i$.

Daraus folgt

(1.21) $I_A = I_o - \dfrac{U_A}{R_i}$.

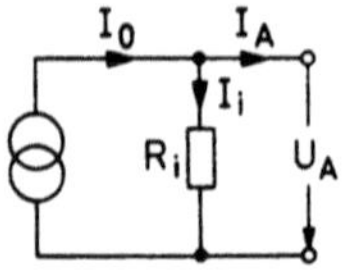

Fig. 13: Stromgenerator, charakterisiert durch Kurzschlußstrom I_o und Innenwiderstand R_i

Der Kurzschlußstrom des Stromgenerators ($U_A = 0$) ist gleich dem Urstrom I_o, und der Innenwiderstand folgt aus

(1.22) $$\frac{dU_A}{dI_A} = - R_i \ .$$

1.1.2 Kondensatoren

1.1.2.1 Widerstand des Kondensators

Neben Widerständen sind Kondensatoren die wichtigsten passiven Bauelemente. Ein Kondensator ist ein ladungsspeicherndes Bauelement, bestehend aus zwei metallischen Elektroden, die durch ein nicht-leitendes Dielektrikum voneinander getrennt sind.

Legt man eine Spannung U an einen Kondensator, so werden von der Elektrode, die mit dem Pluspol verbunden ist, Elektronen mit der Gesamtladung -Q abgezogen und der anderen Elektrode zugeführt (Fig. 14). Die Ladungsverschiebung und damit die Spannung U zwischen den Elektroden bleibt auch nach Abklemmen der äußeren Spannungsquelle erhalten. Das Verhältnis aus Ladung und Spannung heißt Kapazität des Kondensators,

(1.23) $$C = \frac{Q}{U} \ .$$

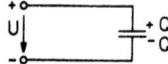

Fig. 14: Spannung und Ladung des Kondensators

Da die Kapazität sich als praktisch unabhängig von der Spannung erweist, so ist der Zusammenhang von Ladung und Spannung in den hier vorkommenden Schaltungen linear,

$$Q = CU \ . \tag{1.24}$$

Die Kapazität messen wir in Farad, wobei $1 \text{ Farad} = 1\,F = \frac{1\,As}{1\,V}$. Die Kapazität eines Kondensators ist von seiner Geometrie und dem Material des Dielektrikums abhängig. So gilt für einen ebenen Plattenkondensator der Plattenfläche A und des Plattenabstandes d

$$C = \varepsilon_0 \varepsilon \cdot \frac{A}{d} \ . \tag{1.25}$$

Dabei ist ε die Dielektrizitätskonstante des Dielektrikums und $\varepsilon_0 = 8{,}854 \cdot 10^{-12}$ As/Vm die elektrische Feldkonstante.

Legt man eine Spannung U an einen Kondensator oder ändert man die anliegende Spannung, so fließt ein zeitabhängiger Ladestrom i(t). Wegen $Q = C \cdot U$ gilt

$$i = \frac{dQ}{dt} = C\,\frac{dU}{dt} \ . \tag{1.26}$$

Wir werden im folgenden zeitabhängige Größen mit kleinen Formelbuchstaben bezeichnen. Legt man speziell eine sinusförmige Wechselspannung $u = U_0 \sin \omega t$ an, so ruft diese einen Wechselstrom i der Größe

$$i = C\,\frac{du}{dt} = C\,U_0 \omega \cos \omega t = C\,U_0\,\omega \sin(\omega t + 90^\circ) = I_0 \sin(\omega t + 90^\circ) \tag{1.27}$$

hervor. Der Strom i eilt der Spannung u also um 90° voraus. Zwischen ihren Scheitelwerten besteht die Relation

$$\frac{U_0}{I_0} = \frac{1}{\omega C} \ . \tag{1.28}$$

Dieser Ausdruck erinnert an das Ohmsche Gesetz, weil er eine lineare Abhängigkeit der Wechselstromamplitude von der Wechselspannungsamplitude bei einem Kondensator beschreibt. Wegen der Phasenverschiebung besteht jedoch zwischen einem Ohmschen Widerstand und dem Wechselstrom- oder Blindwiderstand eines Kondensators ein grosser Unterschied: Im Gegensatz zum Ohmschen Widerstand wird beim Blindwiderstand keine elektrische Energie P_{el} in Wärme umgesetzt. Für den Ohmschen Widerstand gilt

(1.29) $$P_{el} = U \cdot I = P_{Wärme} \geq 0 \; .$$

Die (zeitabhängige) Leistungsaufnahme eines Blindwiderstandes ist

$$p_{el} = u \cdot i = U_o \sin \omega t \cdot U_o C\omega \cos \omega t$$
$$= U_o^2 C\omega \sin \omega t \cdot \cos \omega t = \frac{1}{2} U_o^2 C\omega \sin 2\omega t \; .$$

Sie ändert demnach periodisch mit der Frequenz 2ω das Vorzeichen. Das bedeutet: Energie fließt während einer Halbperiode der Eingangsspannung vom Generator zum Blindwiderstand und wieder vom Blindwiderstand zum Generator zurück. Die Energie "pendelt" zwischen Generator und Blindwiderstand, wobei über die Verbindungsleitungen der Blindstrom fließt. Im zeitlichen Mittel wird im Blindwiderstand keine Leistung umgesetzt,

(1.30) $$\overline{P} = \frac{1}{T} \int_0^T U_o^2 \omega C \cos \omega t \cdot \sin \omega t \, dt = 0 \; .$$

1.1.2.2 Komplexe Schreibweise

Will man Betrag und Phasenverschiebung eines Blindwiderstandes in einer Formel erfassen, so bedient man sich der komplexen Schreibweise. Grundlage ist die Eulersche Formel

(1.31) $$e^{jx} = \cos x + j \sin x \quad \text{mit } j = \sqrt{-1} \; .$$

Man schreibt eine Wechselspannung als

(1.32) $$u = U_o e^{j\omega t} = U_o \cos \omega t + jU_o \sin \omega t \; .$$

Real- und Imaginärteil können schon allein zur Beschreibung einer sinusförmigen Wechselspannung benützt werden.

Für den Strom, der durch einen Kondensator bei Anlegen der Wechselspannung $u = U_o e^{j\omega t}$ fließt, erhält man aus Glg.(1.26)

(1.33) $i = j\omega C U_o e^{j\omega t} = j\omega C \cdot u$.

Die graphische Darstellung dieses Zusammenhangs in der komplexen Zahlenebene zeigt Fig. 15. Die komplexe Spannungs- und Stromebene wird mit gleicher Lage der reellen und imaginären Achsen übereinandergelegt. Spannung und Strom haben dann die in Fig. 15 skizzierten Lagen. Der "Operator" $j = +\sqrt{-1}$ beschreibt also die 90°-Phasendrehung des Stromes i gegenüber der Spannung u, und die Größe

(1.34) $\frac{u}{i} = \frac{1}{j\omega C} = X_C$

kann als komplexer Widerstandsoperator aufgefaßt werden. X_C beschreibt Betrag und Phasenverschiebung des Blindwiderstandes eines Kondensators.

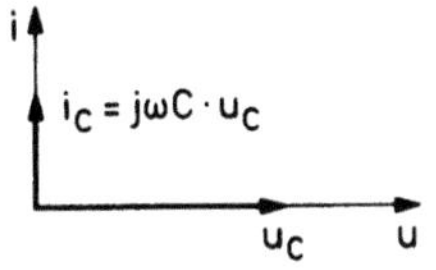

Fig. 15: Spannung u_C und Strom i_C durch einen Kondensator, aufgezeichnet in der komplexen Zahlenebene. Wesentlich ist die relative Lage von u_C und i_C

Unter Beachtung der Rechenregeln für komplexe Zahlen hat X_C für einen wechselstromdurchflossenen Kondensator dieselbe Bedeutung wie der Widerstandswert R für einen Ohmschen Widerstand. Dazu folgendes Beispiel: Bei einem realen Kondensator werden auch im Dielektrikum Ladungen bewegt, was zu einer Stromkomponente führt, die im Ersatzschaltbild durch einen Widerstand R parallel zum Kondensator C beschrieben wird (Fig. 16). Durch einen realen Kondensator fließt der Strom

(1.35) $i' = i_C + i_R = \frac{u}{X_C} + \frac{u}{R} = u(j\omega C + \frac{1}{R})$.

Die Darstellung dieses komplexen Ausdruckes als Zeigerdiagramm zeigt Fig. 17. Bei einem realen Kondensator sind der Strom i' und die Spannung u - die mit i_R in Phase ist - nicht um 90° gegeneinander phasenverschoben, sondern um einen Winkel $90^o - \delta$. Der Winkel δ heißt Verlustwinkel und ist ein Maß für die Güte eines Kondensators hinsichtlich seines Wechselspannungsverhaltens. Es ist

$$(1.36) \quad \tan\delta = \frac{|i_R|}{|i_C|} = \frac{1}{\omega RC} .$$

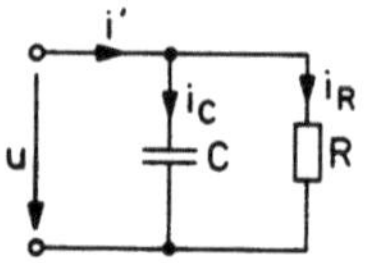

Fig. 16: Ein Dielektrikum mit Verlusten wird durch einen Parallelwiderstand zum Kondensator dargestellt

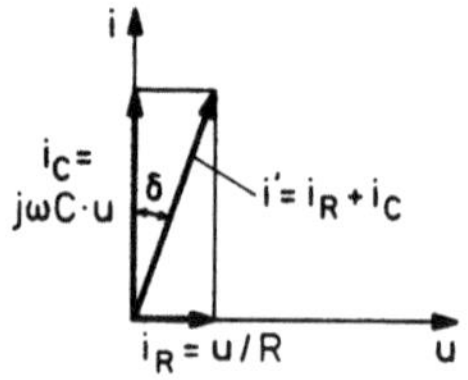

Fig. 17: Der Strom i' durch einen verlustbehafteten Kondensator ist gegen die Spannung u um $90^\circ - \delta$ phasenverschoben

1.1.2.3 Technische Ausführungen von Kondensatoren

Die hier interessierenden und industriell hergestellten Kondensatoren haben Kapazitätswerte von 0,5 pF bis 1 F. Es ist einleuchtend, daß dieser große Kapazitätsbereich nur mit sehr unterschiedlichen Bauformen erfaßt werden kann.

Kondensatoren mit keramischem Dielektrikum zeichnen sich durch kleine Bauform aus. Sie sind erhältlich mit Kapazitäten im Bereich von 0,5 pF bis 0,2 µF. Dabei ist zu beachten, daß Dielektrika mit $\varepsilon > 1000$, die zum Bau kleiner Kondensatoren mit $C \geqslant 1\,nF$ benutzt werden, einen großen Temperaturkoeffizienten $\beta_C = \frac{1}{C}\frac{\partial C}{\partial \vartheta}$ aufweisen.

Bessere Stabilität bei allerdings größerem Bauvolumen weisen Folienkondensatoren auf. Sie sind erhältlich mit Kapazitätswerten $C \leqslant 10\,\mu F$. Folienkondensatoren sind meist als Wickelkondensatoren ausgeführt, wobei zwei einseitig metallisierte, streifenförmige Kunststoff- oder Papierfolien aufeinandergelegt und zu einer zylindrischen Form aufgewickelt werden. Zur Vermeidung einer induktiven Komponente werden die aufgewickelten Folien an den Stirnflächen des Wickelzylinders metallisiert und kontaktiert.

Bei Kondensatoren mit Kapazitätswerten größer als 10 µF stellt man das Dielektrikum in Form halbleitender Metalloxide auf elektrolytischem Wege her. Die älteste und billigste Bauform eines Elektrolytkondensators stellt der Aluminium-"Elko" dar. Er wird als Wickelkondensator ausgeführt und besteht aus einer Al-Folie als Anode, auf der elektrolytisch eine Al_2O_3-Schicht (Aluminium-Oxidschicht) aufgebracht ist (Fig. 18). Die Gegenelektrode ist eine Papierfolie, die mit Elektrolytflüssigkeit getränkt ist. Eine weitere Al-Folie dient als Stromzuführung zur Elektrolytflüssigkeit.

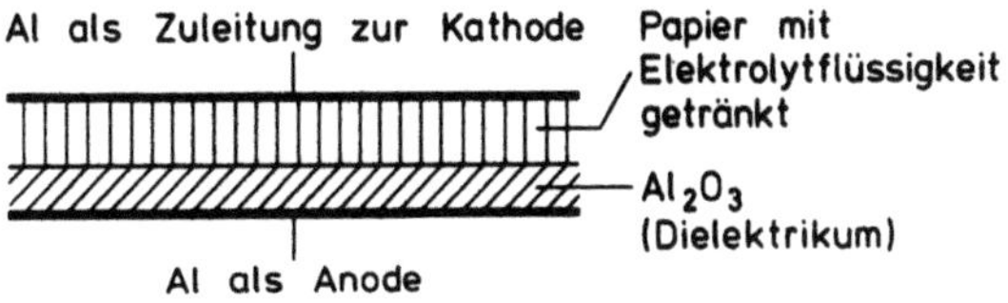

Fig. 18: Aufbau eines Elektrolyt-Kondensators (Elko)

Die Al_2O_3-Schicht hat Halbleitereigenschaften. Sie wird durch einen Gleichstrom erzeugt, der durch diese Anordnung geschickt wird, und der zu einer chemischen Reaktion des Elektrolyten mit dem Al führt. Man nennt diesen Prozeß "Formierung". Das Al_2O_3 hat den Vorzug, daß es sehr dünn ausgebildet werden kann und sehr spannungsfest ist. Typische Werte sind:
Schichtdicke $d \leq 1\,\mu m$, $\varepsilon \approx 10$, Spannungsfestigkeit $> 10^7$ V/cm. Durch elektrochemische Ätzung kann die Anodenfolie vor dem Formieren aufgerauht und ihre wirksame Oberfläche somit stark vergrößert werden. "Rauhe Elkos" zeichnen sich durch große Kapazität der Volumeneinheit aus. Elkos sind gepolte Kondensatoren, die nur mit Gleichspannung betrieben werden dürfen, der eine Wechselspannung überlagert sein kann.

Außer der richtigen Polung ist die Nennspannung zu beachten, für die der Kondensator gebaut ist. Die Betriebsspannung U_B sollte stets kleiner als die Nennspannung U_N sein. Durch das halbleitende Dielektrikum des Elkos fließt nämlich ein Reststrom, der exponentiell mit der Betriebsspannung ansteigt und stark temperaturabhängig ist. Fig. 19 zeigt diesen Zusammenhang. Der Einfluß des Reststroms ist insbesondere dann zu beachten, falls mehrere Elkos hintereinandergeschaltet und an eine Spannung $U > U_N$ gelegt werden.

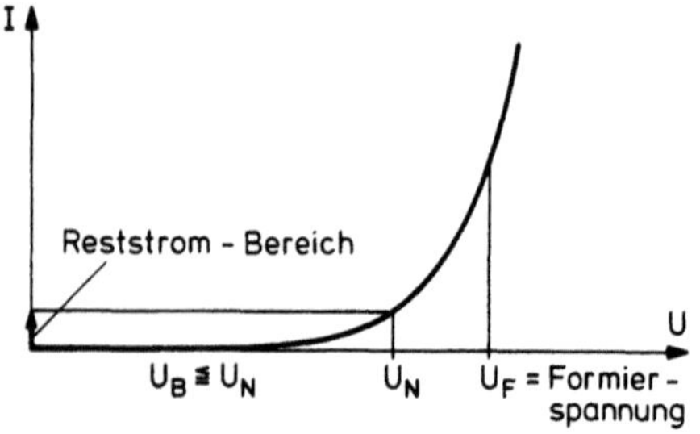

Fig. 19: Strom durch einen Elektrolyt-Kondensator

Aufgrund der unterschiedlichen Restströme der einzelnen Elkos verteilt sich die angelegte Spannung nicht entsprechend den Kapazitätswerten, sondern entsprechend den durch den Reststrom gegebenen Widerständen auf die Kondensatoren, was zur Überlastung führen kann. Man kann eine gleichmäßige Spannungsaufteilung erzwingen, indem man den Kondensatoren eine Widerstandskette parallel schaltet, durch die ein Strom I fließt, der ca. 10mal größer als der maximale Reststrom I_R ist. Z.B. ist in Fig. 20

$$U_{B1} = U_{B2} = U_{B3} = \frac{1}{3} U$$

wobei

$$U \leq 3\, U_N$$

gewählt werden muß.

Al-Elkos sind wegen des flüssigen Elektrolyten, der verdampfen und eintrocknen kann, relativ unsichere und kurzlebige Bauelemente.

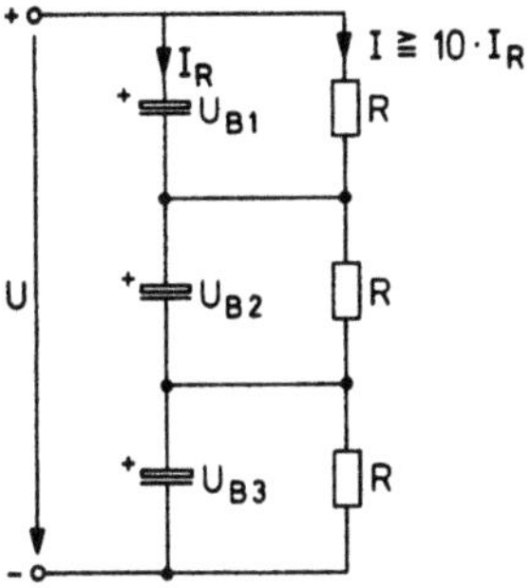

Fig. 20: Widerstandskette zur gleichmäßigen Aufteilung der Betriebsspannung auf hintereinandergeschaltete Elkos

Vor allem bei spannungsloser Lagerung kann es zu einem Abbau der Oxidschicht kommen. Beim Einschalten fließt erst ein kräftiger Formierungsstrom, der jedoch nach einigen Minuten abklingt. Al-Elkos werden als Siebkondensatoren in Tiefpässen (Ziff. 1.1.3) eingesetzt, wenn es auf den absoluten Kapazitätswert und auf Restströme nicht ankommt. Bessere Betriebswerte als Al-Elkos weisen Tantal-Elkos auf. Dies sind ebenfalls gepolte Kondensatoren. Ihre Anode besteht aus einem Sinterkörper aus gepreßtem Tantalpulver. Dies ist ein poröses Gebilde mit einer sehr großen Oberfläche der Volumeneinheit (ca. 3000 cm^2/cm^3). Die Anode wird elektrochemisch mit einer dünnen Ta_2O_5-Schicht überzogen, die das Dielektrikum bildet. Als Kathode wird festes MnO_2 auf das Ta_2O_5 aufgebracht. Das MnO_2 wird mit einer Leitsilberschicht überzogen, worüber die Stromzufuhr zur Kathode erfolgt. Fig. 21 zeigt den Aufbau eines Tantal-Elkos. Tantal-Elkos haben ein festes Dielektrikum und Kathodenmaterial, das durch chemische Reaktionen nicht verändert werden kann. Sie sind daher viel stabiler als Al-Elkos.

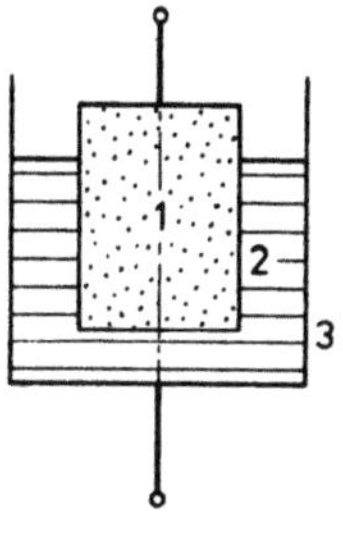

Fig. 21: Aufbau eines Tantal-Elkos

1: Ta-Anode mit Ta_2O_5 überzogen

2: MnO_2 als Kathode

3: Leitsilber-Kontaktierung

Tabelle 3: Kondensatoren (Standardwerte)

Typ	Nenn-spannung U_N/V	Wertebereich	Kap.Tol.	β_C / K^{-1}	Verlust-winkel, $\tan\delta$	Resonanz-Frequenz	Reststrom bzw. Isolat. Widerstand
Keramik [1]	$10 \ldots 10^4$	$0{,}5pF \ldots 0{,}2\mu F$	$\pm 1\% \ldots (^{+100\%}_{-20\%}$	$+10^{-4} \ldots -1{,}5 \cdot 10^{-3}$	$3 \cdot 10^{-4} \ldots 1{,}5 \cdot 10^{-2}$	$10^8 Hz$	$10^9 \ldots 10^{11} \Omega$
Folien-Kond. [2]	$25 \ldots 10^3$	$100pF \ldots 10\mu F$	$\pm 2\% \ldots \pm 20\%$	$<10^{-2}$	$10^{-3} \ldots 10^{-2}$	$3 \cdot 10^5 \ldots 3 \cdot 10^6 Hz$	$10^{10} \ldots 10^{12} \Omega$
Al.-Elko [3]	$3 \ldots 450$	$1\mu F \ldots 1F$	$\pm 10\% \ldots (^{+100\%}_{-20\%}$	$2 \cdot 10^{-1} \ldots 4 \cdot 10^{-3}$	$3 \cdot 10^{-3} \ldots 3$	$10^4 \ldots 10^6$ Hz	$i_R < 0{,}02\mu A \frac{U_N}{V} \cdot \frac{C}{\mu F} + 10\mu A$
Tantal-Elko [4]	$3 \ldots 100$	$0{,}1\mu F \ldots 330\mu F$	$\pm 5\% \ldots \pm 20\%$	10^{-3}	0,1	10^6 Hz	$i_R < 0{,}01\mu A \frac{U_N}{V} \cdot \frac{C}{\mu F}$

Anwendung:
1) Koppelkondensator, Siebkondensator für HF und Impulsanwendungen, Hochspannungskondensatoren
2) Koppelkondensator, Einsatz in RC- und LC-Kreisen hoher Stabilität
3) Siebkondensator in Gleichrichter-Schaltungen, Koppelkondensator in NF-Schaltungen
4) Siebschaltungen, Koppelkondensator bis 10^6 Hz, stabile RC-Kreise

1.1.3 Tiefpaß und Hochpaß

Tiefpaß und Hochpaß sind Grundschaltungen, die entweder in Form von RC-Gliedern oder - meist unerwünscht - in Gestalt von Schaltkapazitäten und Leitungswiderständen in fast allen Schaltkreisen zu finden sind.

1.1.3.1 Tiefpaß

Der Tiefpaß ist eine Schaltung, die Wechselspannungen niedriger Frequenzen und Gleichspannungen ohne Abschwächung überträgt, Wechselspannungen hoher Frequenzen dagegen dämpft.

Die einfachste Form eines Tiefpasses ist das in Fig. 22 dargestellte RC-Glied. Der RC-Tiefpaß stellt einen Vierpol mit zwei Eingangsklemmen dar, an denen die Eingangsspannung u_E liegt, und mit zwei Ausgangsklemmen, an denen die Ausgangsspannung u_A abgegriffen werden kann. Wir wollen untersuchen, wie eine sinusförmige Eingangsspannung $u_E = \hat{U}_E e^{j\omega t}$ durch den RC-Tiefpaß zum Ausgang hin übertragen wird. Die Frage lautet: Wie hängen Amplitude und Phasenlage der Ausgangsspannung u_A von der Frequenz ν der Eingangsspannung ab? Gesucht sind also $u_A = u_A(\nu)$ und $\varphi = \varphi(\nu)$.

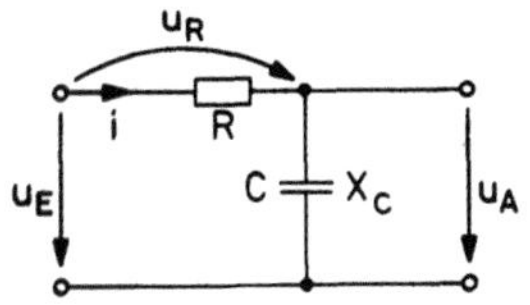

Fig. 22: Grundschaltung eines Tiefpasses

Für sinusförmige Wechselspannung stellt der Kondensator C einen Blindwiderstand der Größe $X_C = \frac{1}{j\omega C}$ dar (Ziff. 1.1.2.1). Daher kann der Tiefpaß als ein frequenzabhängiger Spannungsteiler aufgefaßt werden. Nach der Spannungsteilerformel gilt für die Ausgangsspannung (Glg. 1.13)

$$u_A = u_E \frac{X_C}{R + X_C} , \tag{1.37}$$

mit $X_C = \frac{1}{j\omega C}$ erhält man

(1.38) $$u_A = u_E \frac{\frac{1}{j\omega C}}{R + \frac{1}{j\omega C}} = u_E \frac{1}{1 + j\omega RC} .$$

Der dimensionslose, frequenzabhängige Ausdruck

(1.39) $$\frac{u_A}{u_E} = \frac{1}{1 + j\omega RC} = g(\omega)$$

wird Übertragungsfunktion genannt. Er beschreibt die Übertragung sinusförmiger Eingangsspannungen durch den Tiefpaß.

Es ist zweckmäßig, die Übertragung der Eingangsspannung getrennt nach Betrag und Phase zu untersuchen. Daher ist der Ausdruck $g(\omega)$ in Real- und Imaginärteil aufzuspalten:

(1.40) $$g(\omega) = \frac{1}{1 + j\omega RC} = \frac{1 - j\omega RC}{1 + \omega^2 R^2 C^2} .$$

Folglich ist wegen $u_A = u_E \cdot g(\omega)$

(1.41) $$u_A = u_E \left(\frac{1}{1 + \omega^2 R^2 C^2} - j \frac{\omega RC}{1 + \omega^2 R^2 C^2}\right) = u_E(a + jb) .$$

Der graphischen Darstellung dieses Zusammenhangs (Fig. 23) kann die Ausgangsspannung u_A nach Größe und Phasenlage entnommen werden.

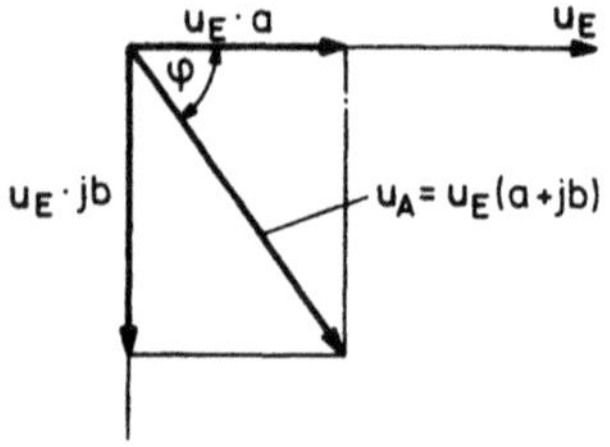

Fig. 23: Relative Phasenlage der Ausgangsspannung u_A beim Tiefpaß

Rechnerisch erhält man für den Betrag von u_A aus Glg. (1.41)

(1.42a) $$|u_A| = |u_E|\sqrt{a^2+b^2} = |u_E|\sqrt{\frac{1+\omega^2R^2C^2}{(1+\omega^2R^2C^2)^2}} = |u_E|\frac{1}{\sqrt{1+\omega^2R^2C^2}} .$$

Für den Betrag der Übertragungsfunktion erhält man also

(1.42b) $$|g(\omega)| = \frac{|u_A|}{|u_E|} = \frac{1}{\sqrt{1+\omega^2R^2C^2}} .$$

Für die Phasenverschiebung φ zwischen u_A und u_E entnimmt man der Fig. 23 und der Glg. (1.41),

(1.43) $$\tan\varphi = \frac{b}{a} = -\omega RC, \qquad \varphi = \arctan(-\omega RC)$$

Wenn man die Übertragungsfunktion $g(\omega)$über einen weiten Frequenzbereich untersuchen will, ist eine doppelt logarithmische Darstellung angebracht.

Der Logarithmus des Verhältnisses zweier Spannungen wird in der Elektrotechnik in Dezibel (dB) gemessen. Wir definieren die logarithmierte Übertragungsfunktion $g^*(\omega)$ durch die Beziehung

(1.44) $$g^*(\omega) = \log|g(\omega)|^2 = \log\frac{|u_A|^2}{|u_E|^2}\,\text{Bel} = 2\log\frac{|u_A|}{|u_E|}\,\text{Bel} = 20\log\frac{|u_A|}{|u_E|}\,\text{dB} .$$

Für den Tiefpaß gilt dann (es ist jeweils die Einheit dB hinzuzufügen)

(1.45) $$g^*(\omega) = 20\log(1+\omega^2R^2C^2)^{-1/2} = -10\log(1+\omega^2R^2C^2) .$$

Wir führen die Grenzfrequenz ν_g ein:

(1.46) $$2\pi\nu_g = \omega_g = \frac{1}{RC}$$

und erhalten

(1.47a) $g^*(\omega) = -10 \log (1 + (\frac{\omega}{\omega_g})^2)$

bzw.

(1.47b) $g^*(\nu) = -10 \log (1 + (\frac{\nu}{\nu_g})^2)$.

Es sind drei Fälle zu unterscheiden:

1) $\nu \ll \nu_g$. Dann ist $1 + (\nu/\nu_g)^2 \approx 1$ und es ist

$$\lim_{\nu \to 0} g^*(\nu) = -10 \log 1 = 0$$

(Asymptote für $\nu \ll \nu_g$). Aus Glg. (1.44) folgt dann

$$\lim_{\nu \to 0} g(\nu) = 1 \ .$$

2) $\nu = \nu_g$. Dann ist $1 + (\nu/\nu_g)^2 = 2$ und

$$g^*(\nu = \nu_g) = -10 \log 2 \text{ dB} \approx -3 \text{ dB} \ .$$

Aus Glg. (1.44) folgt

$$g(\nu = \nu_g) = \frac{1}{\sqrt{2}} \approx 0{,}7 \ .$$

3) $\nu \gg \nu_g$. Dann ist $1 + (\nu/\nu_g)^2 \approx (\nu/\nu_g)^2$ und

$$g^*(\nu) \approx -10 \log (\nu/\nu_g)^2 = -20 \log (\nu/\nu_g)$$
$$= -20 \text{ dB} \cdot \log \frac{\nu}{\text{Hz}} + 20 \text{ dB} \cdot \log \frac{\nu_g}{\text{Hz}} \ .$$

Das ist die Gleichung einer Geraden für $g^*(\nu)$ als Funktion von $\log(\nu/\text{Hz})$. Sie stellt die Asymptote bei hohen Frequenzen dar.

Der vollständige Frequenzgang der Übertragungsfunktion $g^*(\nu)$ ist in Fig. 24 dargestellt.

Aus dem in Fig. 24 veranschaulichten Frequenzgang ist zu entnehmen, wie der Tiefpaß die Amplitude der Eingangsspannung als Funktion der Frequenz zum Ausgang hin überträgt. Da $g^*(\nu)$ stets <0, so ist allgemein $|u_A| < |u_E|$. Im einzelnen ist für $\nu \ll \nu_g$ die Dämpfung gleich Null, d.h. $u_A(\nu) = u_E(\nu)$.

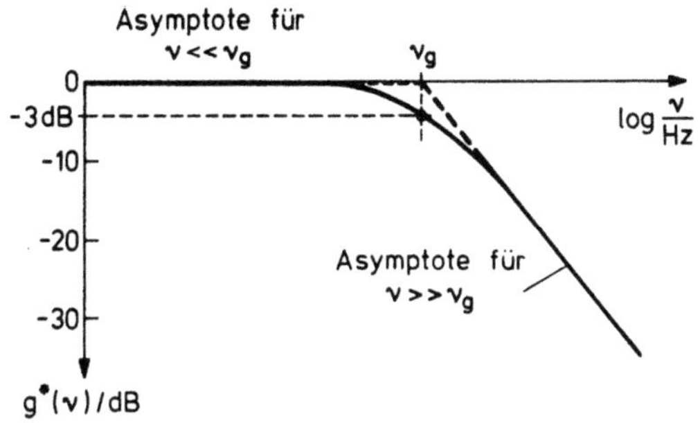

Fig. 24: Logarithmierte Übertragungsfunktion $g^*(\nu)$ des Tiefpasses

In der Nähe der Grenzfrequenz ist $u_A(\nu) < u_E(\nu)$. Bei der Grenzfrequenz ν_g selbst wird, wie soeben gezeigt,

$$u_A(\nu_g) = \frac{1}{\sqrt{2}}\, u_E(\nu_g) \approx 0{,}7 \cdot u_E(\nu_g) \ ,$$

d.h. die Ausgangsspannung ist bei $\nu = \nu_g$ auf ca. 70% ihres Wertes bei $\nu = 0$ abgefallen. Im logarithmischen Maß beträgt die Dämpfung $g^*(\nu_g) = -3$ dB. (Die Grenzfrequenz ν_g ist definitionsgemäß identisch mit der Bandbreite des Tiefpasses). Mit zunehmender Frequenz fällt die Ausgangsspannung $u_A(\nu)$ weiter ab. Wie die Steigung der Asymptote angibt, beträgt der Amplitudenabfall bei $\nu \gg \nu_g$ -20 dB je Frequenzdekade oder auch -6 dB je Oktave, d.h. bei Frequenzverdopplung. In ähnlicher Weise konstruieren wir den Frequenzgang des Phasenwinkels. Zunächst folgt aus Glg. (1.43) und (1.46)

(1.48) $\quad \varphi(\nu) = \arctan(-\nu/\nu_g)$.

Hier führt die Fallunterscheidung auf

1) $\quad \nu \ll \nu_g : \varphi \approx 0$

2) $\quad \nu = \nu_g : \varphi = -45^\circ$

3) $\quad \nu \gg \nu_g : \varphi \to -90^\circ$.

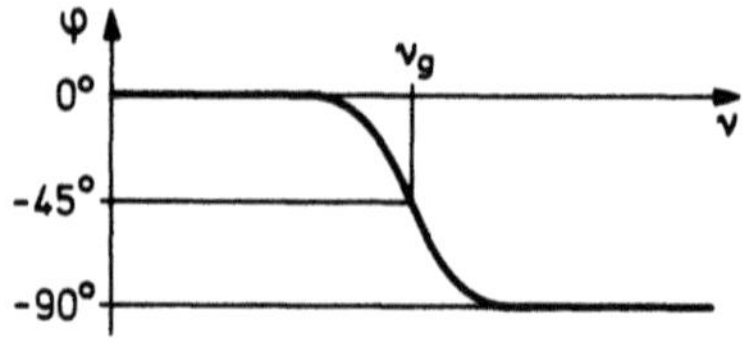

Fig. 25: Der Phasenwinkel der Ausgangsspannung beim Tiefpaß

1.1.3.2 Übertragung von Spannungspulsen durch den Tiefpaß

Neben der Übertragung sinusförmiger Spannungen ist die Übertragung von Spannungspulsen von Bedeutung. Als einfaches Beispiel soll zunächst die Übertragung einer Sprungfunktion durch einen Tiefpaß beschrieben werden.

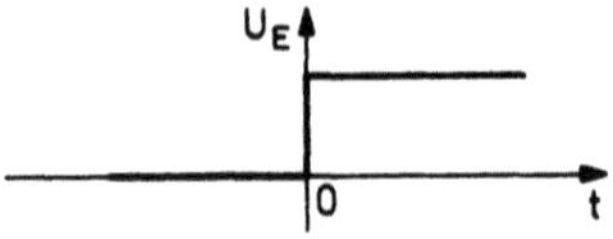

Fig. 26: Zeitlicher Verlauf der Eingangsspannung als Sprungfunktion

Die Sprungfunktion sei definiert durch (s. Fig. 26)

$$U_E = \begin{cases} 0 & \text{für } t < 0 \\ U_o & \text{für } t > 0 \end{cases} . \qquad (1.49)$$

Geben wir eine beliebige Spannung auf den Eingang des Tiefpasses, Fig. 22, so gilt stets

$$u_E = u_R + u_A ,$$

wobei $u_R = i_R \cdot R$. Nun ist $i_R = i_C$, d.h. gleich dem Ladestrom des Kondensators, an dem die Spannung u_A liegt,

$$i_R = i_C = C\frac{du_A}{dt} .$$

Daraus folgt die Differentialgleichung des Tiefpasses:

$$(1.50) \qquad u_E = RC\frac{dU_A}{dt} + u_A \quad ,$$

oder

$$(1.51) \qquad \frac{dU_A}{u_E - u_A} = \frac{dt}{RC} \; .$$

Nach Integration mit $u_E = U_o$ für $t \geq 0$ (Sprungfunktion) erhält man

$$(1.52) \qquad u_A = U_o(1 - e^{-\frac{t}{RC}}) \; .$$

Die graphische Darstellung dieses Zusammenhangs zeigt Fig. 27. Die Geschwindigkeit des Spannungsanstiegs der Ausgangsspannung hängt von der Zeitkonstanten $\tau = R \cdot C$ ab und ist $du_A/dt|_o = U_o/RC$.

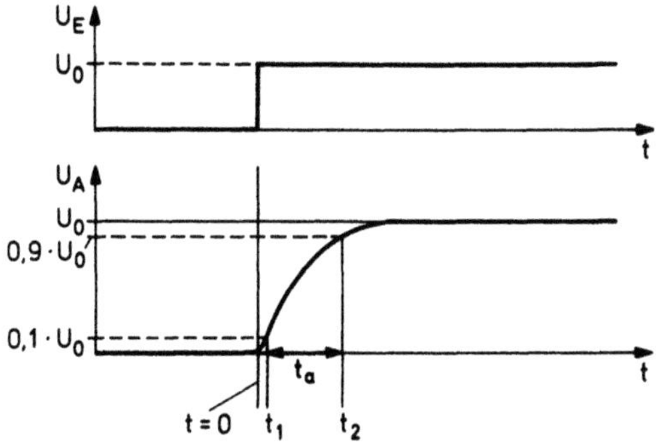

Fig. 27: Eingangs- und Ausgangsspannung für einen Spannungssprung beim Tiefpaß

Zwischen der Anstiegszeit der Ausgangsspannung bei rechteckförmigem Eingangssignal U_E und der Grenzfrequenz des Tiefpasses besteht eine einfache Beziehung, die im folgenden abgeleitet wird: Man definiert als Impulsanstiegszeit t_a die Zeit, die verstreicht, wenn die Ausgangsspannung von 10% bis auf 90% des Endwertes ansteigt (Fig. 27), also

$$(1.53) \qquad t_a = t(90\%) - t(10\%) = t_2 - t_1 \; .$$

Zu $u(t_1) = 0{,}1\,U_o = U_o(1 - e^{-t_1/RC})$

gehört die Zeit $t_1 = -\,RC \ln 0{,}9$. Zu

$$u(t_2) = 0{,}9\,U_o = U_o(1 - e^{-t_2/RC})$$

gehört die Zeit $t_2 = -\,RC \ln 0{,}1$.

Für die Anstiegszeit erhält man damit

$$(1.54) \qquad t_a = t_2 - t_1 = RC \ln \frac{0{,}9}{0{,}1} \approx 2{,}2 \cdot RC \ .$$

Nun ist nach Glg. (1.46) $\omega_g = \frac{1}{RC} = 2\pi \cdot \nu_g$, und somit folgt für den Zusammenhang zwischen Anstiegszeit und Grenzfrequenz

$$(1.55) \qquad t_a = \frac{1}{2\pi\nu_g} \ln 9 \approx \frac{1}{3\nu_g} \ .$$

Die meßtechnische Anwendung der Beziehung (1.55) ermöglicht die Bestimmung der Grenzfrequenz ν_g oder Bandbreite eines Tiefpasses durch Messung der Anstiegszeit eines vom Tiefpaß übertragenen Rechteckpulses.

Legt man einen Rechteckpuls endlicher Länge t_d an den Eingang eines Tiefpasses (Fig. 28), so erscheint der Ausgangsimpuls umso stärker "verschliffen", je kleiner t_d gegenüber der Zeitkonstanten $\tau = RC$ ist.

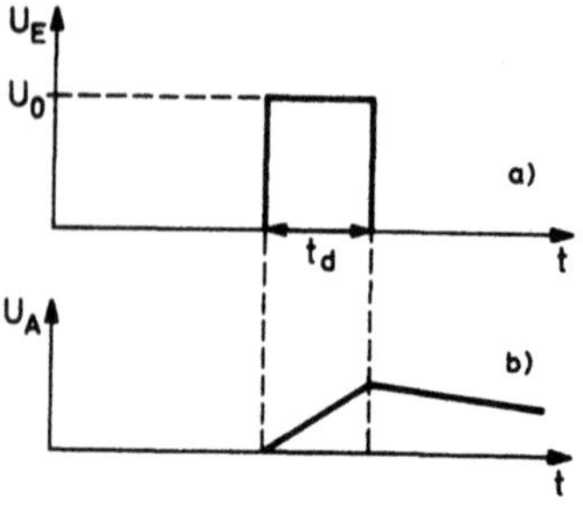

Fig. 28a) Rechteckpuls und Tiefpaß (s. Text),
b) Tiefpaß als Integrierglied

Der Eingangspuls sei definiert durch

$$U_E = \begin{cases} 0 & \text{für } t < 0 \\ U_o & \text{für } 0 \leqslant t \leqslant t_d \\ 0 & \text{für } t > t_o \end{cases}$$

(Fig. 28a).

Für die Zeitkonstante τ soll gelten $t_d \ll \tau = RC$. Dann läßt sich die Ausgangsspannung $u_A(t)$ für die Zeit $0 \leqq t \leqq t_d$ wie folgt angeben

$$u_A(t) = U_o(1 - e^{-t/\tau}) = U_o(1 - (1 - \frac{t}{\tau} + \ldots))$$

oder

$$u_A(t) \approx U_o \frac{t}{RC} \quad (1.56)$$

Das bedeutet: Die Ausgangsspannung $u_A(t)$ ist unter diesen Bedingungen der Fläche $U_o \cdot t$, die der Eingangsimpuls mit der Zeitachse bildet, proportional. Man spricht deshalb von integrierender Wirkung eines Tiefpasses auf Pulse, deren Dauer viel kleiner als die Zeitkonstante $R \cdot C$ ist. (RC-Tiefpaß = Integrierglied).

Das integrierende Verhalten bezieht sich nicht nur auf Rechteckpulse, wie hier an einem Beispiel dargestellt wurde, sondern ganz allgemein auf Signale, deren Frequenz

$$\nu \gg \nu_g$$

ist, oder deren Dauer klein gegen $R \cdot C$ ist. Aus $\nu \gg 1/2\pi RC$ folgt nämlich auch

$$R \gg \frac{1}{2\pi\nu C} = \frac{1}{\omega C} = |X_C| .$$

Das bedeutet

wegen $\quad u_E = u_R + u_C = i \cdot R + iX_C$

$$u_E \approx i \cdot R .$$

In Worten: Die Eingangsspannung fällt praktisch ganz am Widerstand R ab. Nun ist

$$i = i_C = C \frac{dU_A}{dt}$$

und folglich

$$u_E \approx RC \frac{dU_A}{dt} .$$

Aufgelöst nach u_A erhält man

(1.57) $$u_A \approx \frac{1}{RC} \int_0^t u_E \, dt .$$

Damit ist die integrierende Wirkung des Tiefpasses für beliebige Signale mit $\nu \gg \nu_g$ bewiesen.

1.1.3.3 Hochpaß

Der Hochpaß stellt das komplementäre Gegenstück zum Tiefpaß hinsichtlich des Frequenzganges der Amplitude und der Phase dar.

Die Schaltung eines CR-Hochpasses zeigt Fig. 29. Auch der Hochpaß stellt für sinusförmige Eingangsspannungen $u_E = \hat{U}_E \exp(j\omega t)$ einen frequenzabhängigen Spannungsteiler dar. Die Ausgangsspannung ist

(1.58) $$u_A = u_E \frac{R}{R + X_C} = u_E \frac{R}{R + 1/j\omega C} = u_E \frac{j\omega RC}{1 + j\omega RC} .$$

Die Übertragungsfunktion lautet also

(1.59) $$g(\omega) = \frac{u_A}{u_E} = \frac{j\omega RC}{1 + j\omega RC} .$$

Für den Betrag von $g(\omega)$ erhält man

(1.60) $$|g(\omega)| = \frac{\omega RC}{\sqrt{1 + \omega^2 R^2 C^2}}$$

bzw. mit $\nu_g = \frac{1}{2\pi RC}$

(1.61) $$|g(\nu)| = \frac{\nu/\nu_g}{\sqrt{1 + (\nu/\nu_g)^2}} .$$

Für den Frequenzgang der Phase erhält man (man vergleiche mit Glg.(1.43) und (1.48))

(1.62) $\tan\varphi = \frac{\nu_g}{\nu}\ ; \quad \varphi = \arctan\frac{\nu_g}{\nu}\ .$

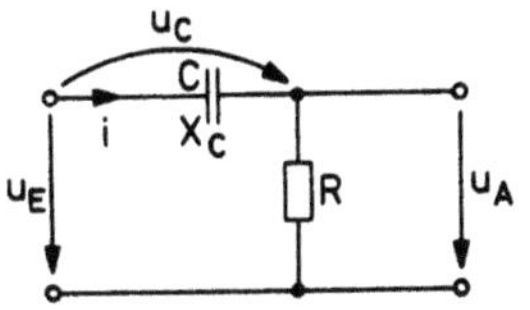

Fig. 29: Grundschaltung eines Hochpasses

Fig. 30 veranschaulicht $g^*(\nu) = 20\,\mathrm{dB}\log|g(\nu)|$ und $\varphi = \varphi(\nu)$ für einen CR-Hochpaß.

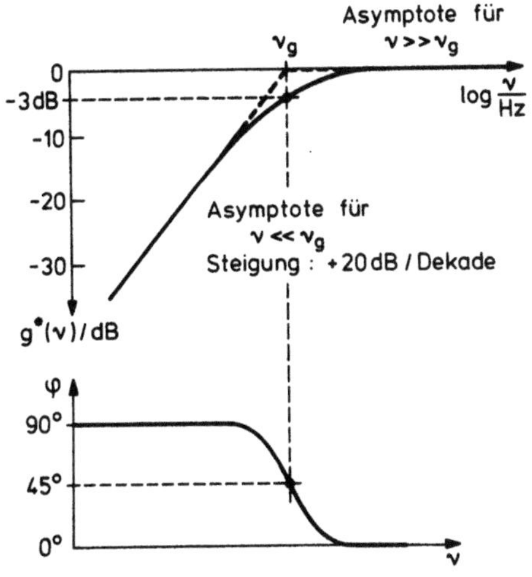

Fig. 30: Frequenzgang eines CR-Hochpasses

1.1.3.4 Übertragung von Spannungspulsen durch den Hochpaß

Die Übertragung von Spannungspulsen - speziell Rechteckpulsen - durch Hochpässe spielt in vielen Bereichen der Elektronik eine wichtige Rolle.- Legen wir einen Spannungspuls an den Eingang eines Hochpasses, so gilt stets (s. Fig. 29)

(1.63) $u_E = u_C + u_A$.

Über den Widerstand R wird der Kondensator C aufgeladen. Es ist daher

$$i_R = i_C = C\,\frac{du_C}{dt} .$$

Die Ausgangsspannung des Hochpasses ist

(1.64) $u_A = i_R \cdot R = R \cdot C \cdot \frac{du_C}{dt}$.

Für u_C setzen wir $u_C = u_E - u_A$ und erhalten die Differentialgleichung des Hochpasses

(1.65) $u_A = RC(\frac{du_E}{dt} - \frac{du_A}{dt})$.

Wir wollen einen Spannungssprung an den Hochpaß legen, der beschrieben wird durch

$$u_E = \begin{cases} 0 & \text{für } t < 0 \\ U_0 & \text{für } t \geq 0 \end{cases}$$

Es ist also für $t \geq 0$ $u_E = U_0 = \text{const}$ und somit lautet die Differentialgleichung in diesem Fall

(1.66) $u_A = -RC \cdot \frac{du_A}{dt}$ bzw. $\frac{du_A}{u_A} = -\frac{dt}{RC}$.

Nach Integration erhält man die Ausgangsspannung des Hochpasses als "Antwort" auf den Eingangsspannungssprung für $t \geq 0$

(1.67) $u_A = U_0 e^{-t/RC}$.

Beim Anlegen des Spannungssprungs zur Zeit $t = 0$ springt u_A also von Null auf den Wert U_0 und klingt dann exponentiell mit der Zeitkonstante $\tau = R \cdot C$ ab. Die graphische Darstellung zeigt Fig. 31.
Als nächstes betrachten wir die Übertragung von Rechteckpulsen endlicher Länge t_d, wobei die Zeitkonstante des Hochpasses größer als die Pulsdauer sein soll: $RC > t_d$. Wie in Fig. 32 dargestellt, zeigen die Ausgangsimpulse einen exponentiellen "Dachabfall" der

Größe $\Delta U = U_o - U_o e^{-t_d/RC} \approx U_o (1 - (1 - \frac{t_d}{RC})) = U_o \frac{t_d}{RC}$. Durch die Rückflanke der Eingangspulse wird ein Spannungssprung der Größe U_o in negativer Richtung erzeugt, so daß eine negative Ausgangsspannung der Höhe ΔU entsteht, die mit $\tau = RC$ exponentiell abklingt.

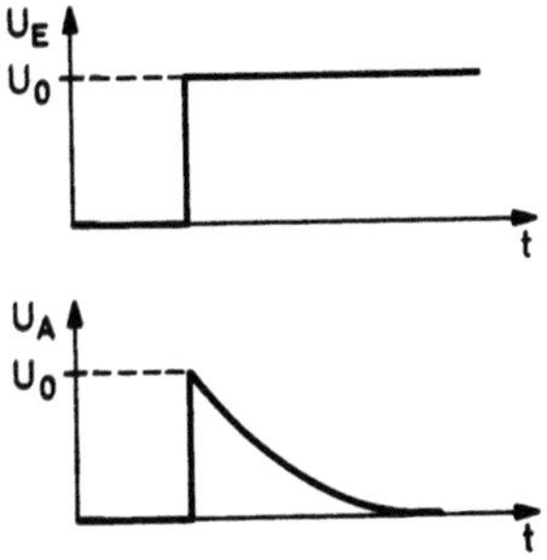

Fig. 31: Ausgangsspannung eines Hochpasses beim Anlegen eines Spannungssprunges

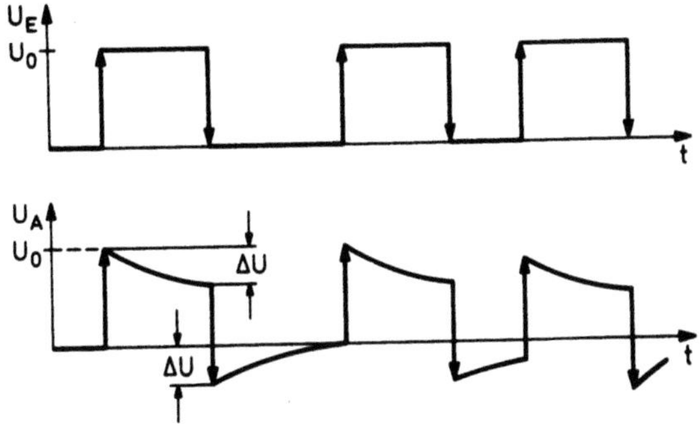

Fig. 32: Ausgangsspannung eines Hochpasses bei rechteckförmiger Eingangsspannung

Folgen die Rechteckimpulse sehr schnell aufeinander, so schieben sie sich auf die noch nicht abgeklungene negative Unterschwingung der vorausgehenden Impulse auf. Die Ausgangspulse gehen nicht mehr von $U = 0$, sondern von negativen Spannungen aus (Verschiebung des Nullniveaus der Ausgangsimpulse). Der physikalische Grund für die Abhängigkeit der Ausgangsspannung von der Folgefrequenz der

Eingangsimpulse ist, daß der Kondensator seine Ladung nur nach Maßgabe des auf ihn fließenden Ladestromes ändern kann, der durch den Widerstand R bestimmt ist.

Da ein Kondensator keine Gleichspannung übertragen kann, ist bei Übertragung von Spannungspulsen stets mit einer Unterschwingung zu rechnen, wobei die Impulszeitfläche unterhalb der Nullinie gleich groß wie die Impulszeitfläche oberhalb der Nullinie ist.

Ein wichtiger Grenzfall ist die Übertragung von Impulsen, deren Länge $t_d \gg \tau = R \cdot C$ ist. Die Ausgangsspannung fällt während der Dauer des Eingangsimpulses praktisch bis auf Null ab. Durch die Rückflanke des Eingangsimpulses wird ein negativer Ausgangsimpuls erzeugt, dessen Höhe gleich der des Eingangsimpulses ist, Fig. 33.

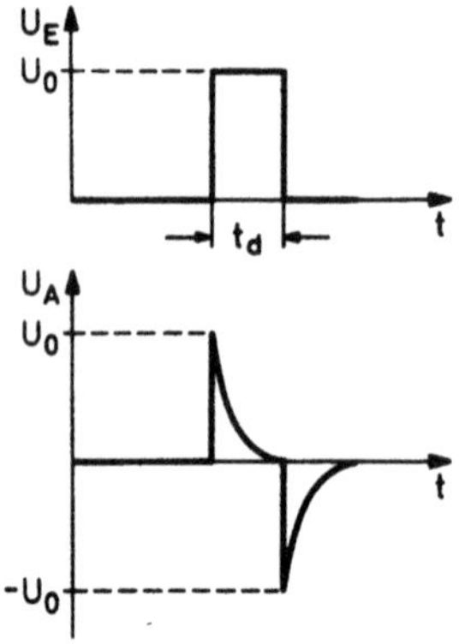

Fig. 33: Ausgangsspannung eines Hochpasses für Rechteckpulse, deren Länge t_d klein gegen die Zeitkonstante RC ist

Ein Hochpaß überträgt die Impulse, deren Länge $t_d \gg \tau = RC$ ist, oder Wechselspannungen, deren Frequenz $\nu \ll \nu_g = \frac{1}{2\pi RC}$ ist, mit differenzierendem Übertragungsverhalten. Für

$$\nu \ll \nu_g = \frac{1}{2\pi RC}$$

ist

$$R \ll \frac{1}{2\pi\nu C} = \frac{1}{\omega C} = |X_C| \ .$$

Für die Spannungen am Hochpaß gilt

(1.68) $$u_E = u_R + u_C = iR + iX_C \ .$$

Wegen $R \ll |X_C|$ ist $u_E \approx iX_C = u_C$. D.h. die Eingangsspannung fällt praktisch ganz an X_C ab.

Setzen wir u_C in die beim Hochpaß allgemein gültige Formel

(1.69) $$u_A = RC \frac{du_C}{dt}$$

ein, so erhalten wir

(1.70) $$u_A \approx RC \frac{du_E}{dt} \ .$$

Das bedeutet: Für Frequenzen $\nu \ll \nu_g$ oder Spannungspulse mit $t_d \gg RC$ stellt der Hochpaß ein Differenzierglied dar.

1.1.4 Induktivitäten

1.1.4.1 Strom, Spannung, Widerstand

Wird ein Leiter von einem zeitlich veränderlichen Strom $i = i(t)$ durchflossen, so induziert das vom Strom verursachte zeitlich veränderliche Magnetfeld, das den Leiter umschließt, zwischen den Anschlußklemmen des Leiters eine Spannung $u_{ind} = u_{ind}(t)$, die nach dem Induktionsgesetz der Änderungsgeschwindigkeit des Stromes proportional ist:

(1.71) $$u_{ind} = -L\frac{di}{dt} \ .$$

Die Größe L heißt <u>Selbstinduktivität</u> des Leiters. Sie wird in Henry (H) gemessen: Ein Leiter hat die Induktivität 1 H, wenn eine Stromänderung von 1 A/s an seinen Klemmen die Spannung 1 V hervorruft ($[L] = \frac{Vs}{A} = H$). Die Induktivität eines Leiters ist von seiner Geometrie und der Art der Materie abhängig, die den Leiter umgibt. Das Schaltsymbol enthält Fig. 34.

Legt man eine Spannung $u = u(t)$ an eine Induktivität, so bildet die Spannungsquelle mit der Induktivität eine Masche, in der nach dem 2. Kirchhoffschen Gesetz die Summe der Spannungen Null ist: $u + u_{ind} = 0$. Daraus folgt für die angelegte Spannung

(1.72) $$u = -u_{ind} = L \cdot \frac{di}{dt} .$$

Angelegte Spannung und Selbstinduktionsspannung sind einander entgegengesetzt gleich (Spannungsgleichgewicht; ohne dieses würde durch eine widerstandslose Spule ein unendlich großer Strom fließen).- Der Strom i, der die Induktivität durchfließt, folgt damit zu

(1.73) $$i = \frac{1}{L} \int u \, dt .$$

Für eine sinusförmige Spannung $u = U_o e^{j\omega t}$ ergibt sich

$$i = \frac{U_o}{L} \int e^{j\omega t} dt = \frac{U_o}{j\omega L} e^{j\omega t} = \frac{u}{j\omega L} ,$$

oder

$$u = j\omega L \cdot i .$$

Die graphische Darstellung des Zusammenhangs zwischen der angelegten Wechselspannung u und dem Strom i zeigt Fig. 35.

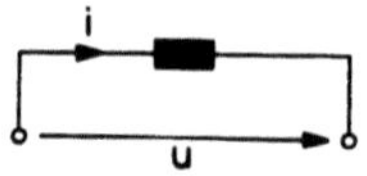

Fig. 34: Schaltsymbol für eine Induktivität

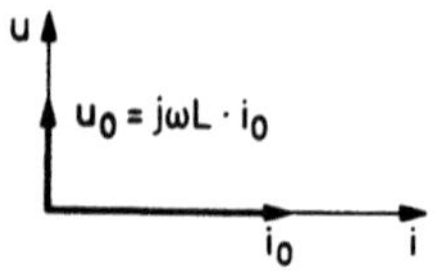

Fig. 35: Lage von Strom und Spannung in der komplexen Zahlenebene bei einer Induktivität

Die Spannung u eilt dem Strom i um 90° voraus. Die Induktivität L hat für sinusförmige Wechselspannung den <u>Blindwiderstand</u>

(1.74) $\frac{u}{i} = j\omega L = X_L$.

X_L ist der komplexe Widerstandsoperator der Induktivität L. Ähnlich wie bei einer Kapazität ist auch bei einer realen Induktivität die Phasenverschiebung zwischen Spannung und Strom kleiner als 90°. Das rührt vom endlichen Leitungswiderstand R realer Induktivitäten her. Fig. 36 zeigt das Ersatzschaltbild einer realen Induktivität. Für die angelegte Spannung u gilt:

$$u = u_R + u_L = i \cdot R + iX_L = iR + i \cdot j\omega L \; .$$

Die graphische Darstellung von Strom und Spannung enthält Fig. 37. Die Phasenverschiebung beträgt $90^o - \delta$, wobei der Verlustwinkel durch

(1.75) $\delta = \arctan \frac{u_R}{u_L} = \arctan \frac{R}{\omega L}$

gegeben ist. Die Größe $Q = \frac{\omega L}{R}$ ist das Maß für die Güte der Induktivität.

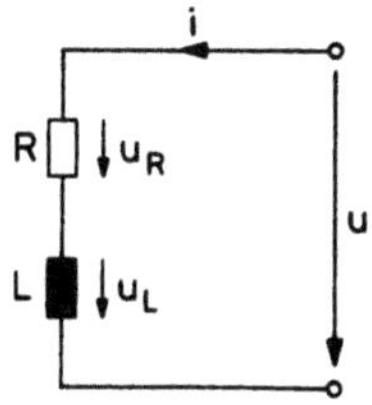

Fig. 36: Ersatzschaltbild für eine Induktivität mit Verlusten

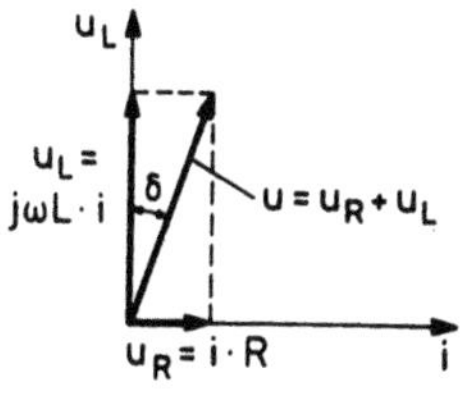

Fig. 37: Lage der Spannungsvektoren bei Induktivitäten mit Verlusten

Für hochwertige Induktivitäten wickelt man Spulen auf Ferritkerne. Ferrite sind pulverförmige Mischkristalle aus

Fe_2O_3 und NiO oder Fe_2O_3 und ZnO ,

die gepreßt und bei hohen Temperaturen gesintert werden. Ferrite werden in Form von Ringkernen oder Schalenkernen hergestellt. In beiden Geometrien ist der Spulenkörper ganz vom Kern umschlossen, so daß das Magnetfeld ganz im Ferrit verläuft und nur geringe Streuverluste auftreten.- Ferrite haben eine hohe Resistivität. Daher zeichnen sich Ferritkerne durch geringe Wirbelstromverluste aus.

Die Selbstinduktion einer Spule mit Ferritkern wird mit der Formel

$$(1.76) \quad L = n^2 \cdot A_L$$

angegeben. Dabei ist n die Windungszahl der Spule und A_L der von Geometrie und Material abhängige sogenannte magnetische Leitwert des Kerns. Er wird in Nano-Henry = nH = 10^{-9}H angegeben und stellt nach Definition die Induktivität einer Spule mit nur einer Windung dar. Es sind Kerne mit magnetischen Leitwerten A_L von 20 nH ...20000 nH erhältlich. Dabei ist zu beachten, daß es für jeden Ferrit-Werkstoff ein bestimmtes optimales Frequenzgebiet gibt, das bei hochpermeablen Werkstoffen mit $A_L > 1000$ nH bei ca. 1 kHz beginnt und bei Ferriten mit geringer Permeabilität, $A_L < 100$ nH, bei einigen 100 MHz endet. Im ganzen Frequenzbereich sind Induktivitäten mit Gütefaktoren von $200 < Q < 800$ realisierbar.- Ferner ist zu beachten, daß die Induktivität von Ferriten mit zunehmender Feldstärke abnimmt. Die magnetische Feldstärke in einer vom Strom i durchflossenen Spule mit n Windungen ist proportional dem Produkt $n \cdot i$. Daher darf das Produkt aus Stromstärke und Windungszahl $i \cdot n$ (Ampere-Windungszahl) einen materialabhängigen Grenzwert nicht überschreiten.

1.1.4.2 Transformator

Ein wichtiges induktives Bauelement ist der Transformator, der als Übertrager von Wechselspannungen oder elektrischen Impulsen in elektronischen Geräten Einsatz findet.

Ein Transformator besteht aus zwei oder mehreren Spulen, die meist auf einen Kern aus ferromagnetischem Material gewickelt sind. Die Spule, an die von außen eine Spannung u_p angelegt, bzw. in die ein Strom i_p eingespeist wird, heißt "Primärspule". Sie habe n_p Windungen (Fig. 38). Der von dem Primärstrom i_p erzeugte magnetische Fluß Φ durchsetzt den Kern und induziert auch in jeder Windung der Primärseite selbst die Spannung $u_{ind} = -\frac{d\Phi}{dt}$. An den Klemmen der Primärspule liegt die Spannung

$$(1.77) \qquad u_p = -n_p \cdot u_{ind} = n_p \frac{d\Phi}{dt}$$

(Spannungsgleichgewicht).

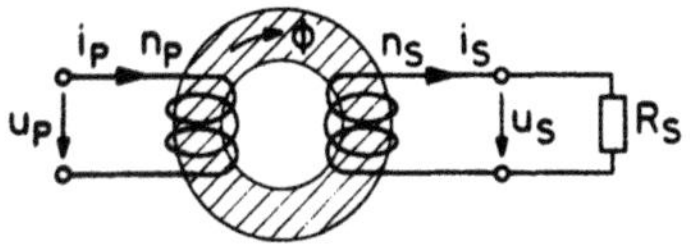

Fig. 38: Schema eines Transformators. Der Fluß Φ ist ein magnetischer Wechselfluß.

Bei einem idealen Transformator wird die "Sekundärspule" mit der Windungszahl n_s vom gleichen magnetischen Fluß Φ durchflossen. An ihren Klemmen entsteht die Spannung

$$(1.78) \qquad u_s = -n_s \cdot \frac{d\Phi}{dt} .$$

Für das <u>Spannungsverhältnis</u> von Primär- zu Sekundärseite ergibt sich damit

$$(1.79) \qquad \frac{u_p}{u_s} = -\frac{n_p}{n_s} .$$

Der Quotient $\frac{n_p}{n_s} = ü$ heißt <u>Übersetzungsverhältnis</u>.

Beim <u>idealen Transformator</u> gilt für die Leistungen auf Primär- und Sekundärseite

$$(1.80) \qquad u_p i_p = u_s i_s .$$

Daraus folgt für das Verhältnis der Belastungsströme

$$(1.81)\qquad \frac{i_p}{i_s} = \frac{u_s}{u_p} = -\frac{n_s}{n_p} = -\frac{1}{ü}\ .$$

Wird an der Sekundärseite der Widerstand R_s angeschlossen, so gilt $u_s/i_s = R_s$. Mit $u_s = -u_p \cdot \frac{n_s}{n_p}$ nach Glg. (1.79) und $i_s = -i_p \cdot \frac{n_p}{n_s}$ nach Glg. (1.81) erhält man

$$(1.82)\qquad R_s = \frac{u_s}{i_s} = \frac{u_p}{i_p} \cdot \left(\frac{n_s}{n_p}\right)^2 = R_p\left(\frac{n_s}{n_p}\right)^2 = R_p\left(\frac{1}{ü}\right)^2\ .$$

Das bedeutet: ein Widerstand R_s an der Sekundärseite wirkt sich auf der Primärseite wie ein Widerstand der Größe $R_p = ü^2 R_s$ aus, der parallel zur Primärwicklung liegt. Fig. 39 zeigt das Ersatzschaltbild der Primärseite eines mit dem Widerstand R_s belasteten Transformators.

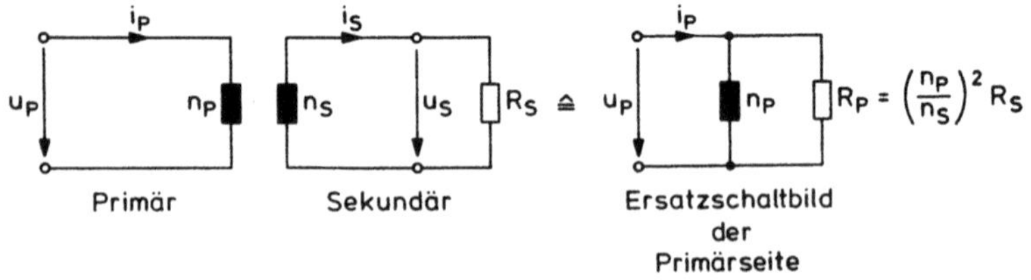

Fig. 39: Transformator mit Ersatzschaltbild bei Belastung durch einen Ohmschen Widerstand R_s

1.1.4.3 Pulstransformator

Gelegentlich besteht die Aufgabe, Pulse von einem Generator mit dem Innenwiderstand R_i über einen Pulstransformator an eine Last $R_L = R_s$ zu übertragen, Fig. 40. Eine formgetreue Pulsübertragung ist jedoch - ähnlich wie bei der Pulsübertragung durch CR-Glieder - prinzipiell unmöglich.

Aufgrund der eben beschriebenen Widerstandstransformation gilt für die Primärseite das Ersatzschaltbild Fig. 41: die Induktivität mit der Windungszahl n_p ist an den Spannungsteiler, bestehend aus R_i und R_p angeschlossen.

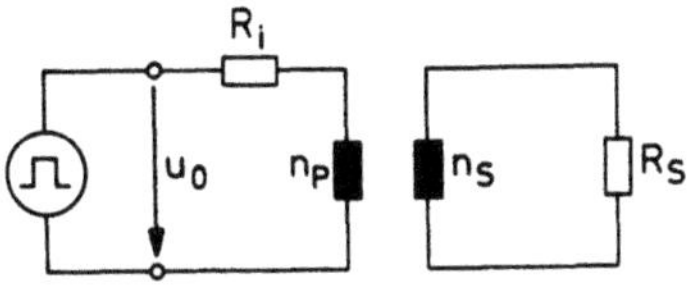

Fig. 40: Zur Pulsübertragung mittels Transformatoren

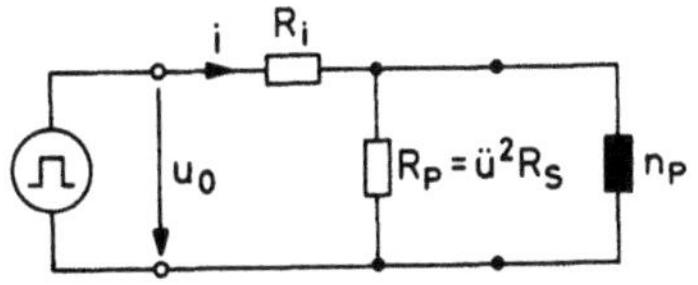

Fig. 41: Primärseitiges Ersatzschaltbild der Schaltung Fig. 40

Dieser Spannungsteiler wird mit der Spannung u_o betrieben und stellt eine Spannungsquelle mit der Leerlaufspannung

$$(1.83) \qquad u_o' = u_o \frac{R_p}{R_p + R_i}$$

und dem Innenwiderstand

$$(1.84) \qquad R_i' = \frac{R_p \cdot R_i}{R_p + R_i}$$

dar (s. Glg. 1.15)). An diese Spannungsquelle, die die Ersatzschaltung des Spannungsteilers darstellt, ist die Primärspule angeschlossen (Fig. 42).

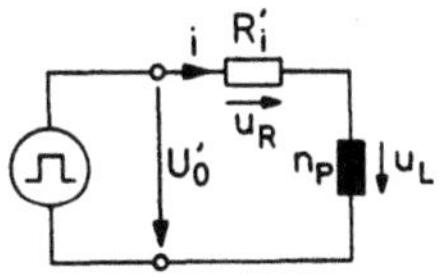

Fig. 42: Spannungsteiler R_i, R_p durch Leerlaufspannung u_o' und Innenwiderstand R_i' ersetzt.

Beim Anlegen der Spannung u_o' gilt

(1.85) $$u_o' = u_R + u_L = iR_i' - L\,\frac{di}{dt} \quad .$$

Das ist die Differentialgleichung für den Strom $i = i(t)$. Die Eingangsspannung u_o' sei eine Sprungfunktion

(1.86) $$u_o' = \begin{cases} 0 & \text{für } t < 0 \\ U_o' = \text{const} & \text{für } t \geq 0 \,. \end{cases}$$

In diesem Fall erhalten wir als Lösung der Differentialgleichung für den Primärstrom aus der umgeformten Beziehung für $i(t)$

(1.87) $$\int \frac{di}{U_o'/R_i' - 1} = -\int \frac{R_i'}{L}\,dt \;,$$

(1.88) $$i(t) = \frac{U_o'}{R_i'}\left(1 - e^{-\frac{R_i'}{L}t}\right) .$$

Dieser Strom erzeugt ein Magnetfeld mit dem magnetischen Fluß $\Phi = i \cdot L_{primär} = iL_p$ (zu Glg.(1.71) gleichwertige Definition der Induktivität), der auch die Sekundärspule durchsetzt und in ihr die Spannung

$$u_s = -n_s \cdot \frac{d\Phi}{dt} = -\frac{n_s}{n_p}u_p = -\frac{n_s}{n_p}L_p \cdot \frac{di}{dt}$$

induziert. Nach Einsetzen der für i berechneten Funktion erhält man für die Sekundärspannung mit $\frac{n_s}{n_p} = \frac{1}{ü}$

(1.89a) $$u_s = \frac{1}{ü}U_o' e^{-\frac{R_i'}{L_p}t} = \frac{1}{ü}U_o' e^{-\frac{t}{\tau}} \text{ mit } \tau = \frac{L_p}{R_i'} \quad .$$

Die Sekundärspannung springt also zur Zeit $t = 0$ auf den Wert

(1.89b) $$u_s(0) = \frac{1}{ü}\cdot U_o' = \frac{1}{ü}U_o \frac{R_p}{R_p + R_i}$$

und fällt dann exponentiell mit der Zeitkonstante

(1.89c) $$\tau = \frac{L_p}{R_i'} = L_p\,\frac{R_i + R_p}{R_i \cdot R_p}$$

ab. Will man Pulse endlicher Dauer t_d mit geringem Dachabfall übertragen, so muß die Zeitkonstante $\tau \gg t_d$ sein. In diesem Fall kann man für $t < t_d$ den Exponentialausdruck $\exp(-t/\tau)$ durch $1 - t/\tau$ ersetzen und findet für die Sekundärspannung

(1.90) $$u_s \approx \frac{1}{ü} \cdot U_o' \left(1 - \frac{t}{\tau}\right) .$$

Fig. 43 zeigt u_p und u_s für $t_d \ll \tau$. Der <u>Dachabfall</u> Δu_s beträgt

(1.91) $$\begin{aligned} \Delta u_s &= u_s(0) - u_s(t_d) \\ &= \frac{1}{ü} U_o' - \frac{1}{ü} U_o' \left(1 - \frac{t_d}{\tau}\right) \\ &= \frac{1}{ü} U_o' \frac{t_d}{\tau} = u_s(0) \frac{t_d}{\tau} . \end{aligned}$$

Soll der relative Dachabfall $\frac{\Delta u_s}{u_s(0)}$ kleiner als ein bestimmter Bruchteil sein, so führt dies auf

$$\frac{\Delta u_s}{u_s(0)} = \frac{t_d}{\tau} = \frac{t_d \cdot R_i'}{L_p} < \frac{p}{100} ,$$

wenn der Bruchteil in Prozent angegeben wird (p). Da nach Glg.(1.76) $L_p = n_p^2 A_L$ ist, erhält man eine Formel zur Festlegung der Primärwindungszahl n_p bei vorgegebener Pulsdauer t_d und größtem relativem Dachabfall p

(1.92) $$n_p \geqq \sqrt{\frac{t_d \cdot R_i' \cdot 100}{p \cdot A_L}} .$$

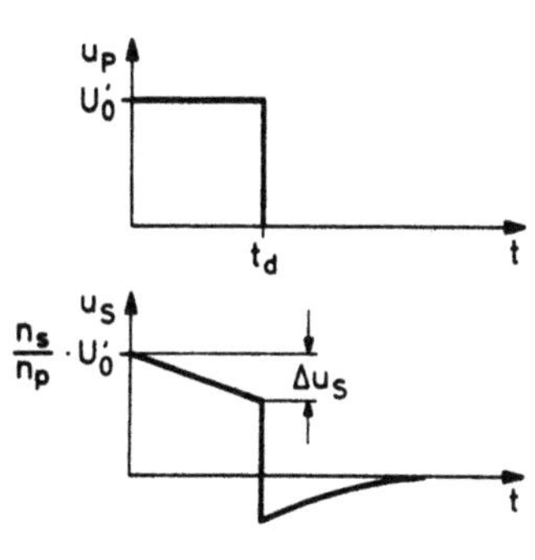

Fig. 43: Verlauf der Sekundärspannung u_s des Pulstransformators bei rechteckförmigem Primärpuls u_p

1.1.5 Vierpolgleichungen

Bei Schaltungen, die aus einer größeren Anzahl von Bauelementen bestehen, kann die Berechnung der Teilspannungen und -Ströme sehr mühsam sein, wenn man elementar vorgeht, indem man für jeden Schaltungspunkt die Kirchhoffschen Gesetze anwendet. Man kann schneller zum Ziel kommen, wenn man sich der Vierpolgleichungen bedient, mit denen ein übersichtliches mathematisches Verfahren zur Berechnung komplizierter Netzwerke zur Verfügung steht.

Spannungsteiler, Tiefpaß und Hochpaß sind Schaltungen mit zwei Eingangs- und zwei Ausgangsklemmen. Solche und ähnliche Schaltungen mit insgesamt vier Anschlußklemmen bezeichnet man als Vierpole. Bei den Vierpolgleichungen interessiert nur die Übertragung von Eingangs-Spannung und -Strom zum Ausgang hin, man behandelt den Vierpol selbst als einen "schwarzen Kasten", bei dem nur der Zusammenhang der vier in Fig. 44 eingezeichneten Größen untersucht wird.

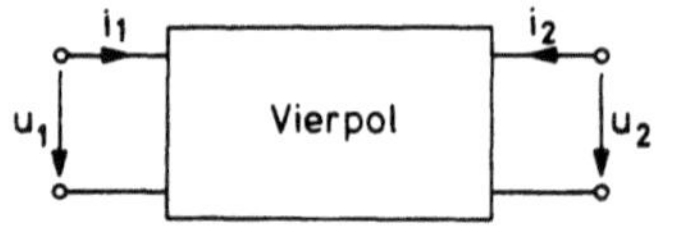

Fig. 44: Richtungen von Strom und Spannung beim Vierpol

Dabei ist

u_1 die Eingangsspannung und i_1 der Eingangsstrom ,
u_2 die Ausgangsspannung und i_2 der Ausgangsstrom .

Der Strom i_1 fließt bei positivem Vorzeichen in den Vierpol; i_2 fließt als Ausgangsstrom normalerweise aus dem Vierpol heraus und erscheint dann mit negativem Vorzeichen.

Von den Spannungen und Strömen sind im allgemeinen zwei Größen frei wählbar und die restlichen Größen von diesen abhängig. So kann man z.B. ansetzen, wenn die Ströme i_1 und i_2 gegeben sind

(1.93) $u_1 = u_1(i_1, i_2)$, $u_2 = u_2(i_1, i_2)$.

Es wird der funktionale Zusammenhang dieser Größen gesucht. Wir gehen dazu vom totalen Differential aus:

$$(1.94a)\qquad du_1 = \left.\frac{\partial u_1}{\partial i_1}\right|_{i_2} \cdot di_1 + \left.\frac{\partial u_1}{\partial i_2}\right|_{i_1} \cdot di_2$$

$$(1.94b)\qquad du_2 = \left.\frac{\partial u_2}{\partial i_1}\right|_{i_2} \cdot di_1 + \left.\frac{\partial u_2}{\partial i_2}\right|_{i_1} \cdot di_2 \ .$$

Wenn wir voraussetzen, daß der Vierpol nur aus linearen, passiven Bauelementen aufgebaut ist, ist

$$(1.95)\qquad \left.\frac{\partial u_1}{\partial i_1}\right|_{i_2 = \text{const}} = \left.\frac{u_1}{i_1}\right|_{i_2 = 0} = W_{11}$$

eine charakteristische Größe (Konstante) des Vierpols und heißt primärseitiger Leerlaufwiderstand. Sie wird experimentell bestimmt, indem z.B. i_1 eingespeist und u_1 gemessen wird. Der nächste Parameter ist

$$(1.96)\qquad \left.\frac{\partial u_1}{\partial i_2}\right|_{i_1} = \left.\frac{u_1}{i_2}\right|_{i_1 = 0} = W_{12} \ .$$

Diese Größe heißt Kernwiderstand rückwärts und wird bestimmt, indem z.B. i_2 eingespeist und u_1 gemessen wird. Ferner nennt man

$$(1.97)\qquad \left.\frac{\partial u_2}{\partial i_1}\right|_{i_2} = \left.\frac{u_2}{i_1}\right|_{i_2 = 0} = W_{21} \ .$$

den Kernwiderstand vorwärts. Er wird bestimmt, indem i_1 eingespeist und u_2 gemessen wird. Schließlich definiert

$$(1.98)\qquad \left.\frac{\partial u_2}{\partial i_2}\right|_{i_1} = \left.\frac{u_2}{i_2}\right|_{i_1 = 0} = W_{22}$$

den sekundärseitigen Leerlaufwiderstand, zu bestimmen, indem z.B. i_2 eingespeist und u_2 gemessen wird.

Mit diesen Größen, die alle von außen meßbar sind, läßt sich ein linearer passiver Vierpol in Form eines Gleichungssystems beschreiben

(1.99a) $u_1 = W_{11}\,i_1 + W_{12}\,i_2$

(1.99b) $u_2 = W_{21}\,i_1 + W_{22}\,i_2$.

Die Bedeutung dieser Größen soll an einem T-Glied veranschaulicht werden (Fig. 45). Nach herkömmlicher Art kann der Zusammenhang

$$u_1 = u_1(i_1, i_2)$$
$$u_2 = u_2(i_1, i_2)$$

durch Anwendung der Knoten- und Maschenregel hergeleitet werden. Es ist

$$u_1 = i_1R_1 + i_3R_3 \text{ und } i_3 = i_1 + i_2 ,$$

also

$$u_1 = i_1R_1 + (i_1 + i_2)R_3 = (R_1 + R_3)i_1 + R_3i_2 = W_{11}i_1 + W_{12}i_2 .$$

Ferner gilt

$$u_2 = R_3i_3 + i_2R_2 = R_3(i_1 + i_2) + R_2i_2$$
$$= R_3i_1 + (R_2 + R_3)i_2 = W_{21}i_1 + W_{22}i_2 .$$

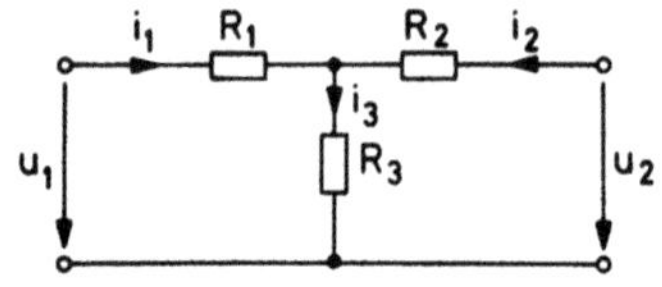

Fig. 45: Zur Behandlung des T-Gliedes als Vierpol

Bei Anwendung der Vierpol-Definitionsgleichungen hätten wir sofort unter Beachtung der verschiedenen Stromlosigkeitsbedingungen hinschreiben können

(1.100a) $W_{11} = \frac{u_1}{i_1} = R_1 + R_3$

(1.100b) $W_{12} = \frac{u_1}{i_2} = R_3$ (wegen $u_1 = R_3 \cdot i_2$ bei $i_1 = 0$)

(1.100c) $W_{21} = \frac{u_2}{i_1} = R_3$

(1.100d) $W_{22} = \frac{u_2}{i_2} = R_2 + R_3$

Das Gleichungssystem kann übersichtlich in Matrizenschreibweise dargestellt werden

(1.101) $$\begin{pmatrix} u_1 \\ u_2 \end{pmatrix} = \begin{pmatrix} W_{11} & W_{12} \\ W_{21} & W_{22} \end{pmatrix} \begin{pmatrix} i_1 \\ i_2 \end{pmatrix} = \underline{W} \begin{pmatrix} i_1 \\ i_2 \end{pmatrix}$$

Die $\underline{W}$-Matrix beschreibt - wie beim Ohmschen Gesetz - einen linearen Zusammenhang zwischen Spannungen und Strömungen. Man nennt diese Form der Vierpolgleichungen daher Widerstandsform, die W-Matrix heißt "Widerstandsmatrix". Für einen passiven Vierpol gilt allgemein: Kernwiderstand vorwärts = Kernwiderstand rückwärts, $W_{12} = W_{21}$. Für einen symmetrisch aufgebauten Vierpol gilt: Leerlaufwiderstand primär = Leerlaufwiderstand sekundär, $W_{11} = W_{22}$. Dies sind unter Umständen wesentliche Vereinfachungen weiterer Berechnungen.

Falls die Spannungen u_1 und u_2 gegeben sind, lassen sich die Ströme nach folgendem Schema berechnen:

(1.102a) $i_1 = Y_{11}u_1 + Y_{12}u_2$

(1.102b) $i_2 = Y_{21}u_1 + Y_{21}u_2$

oder kurz mit der $\underline{Y}$-Matrix

(1.103) $$\begin{pmatrix} i_1 \\ i_2 \end{pmatrix} = \underline{Y} \begin{pmatrix} u_1 \\ u_2 \end{pmatrix}$$

Dies ist die Leitwertform der Vierpolgleichungen, die man nach der Cramerschen Regel aus der Widerstandsform gewinnen kann. Es ergibt sich

$$(1.104)\quad \begin{cases} Y_{11} = \frac{W_{22}}{|W|} & Y_{12} = -\frac{W_{12}}{|W|} \\ Y_{21} = -\frac{W_{21}}{|W|} & Y_{22} = \frac{W_{11}}{|W|} \end{cases} .$$

Dabei ist die Determinante der $\underline{W}$-Matrix $|\underline{W}| = \text{Det } W = W_{11}W_{22} - W_{12}W_{21}$.

Für das Hintereinanderschalten von Vierpolen ist eine dritte Darstellungsart von Bedeutung und physikalisch besonders interessant, die Kettenform:

$$(1.105a)\quad u_1 = a_{11}u_2 - a_{12}i_2$$

$$(1.105b)\quad i_1 = a_{21}u_2 - a_{22}i_2$$

oder kurz

$$(1.106)\quad \begin{pmatrix} u_1 \\ i_1 \end{pmatrix} = \underline{A} \begin{pmatrix} u_2 \\ -i_2 \end{pmatrix}$$

Die $\underline{A}$-Matrix verkettet die Ausgangsgrößen u_2 und i_2 mit den Eingangsgrößen u_1 und i_1, es wird aber ein wichtiger Vorzeichenwechsel für den Strom i_2 eingeführt, der damit gleich dem in einen weiteren, anschließbaren Vierpol einfließenden Strom hinsichtlich des Vorzeichens wird. Nach Auflösen der Widerstandsform nach u_1 und i_1 erhält man die Elemente der $\underline{A}$-Matrix

$$(1.107)\quad \begin{cases} a_{11} = \frac{W_{11}}{W_{21}} & a_{12} = \frac{|W|}{W_{21}} \\ a_{21} = \frac{1}{W_{21}} & a_{22} = \frac{W_{22}}{W_{21}} \end{cases}$$

Bei der in Glg. (1.105) eingehaltenen Vorzeichenwahl des Gliedes mit i_2 sind die Elemente der Matrix positiv.

Anwendungsbeispiel: Gesucht ist ein Vierpol, bei dem die Phase der Ausgangsspannung gegenüber der Eingangsspannung um 180° gedreht ist. Ein Hochpaß hat - wie bereits gezeigt - eine Phasendrehung von $\leq 90^{\circ}$ für $\nu \ll \nu_g$ (Fig. 30). Daher ist zu erwarten, daß drei gleiche, hintereinandergeschaltete Hochpässe eine Phasendrehung von 180° erreichen lassen, Fig. 46. Die Frage lautet: Wie sind R und C dieser Kettenschaltung zu wählen, so daß bei einer vorgegebenen Frequenz die Phasendrehung 180° beträgt, und wie groß ist dann die Dämpfung, d.h. das Verhältnis der Spannungen u_4/u_1 .

Zur Lösung der Aufgabe stellen wir zunächst die $\underline{W}$-Matrix für einen einzelnen Hochpaß auf (Fig. 46). Es ist, man vergleiche mit dem T-Glied, Glg.(1.100),

$$(1.108)\quad \begin{cases} W_{11} = \frac{u_1}{i_1} = X_C + R, & W_{12} = \frac{u_1}{i_2} = R \\ W_{21} = \frac{u_2}{i_1} = R, & W_{22} = \frac{u_2}{i_1} = R\ . \end{cases}$$

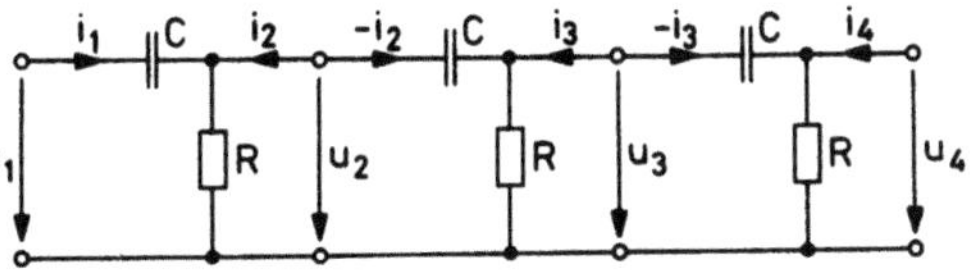

Fig. 46: Kettenschaltung von Vierpolen zur Phasendrehung

Zur Berechnung der Ausgangsgrößen u_4, i_4 als Funktion der Eingangsgrößen u_1, i_1 bedienen wir uns der Kettenmatrix $\underline{A}$. Es ist nach Glg. (1.106)

$$\binom{u_1}{i_1} = \underline{A}\ \binom{u_2}{-i_2},$$

ferner

$$\binom{u_2}{-i_2} = \underline{A}\ \binom{u_3}{-i_3}$$

und

$$\binom{u_3}{-i_3} = \underline{A}\ \binom{u_4}{-i_4}.$$

Durch Einsetzen erhält man

$$(1.109)\quad \binom{u_1}{i_1} = \underline{A}\cdot\underline{A}\cdot\underline{A}\ \binom{u_4}{-i_4} = \underline{A}^3\binom{u_4}{-i_4}\ .$$

D.h. durch Multiplikation der einzelnen Kettenmatrizen $\underline{A}$ erhält man die Produkt-Matrix $\underline{A}^3$, die die Verkettung der Ausgangsgrößen mit den Eingangsgrößen beschreibt. (Wegen der Gleichheit aller Teilvierpole ist die Produktmatrix in diesem Beispiel $\underline{A}^3$).

Wir berechnen als nächstes die Koeffizienten der $\underline{A}$-Matrix eines Hochpasses (Glgn. (1.107) und (1.108))

$$(1.110)\quad \begin{cases} a_{11} = \dfrac{W_{11}}{W_{21}} = \dfrac{X_C + R}{R} & a_{12} = \dfrac{|W|}{W_{21}} = \dfrac{R(X_C + R) - R^2}{R} = X_C \\ a_{21} = \dfrac{1}{W_{21}} = \dfrac{1}{R} & a_{22} = \dfrac{W_{22}}{W_{21}} = 1 \end{cases}$$

Anschließend ist das Matrixprodukt $\underline{A}^3$ zu bilden. Von dieser Matrix ist hier jedoch nur der Koeffizient $a_{11}^{(3)}$ interessant, weil er die Größen u_1 und u_4 miteinander verknüpft

$$(1.111)\quad u_1 = a_{11}^{(3)} u_4 - a_{12}^{(3)} i_4 \ .$$

Wir betrachten den Fall des unbelasteten Vierpols: $i_4 = 0$. Dann ergibt sich zunächst für $\underline{A} \cdot \underline{A} = \underline{A}^2$,

$$\begin{pmatrix} a_{11} & a_{12} \\ a_{21} & a_{22} \end{pmatrix} \begin{pmatrix} a_{11} & a_{12} \\ a_{21} & a_{22} \end{pmatrix} = \begin{pmatrix} a_{11}^{(2)} & a_{12}^{(2)} \\ a_{21}^{(2)} & a_{22}^{(2)} \end{pmatrix} ,$$

also $a_{11}^{(2)} = a_{11}^2 + a_{12}a_{21}$ und $a_{12}^{(2)} = a_{11}a_{12} + a_{12}a_{22}$.

Ferner ist $\underline{A}^3 = \underline{A}^2 \cdot \underline{A}$, also

$$\begin{pmatrix} a_{11}^{(2)} & a_{12}^{(2)} \\ a_{21}^{(2)} & a_{22}^{(2)} \end{pmatrix} \begin{pmatrix} a_{11} & a_{12} \\ a_{21} & a_{22} \end{pmatrix} = \begin{pmatrix} a_{11}^{(3)} & a_{12}^{(3)} \\ a_{21}^{(3)} & a_{22}^{(3)} \end{pmatrix} ,$$

mit

$$(1.112)\quad \begin{aligned} a_{11}^{(3)} &= a_{11}^{(2)} a_{11} + a_{12}^{(2)} a_{21} \\ &= a_{11}^3 + 2a_{11}a_{12}a_{21} + a_{12}a_{22}a_{21} \ . \end{aligned}$$

Einsetzen der Matrixelemente $a_{\mu\nu}$ ergibt

$$a_{11}^{(3)} = \frac{X_C^3 + 3X_C^2R + 3X_CR^2 + R^3}{R^3} + 2\,\frac{X_CR + X_C^2}{R^2} + \frac{X_C}{R}$$

mit $X_C = \frac{1}{j\omega L}$.

Falls zwischen u_1 und u_4 eine Phasendrehung von 180° bestehen soll, muß wegen $u_1 = a_{11}^{(3)} u_4$ die Größe $a_{11}^{(3)}$ eine reelle negative Zahl sein. D.h. der Imaginärteil von $a_{11}^{(3)}$ muß Null sein. Alle ungeraden Potenzen von X_C enthalten $j = \sqrt{-1}$, bilden also den Imaginärteil. Wir fassen die ungeraden Potenzen zusammen. Der Imaginärteil von $a_{11}^{(3)}$ ist

$$\mathrm{Im}\,(a_{11}^{(3)}) = \frac{X_C^3}{R^3} + 6\,\frac{X_C}{R} = 0\ ,$$

und mit $X_C = \frac{1}{j\omega C}$ folgt

$$\frac{1}{\omega^2R^2C^2} = 6\ .$$

Das heißt: bei gegebenen Schaltelementen C und R verschwindet der Imaginärteil bei der Frequenz

$$(1.113) \qquad \omega = \frac{1}{\sqrt{6}\,R\cdot C}\ .$$

Der Realteil sollte bei dieser Frequenz ω negativ sein. Er beschreibt dann durch sein Vorzeichen die Phasendrehung um 180° und durch seinen Betrag die Dämpfung. Der Realteil von $a_{11}^{(3)}$ wird durch die geraden Potenzen von X_C gebildet:

$$\mathrm{Re}(a_{11}^{(3)}) = 5\,\frac{X_C^2}{R^2} + 1\ .$$

Mit $X_C = 1/j\omega C$ und $\omega = 1/(\sqrt{6}\,RC)$ folgt

$$a_{11}^{(3)} = -29\ ,$$

und folglich lautet das Endergebnis

$$(1.114) \qquad u_4 = -\frac{1}{29}u_1\ .$$

Mit RC-Ketten kann man also für eine einstellbare Frequenz die Phasendrehung um 180° vollziehen. - An diesem Beispiel sollte klar werden, wie mit dem Formalismus der Vierpolgleichungen in den die physikalischen Grundgesetze der Stromverzweigung usw. eingearbeitet sind, auf relativ einfachem Wege verwickelte Zusammenhänge berechnet werden können.

1.1.6 Fourier-Reihen und Laplace-Transformation

Wir haben in der vorhergehenden Ziff. 1.1.5 über Vierpolgleichungen gesehen, wie man die Übertragungsfunktion linearer passiver Vierpole berechnen kann. So ist z.B. für einen unbelasteten Vierpol nach Glg.(1.105)

(1.115) $$u_A = \frac{1}{a_{11}} u_E \ ,$$

so daß die Übertragungsfunktion (vgl. Glg.(1.39)) $g(\omega) = \frac{1}{a_{11}}$ ist. Durch $g(\omega)$ kann jedoch nur die Übertragung von Gleichspannungen und sinusförmigen Wechselspannungen beschrieben werden.

Neben sinusförmigen Wechselspannungen treten in der Technik auch andere periodische Spannungsverläufe auf. Daher möchte man allgemein die Ausgangsspannung eines Vierpols bei Anlegen einer beliebigen periodischen Eingangsspannung berechnen können. Die allgemeine Lösung dieser Frage gestattet die Methode der Fourier-Reihen. Die Fourier-Reihe erlaubt die Darstellung einer periodischen Funktion mit der Periodendauer T der allgemeinen Form

(1.116) $$f(t) = f(t+T)$$

in eine Sinus- und Cosinusreihe der Gestalt

(1.117) $$f(t) = a_o + a_1\cos\omega t + a_2\cos 2\omega t + \dots + b_1\sin\omega t + b_2\sin 2\omega t + \dots$$

$$= \sum_{n=o}^{\infty} (a_n\cos n\omega t + b_n\sin n\omega t)$$

mit $\omega = 2\,\pi/T$.

Die Entwicklungskoeffizienten werden wie folgt berechnet: der Koeffizient a_o folgt aus

$$\int_o^T f(t)dt = a_o \int_o^T dt + a_1 \int_o^T \cos\omega t\, dt + a_2 \int_o^T \cos 2\omega t\, dt + \ldots$$

Auf der rechten Seite verschwinden alle Integrale,

$$\int_o^T \cos n\omega t\, dt = 0 \text{ und } \int_o^T \sin n\omega t\, dt = 0 \;.$$

Es bleibt nur

$$\int_o^T f(t)\, dt = a_o \int_o^T dt = a_o \cdot T \;.$$

Für a_o erhält man also

$$a_o = \frac{1}{T} \int_o^T f(t)\, dt \;. \tag{1.118}$$

In ähnlicher Weise erhält man den Koeffizienten a_n, indem man die Fourier-Reihe mit $\cos n\omega t$ multipliziert und von 0 bis T integriert,

$$\int_o^T f(t) \cdot \cos n\omega t\, dt = \int_o^T \Big(\sum_\nu^\infty a_\nu \cos \nu\omega t\Big) \cos n\omega t\, dt \;.$$

Für die Integrale auf der rechten Seite gilt

$$\int_o^T \cos \nu\omega t \cos \mu\omega t = \begin{cases} 0 \text{ für } & \nu \neq \mu \\ \frac{T}{2} \text{ für } & \nu = \mu \end{cases} \;.$$

Somit ist

$$\int_o^T f(t) \cos n\omega t\, dt = a_n \frac{T}{2} \;.$$

Damit erhält man die <u>Fourier-Koeffizienten</u>:

$$\left\{\begin{aligned} a_o &= \frac{1}{T} \int_o^T f(t)\, dt \qquad \text{(Arithmetischer Mittelwert von } f(t)\text{)} \\ a_n &= \frac{2}{T} \int_o^T f(t) \cos n\omega t\, dt \\ b_n &= \frac{2}{T} \int_o^T f(t) \sin n\omega t\, dt \;. \end{aligned}\right. \tag{1.119}$$

<u>**Beispiel:**</u> Es soll eine Sägezahn-Schwingung (Fig. 47) in der Form

$$(1.120) \qquad u(t) = \frac{U_o}{T} \cdot t \text{ für } 0 < t < T$$

durch eine Fourier-Reihe dargestellt werden. Zunächst wird der Koeffizient

$$(1.121) \qquad a_o = \frac{1}{T} \int_0^T U(t)\,dt = \frac{U_o}{T^2} \int_0^T t\,dt = \frac{U_o}{T^2} \cdot \frac{T^2}{2} = \frac{U_o}{2} .$$

Der Koeffizient a_o stellt - wie schon bemerkt - den arithmetischen Mittelwert dar (mittlerer Gleichspannungswert). Für die Koeffizienten a_n gilt

$$a_n = \frac{2}{T} \cdot \frac{U_o}{T} \int_0^T t \cdot \cos n\omega t\,dt .$$

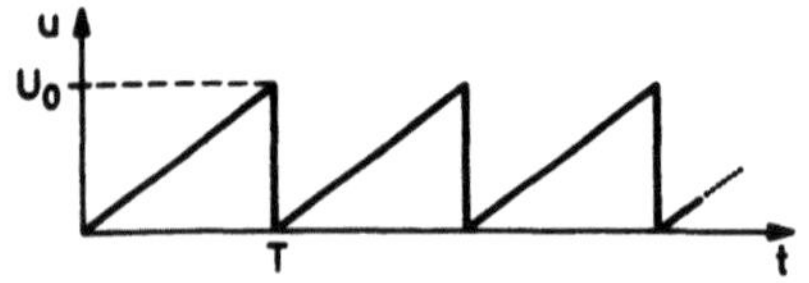

Fig. 47: Sägezahn-Spannung

Nach den Regeln der Produktintegration ergibt sich

$$a_n = \frac{2U_o}{T^2}\{[\frac{t \sin n\omega t}{n\omega}]_0^T - \frac{1}{n\omega} \int_0^T \sin n\omega t\,dt\} .$$

Dieser Ausdruck ist für alle n gleich Null. Nach ähnlicher Rechnung erhält man für die Koeffizienten b_n

$$(1.122) \qquad b_n = \frac{2U_o}{T^2} \int_0^T t \sin n\omega t\,dt = - \frac{U_o}{n\pi} .$$

Die gesuchte Fourier-Reihe lautet also:

$$(1.123) \qquad u(t) = \frac{U_o}{2} - \frac{U_o}{\pi}(\sin \omega t + \frac{1}{2} \sin 2\omega t + \frac{1}{3} \sin 3\omega t + \ldots).$$

Das erste Glied ist der Gleichspannungsmittelwert. Das zweite Glied, $-(U_o/\pi) \sin \omega t$, beschreibt die <u>Grundschwingung</u> mit der Periodendauer $T = 2\pi/\omega$. Die übrigen Glieder sind Oberwellen oder Harmonische mit

Vielfachen der Grundfrequenz. Die Amplituden der Oberwellen - gegeben durch $b_n = \frac{U_o}{n\pi}$ nehmen mit wachsender Frequenz $n\omega$ asymptotisch ab. Dadurch ist die periodische Funktion f(t) durch die Fourier-Reihe in Teilschwingungen zerlegt worden (Fourier-Zerlegung, Fourier-Analyse).

Trägt man die Amplituden der Oberwellen, die im allgemeinen Fall durch

$$(1.124) \qquad A_n = \sqrt{a_n^2 + b_n^2}$$

gegeben sind, gegen die Frequenz auf, so erhält man einen Überblick über das Frequenzspektrum der Oberwellen. Wie in Fig. 48 dargestellt, ist dies ein Linienspektrum. Durch die Fourier-Analyse wird also der Zeitfunktion f(t) eine Frequenzfunktion oder Spektralfunktion $A_n = A_n(\omega)$ zugeordnet. Daraus ergibt sich eine wichtige Konsequenz

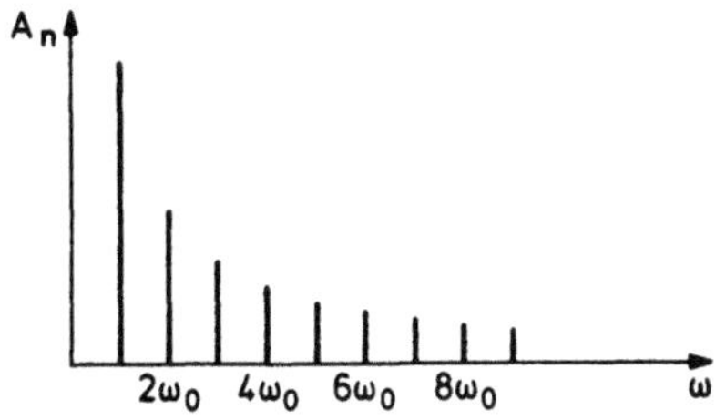

Fig. 48: Frequenzspektrum zur Sägezahnspannung mit der Grundfrequenz $\omega_o = \frac{2\pi}{T}$

für das Problem der Übertragung nichtsinusförmiger periodischer Spannungen durch Vierpole: Jede periodische Funktion kann als eine Summe von Sinusschwingungen mit Vielfachen der Grundfrequenz ω aufgefaßt und dargestellt werden. Für die Sinusschwingungen kann die Übertragungsfunktion eines Vierpols angegeben werden. Infolgedessen läßt sich die Übertragung beliebiger periodischer Spannungsverläufe nach Fourier-Analyse durch die Übertragung ihrer Gleichstromkomponente a_o und ihrer sinusförmigen Grund- und Oberwellen beschreiben.

Wenn die Übertragungsfunktion $g(\omega)$ des Vierpols bekannt ist, gilt für die Amplitude jeder Teilschwingung

(1.125) $a_{n\ \text{Ausgang}} = g(n\omega)\ a_{n\ \text{Eingang}}$,

bzw.

$b_{n\ \text{Ausgang}} = g(n\omega)\ b_{n\ \text{Eingang}}$.

Allgemein ist die Amplitude der n-ten Oberwelle auf der Ausgangsseite

(1.126) $A_{n\ \text{Ausgang}} = |g(n\omega)|\ A_{n\ \text{Eingang}}$.

Damit ist das Frequenzspektrum der Ausgangsspannung(s-Amplituden) berechnet.

Bei der Berechnung der Ausgangsspannung $u_A(t)$ aus ihren Teilschwingungen $g(n\omega) \cdot a_n \cos n\omega t$ und $g(n\omega) \cdot b_n \sin n\omega t$ ist aber zu berücksichtigen, daß ein Vierpol im allgemeinen eine frequenzabhängige Phasendrehung bewirkt: die Übertragungsfunktion stellt einen komplexen Ausdruck dar. Daher ist es sinnvoll, auch die Fourier-Reihe in komplexer Form anzugeben. Die komplexe Form der Fourier-Reihe folgt aus

$$\cos n\omega t = \frac{1}{2}(e^{jn\omega t} + e^{-jn\omega t}), \quad \sin n\omega t = \frac{1}{2j}(e^{jn\omega t} - e^{-jn\omega t}) .$$

Schreibt man die komplexe Fourier-Reihe in der Form

(1.127) $$f(t) = \sum_{n=-\infty}^{+\infty} c_n e^{jn\omega t}$$

mit

(1.128) $$c_o = a_o ; \quad c_n = \frac{a_n - jb_n}{2} ; \quad c_{-n} = \frac{a_n + jb_n}{2} ,$$

so folgt für die komplexen Fourier-Koeffizienten

$$c_n = \frac{1}{T} \int_o^T f(t) e^{-jn\omega t}\, dt .$$

Wird eine periodische Eingangsspannung $u_E(t)$ an einen Vierpol mit der Übertragungsfunktion $g(\omega)$ gelegt, so erscheint jede Teilschwingung der Eingangsspannung $c_n\, e^{jn\omega t}$ am Ausgang des Vierpols als

$g(n\omega) \cdot c_n e^{jn\omega t}$. Die Ausgangsspannung $u_A(t)$ ist gleich der Summe aller Teilschwingungen des Ausgangsspektrums, also

$$(1.129) \qquad u_A(t) = \sum_{-\infty}^{+\infty} g(n\omega) c_n e^{jn\omega t} .$$

1.1.7 Fourier-Integrale

Neben periodischen Spannungsverläufen treten in der Praxis viele nichtperiodische Vorgänge auf wie Einzelimpulse und Einschaltvorgänge. Die Analyse nichtperiodischer Funktionen führt auf kontinuierliche Frequenzspektren, die Frequenzen zwischen Null und Unendlich enthalten.

Die Fourier-Reihe mit der Summation über die diskreten Frequenzen $n \cdot \omega$ muß durch ein Fourier-Integral ersetzt werden, das sich über alle Frequenzen von Null bis Unendlich erstreckt. Folgende Überlegungen sollen diesen Sachverhalt verdeutlichen: Wird eine periodische Impulsfolge mit der Periodendauer T (Fig. 49) durch eine Fourier-Reihe dargestellt, so erhält man einen Ausdruck der Form

$$(1.130) \qquad u(t) = \sum_{-\infty}^{+\infty} c_n e^{jn\omega t} = f(t).$$

Dabei hängt die Kreisfrequenz ω der Grundschwingung gemäß $\omega = 2\pi/T$ mit der Periode der Impulsfolge zusammen. Geht man zu einem Einzelimpuls über, so entspricht dies dem Grenzübergang $T \to \infty$, und die Frequenz der Grundschwingung geht gegen Null

$$\lim_{T \to \infty} \omega = 0 .$$

Auch die Oberwellen liegen nahe der Frequenz Null und wegen

$$(1.131) \qquad \Delta\omega = (n+1)\omega - n\omega = \omega \to 0$$

liegen sie auch sehr dicht: das Linienspektrum der Fourier-Reihe geht in ein kontinuierliches Spektrum über, Fig. 50.

Die Summation der Teilschwingungen bei der Fourier-Reihe muß damit durch eine Integration ersetzt werden. Wir erhalten das Fourier-Integral.

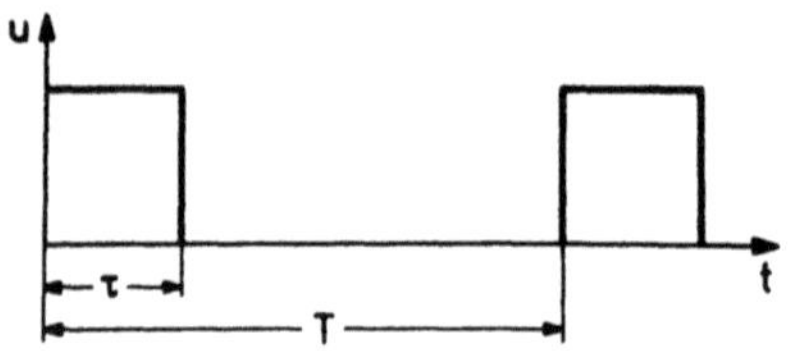

Fig. 49: Periodische Folge von Spannungspulsen

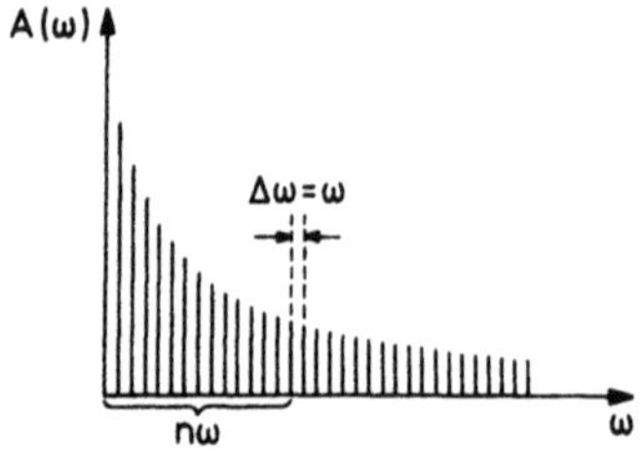

Fig. 50: Fourier-Spektrum einer Impulsfolge mit großer Periodendauer

Ausgehend von den Fourier-Koeffizienten

$$c_n = \frac{1}{T} \int_0^T f(\alpha)\, e^{-jn\omega\alpha} d\alpha$$

(der Übersichtlichkeit wegen nennen wir die Integrationsvariable α) erhalten wir durch Eintragen in Glg.(1.130)

$$f(t) = \sum_{n=-\infty}^{n=+\infty} \frac{1}{T} \int_0^T f(\alpha)\, e^{-jn\omega\alpha} d\alpha\; e^{jn\omega t} \;. \tag{1.132}$$

Oder mit $T = 2\pi/\omega$

$$f(t) = \sum_{n=-\infty}^{n=+\infty} \frac{\omega}{2\pi} \int_0^{2\pi/\omega} f(\alpha)\, e^{-jn\omega\alpha} d\alpha\, e^{jn\omega t} \;.$$

Hier wird $n\omega$ als Frequenzvariable aufgefasst (Fig.50), und ω ist gleich $\Delta\omega\,(\to d\omega)$, so daß im limes $\omega \to 0\,(T \to \infty)$

$$\begin{aligned} F(t) &= \frac{1}{2\pi} \int_{-\infty}^{+\infty} \left(\int_0^{\infty} f(\alpha)\, e^{-j\omega\alpha} d\alpha \right) e^{j\omega t} d\omega \\ &= \frac{1}{2\pi} \int_{-\infty}^{+\infty} A(\omega) e^{j\omega t} d\omega \end{aligned} \tag{1.133}$$

mit der Spektralfunktion

$$(1.134) \qquad A(\omega) = \int_0^{\infty} F(t)e^{-j\omega t}dt \quad .$$

Beispiel: Es soll die Spektralfunktion $A(\omega)$ eines einzelnen Rechteckimpulses (Fig. 51) $F(t)$ berechnet werden,

$$(1.135) \qquad F(t) = \begin{cases} 0 & \text{für } t < 0 \\ U_0 & \text{für } 0 \leq t \leq \tau \\ 0 & \text{für } t > \tau \end{cases}$$

Die Spektralfunktion lautet

$$(1.136) \qquad A(\omega) = \int_0^{\tau} U_0 \, e^{-j\omega t}dt = \frac{U_0}{j\omega}(e^{-j\omega\tau} - 1) = \frac{U_0}{j\omega}(\cos\omega\tau - j\sin\omega\tau - 1) \quad .$$

Für den Betrag von $A(\omega)$ gilt

$$(1.137) \qquad |A(\omega)| = \sqrt{Re^2(A) + Im^2(A)} = \frac{U_0}{\omega}\sqrt{(\cos\omega\tau - 1)^2 + \sin^2\omega\tau} = \frac{2U_0}{\omega}\sin\frac{\omega\tau}{2} ,$$

oder mit $\omega = 2\pi\nu$

$$(1.138) \qquad |A(\nu)| = \left|\frac{U_0}{\pi\nu} \cdot \sin\pi\nu\tau\right| \quad .$$

Das Frequenzspektrum $A(\nu)$ dieses Rechteckimpulses zeigt Fig. 52.

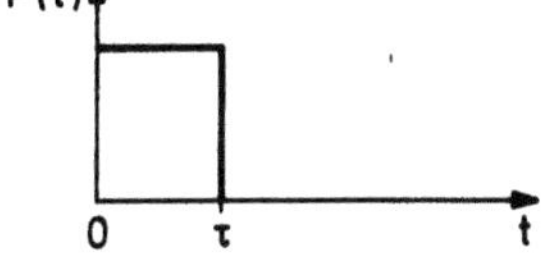

Fig. 51: Zeitfunktion des Einzelimpulses

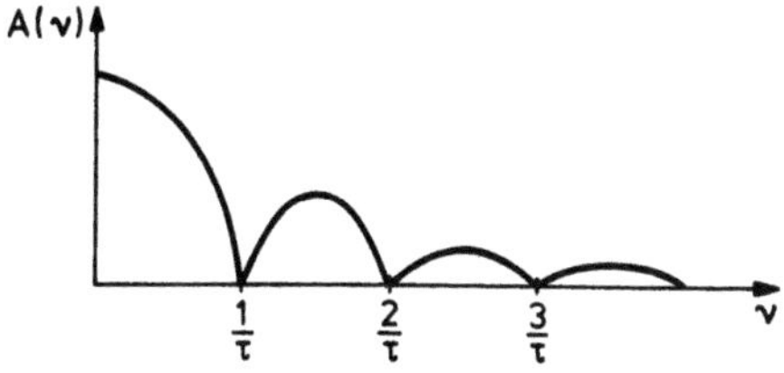

Fig. 52: Spektralfunktion des Einzelimpulses von Fig. 51

Der Rechteckimpuls hat also ein kontinuierliches Frequenzspektrum, wobei der Hauptanteil der Oberwellen im Bereich $\nu < \frac{1}{\tau}$ liegt. Für hinreichend gute Übertragung eines Impulses durch einen Vierpol muß dieser mindestens Frequenzen bis $\nu = \frac{1}{\tau}$ ohne nennenswerte Dämpfung übertragen können.

Will man die Übertragung eines nichtperiodischen Eingangssignals durch einen Vierpol berechnen, so ist zunächst die Spektralfunktion der Eingangsspannung $u_E(t)$ zu ermitteln,

$$(1.139) \qquad A_E(\omega) = \int_{-\infty}^{+\infty} u_E(t) e^{-j\omega t} dt \ .$$

Die Spektralfunktion der Ausgangsspannung $u_A(\omega)$ erhält man durch Multiplikation mit der Übertragungsfunktion $g(\omega)$ des Vierpols

$$(1.140) \qquad u_A(\omega) = g(\omega) \ u_E(\omega) \ .$$

Die Zeitfunktion der Ausgangsspannung $u_A(t)$ ist dann durch das Fourier-Integral

$$(1.141) \qquad u_A(t) = \frac{1}{2\pi} \int_{-\infty}^{+\infty} g(\omega) u_E(\omega) e^{j\omega t} d\omega$$

gegeben, was einer Summation über alle Teilschwingungen des Ausgangsspektrums entspricht.

Dieses Rechenverfahren führt jedoch nur dann zum Ziel, wenn sich $F(t)$ im Unendlichen so verhält, daß das Integral

$$A(\omega) = \int_{-\infty}^{\infty} F(t) e^{-j\omega t} dt$$

konvergiert. Bildet man aber die Spektralfunktion nicht von der Zeitfunktion $F(t)$, sondern von der Funktion

$$(1.142) \qquad F_e(t) = F(t) e^{-xt} \text{ mit } x > 0 \ ,$$

so ist die Konvergenz der Spektralfunktion dieser so modifizierten Zeitfunktion für alle $F(t)$ erfüllt, die nicht stärker als die Exponentialfunktion e^{xt} wachsen. Aus diesem Grunde heißt e^{-xt} "konvergenzerzeugender Faktor".

1.1.8 Laplace-Transformation

Wir lassen im folgenden nur Funktionen zu, für die gilt

$$(1.143)\qquad F(t) = \begin{cases} 0 & \text{für } t<0 \\ F(t) & \text{für } t>0 \end{cases} .$$

Die Spektralfunktion $f(\omega)$ für die mit dem konvergenzerzeugenden Faktor e^{-xt} multiplizierte Zeitfunktion $F(t)$ lautet dann:

$$(1.144)\qquad f(\omega) = \int_0^\infty F(t)e^{-(x+j\omega)t}dt \; .$$

Mit der Abkürzung $p = x + j\omega$ lautet die Spektralfunktion

$$(1.145)\qquad f(p) = \int_0^\infty e^{-pt}F(t)dt \; .$$

Dieses Integral heißt Laplace-Integral. Durch das Laplace-Integral wird der Zeitfunktion $F(t)$ die modifizierte Spektralfunktion $f(p)$ zugeordnet. Diese Zuordnung oder Transformation nennt man Laplace-Transformation, symbolisch ausgedrückt durch

$$(1.146)\qquad L\{F(t)\} = f(p) \; .$$

Die Umkehrung der Transformation ermöglicht die Berechnung der Zeitfunktion $F(t)$ aus der Spektralfunktion $f(p)$. Analog dem Fourier-Integral erhält man

$$(1.147)\qquad F(t) = \frac{1}{2\pi j}\int_{x-j\infty}^{x+j\infty} f(p)e^{pt}dp \; .$$

Symbolisch beschreibt man die Rücktransformation durch

$$(1.148)\qquad L^{-1}\{f(p)\} = F(t) \; .$$

Für die Zeitfunktion $F(t)$ ist die Bezeichnung "Originalfunktion" oder "Oberfunktion" gebräuchlich; für die Spektralfunktion $f(p)$ die Bezeichnung "Bildfunktion" oder "Unterfunktion". In der Praxis werden Transformation und Rücktransformation durch Transformationstabellen erleichtert, in denen Original- und Bildfunktion gegenübergestellt sind.- Die Anwendung der Laplace-Transformation soll an einem einfachen Beispiel erläutert werden. Gegeben sei ein

Tabelle 4: Zusammengehörige Funktionen der Laplace-Transformation

Bildbereich	Originalbereich
$\frac{1}{p}$	1
$\frac{1}{p^n}$	$\frac{t^{n-1}}{(n-1)!}$
$\frac{1}{p-a}$	e^{at}
$\frac{1}{p+a}$	e^{-at}
$\frac{1}{(p+a)^2}$	te^{-at}
$\frac{1}{p^2+a^2}$	$\sin at$
$\frac{p}{p^2+a^2}$	$\cos at$

Einige Rechenregeln

Additionssatz:

$$L\{a_1F_1(t) + a_2F_2(t)\} = a_1L\{F_1(t)\} + a_2L\{F_2(t)\}$$

Verschiebungssatz:

$$L\{F(t-b)\} = e^{-pb}f(p) \quad \text{für } b > 0,\ F(t < b) = 0$$

Differentiationssatz:

$$L\{\frac{d^n}{dt^n}[F(t)]\} = p^n \cdot L\{F(t)\} - p^{n-1} \cdot F(+0) - p^{n-2} \cdot F'(+0) - \ldots - F^{(n-1)}(+0)$$

Stufenimpuls

(1.149) $F(t) = \begin{cases} 0 & \text{für } t < 0 \\ U_0 & \text{für } t \geq 0 \end{cases}$.

Seine Bildfunktion ("Spektralfunktion") lautet

(1.150)
$$f(p) = L\{U_0\} = U_0\, L\{1\} = U_0 \int_0^\infty 1\, e^{-pt}\, dt$$
$$= U_0\left[-\frac{1}{p}e^{-pt}\right]_0^\infty = U_0\left(-\frac{0}{p}+\frac{1}{p}\right) = U_0\,\frac{1}{p} \quad .$$

Es ist also $L\{1\} = \frac{1}{p}$. Die Rücktransformation der Bildfunktion $f(p) = \frac{1}{p}$ in den Zeit- oder Originalbereich ist gegeben durch

(1.151) $L^{-1}\{\frac{1}{p}\} = F(t) = 1$.

Tabelle 4 enthält eine Zusammenstellung einiger Paare von Funktionen des Unter- und Oberbereiches.

Wir wollen die Übertragung eines Stufenimpulses der Höhe U_0 durch einen Hochpaß mit Hilfe der Laplace-Transformation berechnen. Dazu benötigen wir die "Spektralfunktion" des Eingangsimpulses. Sie lautet - wie soeben berechnet - gemäss Glg.(1.150)

(1.152) $f_1(p) = U_0 \cdot \frac{1}{p}$.

Auch die Übertragungsfunktion des Hochpasses ist uns bekannt (Glg.(1.59)

(1.153) $g(\omega) = \frac{R}{R + X_C} = \frac{j\omega}{\frac{1}{RC} + j\omega}$.

Mit $a = \frac{1}{RC}$ und $j\omega = p$ lautet die Übertragungsfunktion $g(p) = p/(a + p)$. Die Spektralfunktion $f_2(p)$ der Ausgangsspannung $u_2(t)$ erhält man - wie beim Fourier-Integral - durch Multiplikation der Spektralfunktion der Eingangsspannung $f_1(p)$ mit der Übertragungsfunktion $g(p)$,

(1.154) $f_2(p) = g(p) \cdot f_1(p)$.

In unserem Beispiel also

(1.155) $f_2(p) = U_o \cdot \frac{p}{a+p} \cdot \frac{1}{p} = U_o \cdot \frac{1}{a+p}$.

Die gesuchte Ausgangsspannung $u_2(t)$ ergibt sich durch Rücktransformation der Spektralfunktion $f_2(p)$ in den Zeitbereich

$$u_2(t) = L^{-1}\{f_2(p)\} = U_o \; L^{-1}\{\frac{1}{a+p}\} .$$

Wir entnehmen der Transformationstabelle (Tabelle 4)

$$L^{-1}\{\frac{1}{a+p}\} = e^{-at} .$$

Damit erhalten wir als "Sprungantwort" des Hochpasses die Ausgangsspannung

(1.156) $u_2(t) = U_o \, e^{-at} = U_o \, e^{-\frac{t}{RC}}$.

Dies Ergebnis hatten wir bereits durch Aufstellen einer Differentialgleichung für den Hochpaß erhalten. Nach einiger Übung wird man feststellen, daß die Laplace-Transformation ein sehr elegantes und zeitsparendes Rechenverfahren darstellt, wenn man auf Tabellen zurückgreifen kann. Daher besprechen wir zur Vertiefung noch folgendes Beispiel: Wir wollen einen Eingangsimpuls mit exponentiellem Abfall, beschrieben durch

(1.157) $u_1(t) = U_o \, e^{-\frac{t}{RC}} = U_o \, e^{-at}$,

auf einen Hochpaß mit der Zeitkonstante $RC = \frac{1}{a}$ geben. Wie sieht die Ausgangsspannung $u_2(t)$ des Hochpasses aus?

Zur Lösung der Aufgabe gehen wir wie folgt vor:

1) Bildung der Spektralfunktion $f_1(p)$ der Eingangsspannung $u_1(t)$:

$$f_1(p) = L\{U_o \, e^{-at}\} = \frac{U_o}{a+p} \text{ (nach Tabelle 4)}$$

2) Bildung der Spektralfunktion $f_2(p)$ der Ausgangsspannung $u_2(t)$ durch Multiplikation mit der Übertragungsfunktion $g(p)$

$$f_2(p) = g(p) \cdot f_1(p) = U_o \, \frac{p}{a+p} \cdot \frac{1}{a+p} = U_o \, \frac{p}{(a+p)^2}$$

3) Zur Rücktransformation der Spektralfunktion $f_2(p)$ in die Ausgangsspannung $u_2(t)$ benutzen wir aus der Tabelle 4 bekannte Transformationsformeln. Deshalb formen wir um

$$\frac{p}{(a+p)^2} = \frac{(p+a)-a}{(a+p)^2} = \frac{1}{a+p} - \frac{a}{(a+p)^2} .$$

Wir entnehmen der Tabelle 4

$$u_2(t) = L^{-1}\{f_2(p)\} = L^{-1}\{U_o(\frac{1}{a+p} - \frac{a}{(a+p)^2})\}$$

$$= U_o L^{-1}\{\frac{1}{a+p}\} - U_o \cdot a\, L^{-1}\{\frac{1}{(a+p)^2}\}$$

$$= U_o\, e^{-at} - U_o \cdot at\, e^{-at} .$$

Also ist die Ausgangsspannung gegeben durch

(1.158) $$u_2(t) = U_o(1 - \frac{t}{RC})e^{-\frac{t}{RC}} .$$

Fig. 53 zeigt den Funktionsverlauf. Dieser Spannungsverlauf $u_2(t)$ entsteht also aus einem Stufenimpuls, der zwei hintereinandergeschaltete (und durch aktive Verstärker entkoppelte) gleiche Hochpässe durchlaufen hat. Man sagt: Die Ausgangsspannung $u_2(t)$ entsteht durch zweimalige RC-Differentiation eines Stufenimpulses. Impulsformung durch RC-Glieder spielt bei der Verarbeitung und Verstärkung von Impulsen in der Kernphysik eine große Rolle.

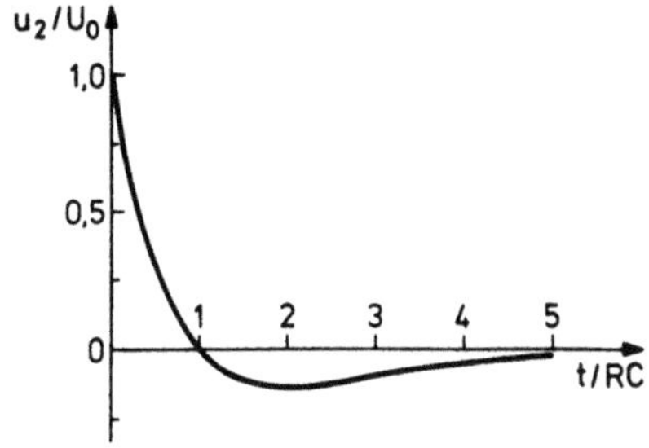

Fig. 53: Ausgangsimpuls eines Hochpasses als "Antwort" auf einen Eingangsimpuls mit exponentiellem Abfall

Bemerkenswert an diesem Beispiel ist noch, daß der Nulldurchgang des Ausgangsimpulses $u_2(t)$ zur Zeit

$$t_N = R \cdot C$$

unabhängig von der Höhe U_o des Eingangsimpulses ist. Daraus ergibt sich die Möglichkeit, eine impulshöhenunabhängige Zeitmarke zu gewinnen.

1.2 Nichtlineare passive Bauelemente

1.2.1 Leitungsmechanismus in Halbleitern

Die wichtigsten Ausgangsstoffe zur Herstellung von Halbleitern sind die Elemente Germanium (Ge) und Silizium (Si). Bei beiden handelt es sich um vierwertige Elemente. Die Bindung der Atome eines Si- oder Ge-Kristalls erfolgt durch vier Valenzelektronen der äußersten Schale. Jedes der vier Valenzelektronen ist zwei Gitteratomen gemeinsam, wodurch die "Atombindung" zustande kommt. Fig. 54 veranschaulicht diesen Sachverhalt. In reinem Si oder Ge sind bei tiefen Temperaturen praktisch keine freien Ladungsträger vorhanden. Die Elektronen der äußersten Schale sind fest an die Gitteratome gebunden. Erst durch Energiezufuhr können Elektronen aus ihren Bindungen gelöst werden und dadurch freie Ladungsträger entstehen. Wie in Ziff. 1.1.1.1 beschrieben, bedeutet dies in der Terminologie des Bändermodells, daß durch Energiezufuhr Elektronen aus dem Valenz- ins Leitungsband gehoben werden können.

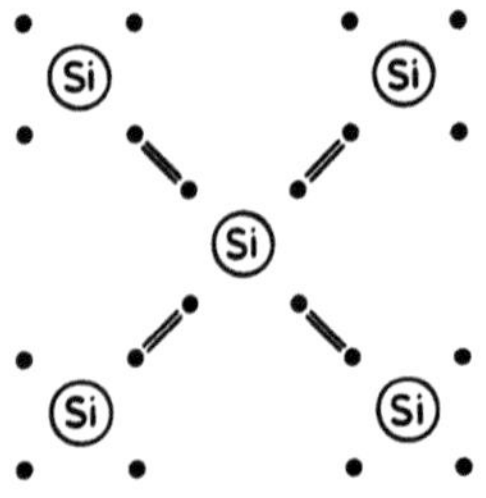

Fig. 54: Bindung des 4-wertigen Si im Festkörpergitter

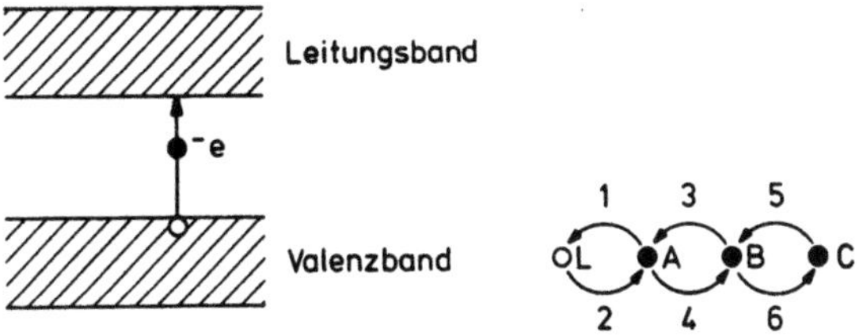

Fig. 55: Die Anhebung eines Elektrons aus dem Valenzband ins Leitungsband führt zur Bildung eines Elektron-Loch-Paares

Wenn ein Elektron aus dem Valenz- ins Leitungsband überwechselt, hinterläßt es im Valenzband eine Fehlstelle, ein Loch. Die Auffüllung eines solchen Loches durch benachbarte Valenzelektronen ist sehr wahrscheinlich, wodurch das Loch durch den Kristall diffundieren kann. Fig. 55 soll dies veranschaulichen. Bei Anlegen eines elektrischen Feldes an den Kristall driften Elektronen und Löcher in entgegengesetzter Richtung. In Fig. 55 ist angenommen, daß das Elektron A in Richtung des Pfeiles 1 das Loch L auffüllt. Dadurch wandert L in Richtung des Pfeiles 2 und nimmt den Platz A ein. Anschließend füllt das Elektron B das Loch an der Stelle A aus, usw. Wegen der verschiedenen Bewegungsrichtung von Elektron und Loch kann man die Löcherbewegung formal durch die Bewegung von Ladungsträgern mit positiver Ladung $p = +e$ beschreiben. In reinen Halbleitern findet der Ladungstransport sowohl durch freie Elektronen im Leitungsband als auch durch frei bewegliche Löcher im Valenzband statt. Man spricht von <u>N-</u> und <u>P-Leitung</u>. Die Bildung freier Ladungsträger in reinen Halbleitern setzt Energiezufuhr (z.B. in Form thermischer Anregungsenergie) voraus und daher ist die <u>Eigenleitfähigkeit</u> halbleitender Stoffe stark temperaturabhängig. Der Eigenleitungsmechanismus ist dadurch charakterisiert, daß die Anzahldichte (Konzentration) der freien Elektronen [n] gleich der Anzahldichte [p] der Löcher ist, [n] = [p]. Die starke Temperaturabhängigkeit der Eigenleitfähigkeit findet in den NTC-Widerständen Anwendung, Ziff. 1.1.1.4.

Sehr wichtig ist nun, daß man durch Einbau von Fremdatomen in Halbleiter-Kristalle erzwingen kann, daß die Anzahldichte der freien Elektronen stark von derjenigen der Löcher abweicht (Dotierung des Materials).- Baut man in den aus vierwertigen Atomen bestehenden Halbleiter-Kristall Atome eines fünfwertigen Elements ein (z.B. Antimon, (Sb), Arsen, (As) oder Phosphor, (P)), so gehen vier Valenzelektronen des fünfwertigen Atoms Atomverbindungen mit benachbarten Halbleiter-Atomen ein. Das fünfte Elektron ist nur lose gebunden und kann leicht ins Leitungsband abgegeben werden. Fig. 56 soll dies veranschaulichen. Weil die in den Halbleiterkristall eingebauten fünfwertigen Atome freie Elektronen abgeben können, nennt man solche Stoffe Donatoren. Der Energieabstand ΔW zwischen dem Valenzband des Donators und dem Leitungsband des Halbleiters ist mit ca. 0,01 eV deutlich geringer als die mittlere thermische Energie $\overline{W}_{th} \approx 0{,}04$ eV, so daß praktisch jedes Donator-Atom ein freies Elektron liefert. Im Leitungsband eines mit Donatoren durchsetzten Halbleiters sind daher viel mehr Elektronen vorhanden als Löcher in seinem Valenzband: $[n] \gg [p]$. Man nennt einen so dotierten Halbleiter einen N-Leiter.

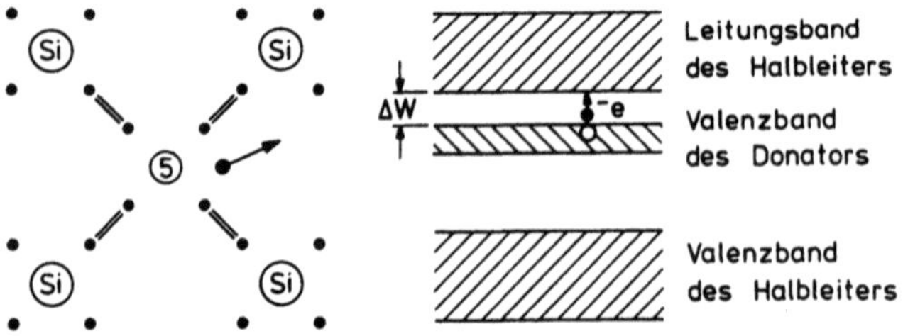

Fig. 56: Dotierung mit 5-wertigen Elementen führt zur Bildung eines Donator-Valenzbandes

Analog ist es möglich, durch Einbau dreiwertiger Fremdatome wie B, Al, Ga, In, in den Halbleiter-Kristall die Anzahl der Löcher größer als die der freien Elektronen zu machen: Durch den Einbau eines dreiwertigen Fremdatoms wird eine Fehlstelle im Kristall erzeugt, die von Valenzelektronen des Halbleiters aufgefüllt werden kann. Bei Auffüllung der Fehlstelle hinterlassen die Valenzelektronen im Valenzband des Halbleiters ihrerseits eine Fehlstelle, ein Loch. Fig. 57 veranschaulicht diesen Sachverhalt. Da das dreiwertige Fremdatom Elektronen aus dem Valenzband des Halbleiters aufnimmt, heißen solche Stoffe Akzeptoren. Das Valenzband des Akzeptors liegt etwas höher als das Valenzband des Halbleiters, so daß Elektronen aus dem Valenzband des Halbleiters leicht in das Valenzband des Akzeptors überwechseln können. Im Valenzband des Halbleiters entstehen dadurch Löcher, die innerhalb des Kristalls frei beweglich sind. Solche Halbleiter heißen P-Leiter. Bei ihnen überwiegt die Anzahldichte der Löcher im Valenzband diejenige der freien Elektronen: $[p] \gg [n]$.

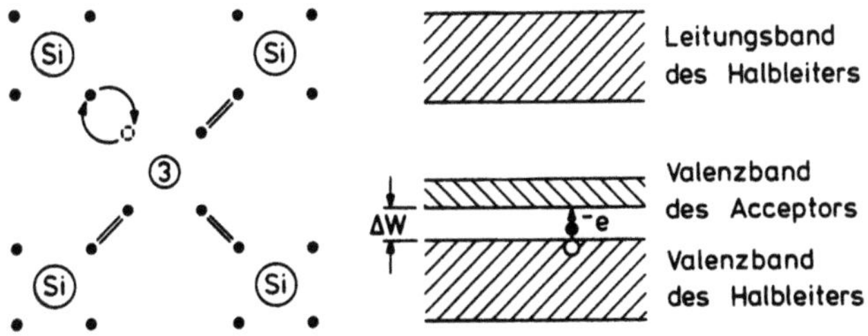

Fig. 57: Dotierung mit 3-wertigen Elementen führt zur Bildung eines Akzeptor-Valenz-Bandes

1.2.2 Halbleiterdioden mit PN-Übergang

Grenzen in einem Kristall eine P- und eine N-leitende Zone aneinander, so diffundieren freie Elektronen in Richtung ihres Konzentrationsgefälles aus dem N-leitenden in den P-leitenden Teil. Umgekehrt diffundieren Löcher aus der P- in die N-Zone. Die Folge dieses Diffusionsstromes I_{diff} über den PN-Übergang ist, daß die N-Zone an negativen Ladungsträgern verarmt und eine positive Raumladung, bedingt durch die positiven Gitteratome, zurückbleibt. Ebenso verarmt die P-Zone an Löchern, wodurch eine negative Raumladung in der P-Zone entsteht, Fig. 58. Zwischen P- und N-Gebiet baut sich somit ein elektrisches Feld bzw. eine Diffusionsspannung U_{diff} auf. Durch die rücktreibende Kraft des elektrischen Feldes, das über dem PN-Übergang entsteht, kommt ein rückfließender Feldstrom I_F zustande. Es stellt sich ein Gleichgewicht ein, derart, daß der Diffusionsstrom gleich dem Feldstrom ist, also $I_F = I_{diff}$ ist.

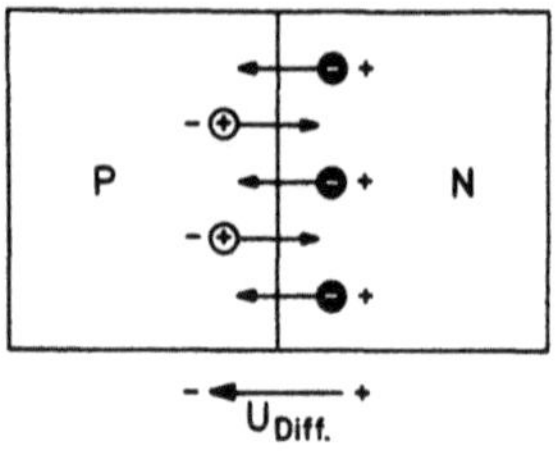

Fig. 58: Ausbildung der Diffusionsspannung über einem PN-Übergang

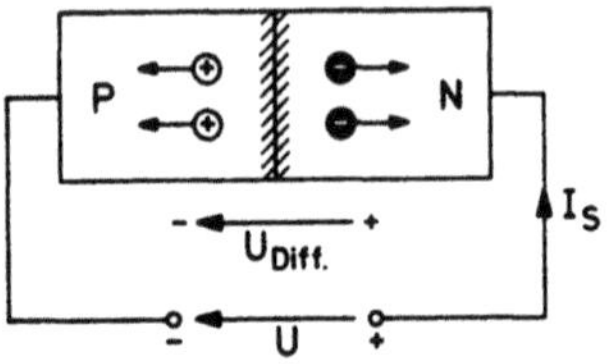

Fig. 59: PN-Übergang im Sperrbereich

Legt man eine Spannung U an den Kristall mit dem negativen Pol an der P-Zone und dem positiven Pol an der N-Zone, so werden die freien Ladungsträger vom PN-Übergang weggezogen, Fig. 59. Die äußere Spannungsquelle U unterstützt die rücktreibende Wirkung der inneren Diffusionsspannung U_{diff}, wodurch der Diffusionsstrom I_{diff} abnimmt. Die PN-Schicht verarmt an freien Ladungsträgern. Es kann kein nennenswerter Strom über den PN-Übergang fließen. Bei dieser Polung ist die äußere Spannungsquelle in Sperrichtung gepolt. Es fließt nur ein sehr kleiner Sperrstrom I_S. Dieser Sperrstrom kann nur von Elektronen aus der P-Zone bzw. von Löchern aus der N-Zone gebildet werden. Da diese Ladungsträger dort jeweils in der Minderzahl sind, spricht man von einem "Minoritätsstrom". Die Ladungsträger, die diesen Strom tragen, nennt man "Minoritätsträger". Sie verdanken ihr Entstehen dem Eigenleitungsmechanismus, der stark temperaturabhängig ist. Infolgedessen zeigt auch der Sperrstrom eine starke Temperaturabhängigkeit,

(1.159) $\quad I_S = I_S(T)$.

Bei umgekehrter Polung der äußeren Spannungsquelle wird das innere rücktreibende elektrische Feld und damit die Diffusionsspannung U_{diff} abgebaut. Dadurch können die Elektronen und Löcher in verstärktem Maß in Richtung ihres Konzentrationsgefälles über den PN-Übergang diffundieren: Bei dieser Polung, die man als Durchlaßrichtung bezeichnet, fließt ein starker Strom I durch die in Fig. 60 gezeichnete Anordnung. Ein PN-Übergang im Halbleiterkristall verhält sich wie ein Ventil, das Elektronen nur in einer Richtung passieren läßt. Man nennt diese Anordnung "Diode" und hat dafür das in Fig. 61 gezeichnete Schaltsymbol eingeführt. Der funktionale Zusammenhang zwischen der angelegten Diodenspannung U_{AK} und dem Diodenstrom I spielt in der Halbleitertechnik eine große Rolle.

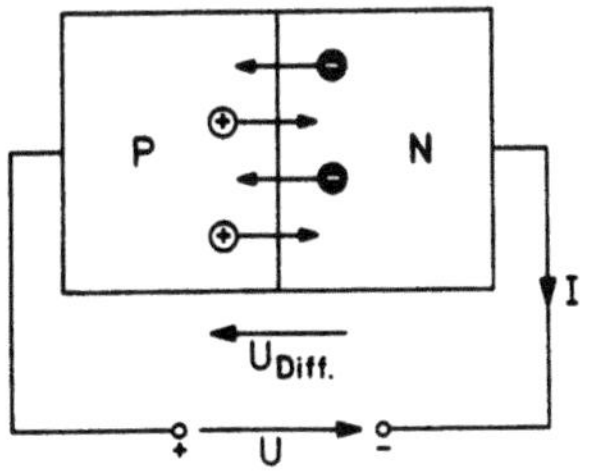

Fig. 60: PN-Übergang im Durchlaßbereich

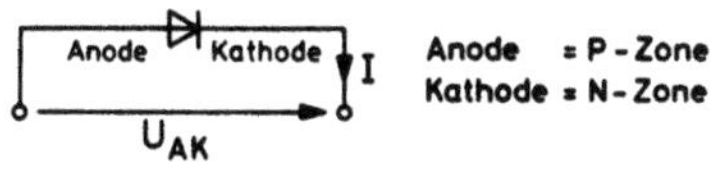

Fig. 61: Schaltsymbol des PN-Übergangs als Diode

Wir hatten gesehen, daß die äußere Spannung U_{AK} das innere elektrische Feld verändert und damit den Diffusionsstrom über den pn-Übergang je nach Polung vergrößert oder verkleinert. Eine mathematische Auswertung dieser verwickelten Vorgänge liefert für den funktionalen Zusammenhang zwischen dem Diodenstrom I und der angelegten Spannung U_{AK} die Beziehung

$$(1.160) \qquad I = I(U_{AK}) = I_S\left(e^{\frac{U_{AK}}{U_T}} - 1\right) .$$

Dabei ist I_S der Rest- oder Sperrstrom und U_T die sogenannte "Temperaturspannung". Die Größe $U_T \cdot e = k \cdot T$ stellt die mittlere thermische Energie eines Elektrons bei der Temperatur T dar ($k = 8{,}62 \cdot 10^{-5}$ eV/K ist die Boltzmann-Konstante). Bei Zimmertemperatur (T = 300 K) ist

$$U_T = \frac{8{,}62 \cdot 10^{-5}\,\mathrm{eV/K}}{e}\,300\,\mathrm{K} = 26\,\mathrm{mV}\,. \tag{1.161}$$

Aus Glg.(1.160) ergibt sich qualitativ der in Fig. 62 dargestellte Funktionsverlauf. Falls $U_{AK} \gg U_T$ folgt aus Glg.(1.160)

$$I \approx I_S e^{\frac{U_{AK}}{U_T}}\,. \tag{1.162}$$

Das bedeutet: in Durchlaßrichtung steigt der Diodenstrom I exponentiell mit der angelegten Spannung an.- In Sperrichtung ist U_{AK} negativ. Für

$$U_{AK} \ll -U_T = -26\,\mathrm{mV}$$

gilt

$$I \approx -I_S\,. \tag{1.163}$$

Das bedeutet: mit zunehmender Sperrspannung strebt der Diodenstrom einem praktisch spannungsunabhängigen aber temperaturabhängigen Rest- oder Sperrstrom $I_S = I_S(\vartheta)$ zu. Die theoretische Diodenkennlinie der Glg.(1.160) beschreibt das Verhalten technischer Dioden sehr gut.

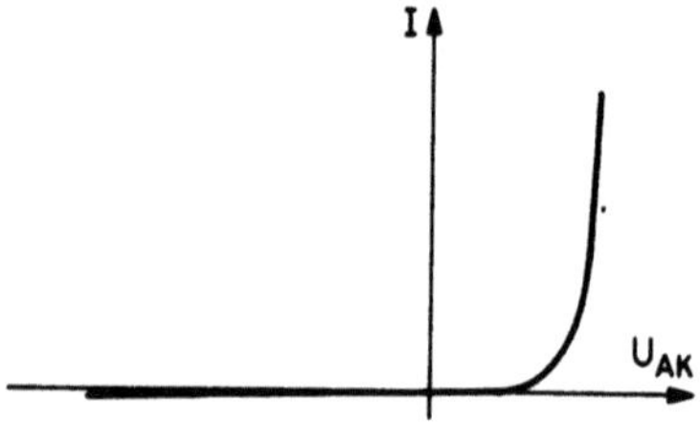

Fig. 62: Kennlinie einer PN-Diode, schematisch

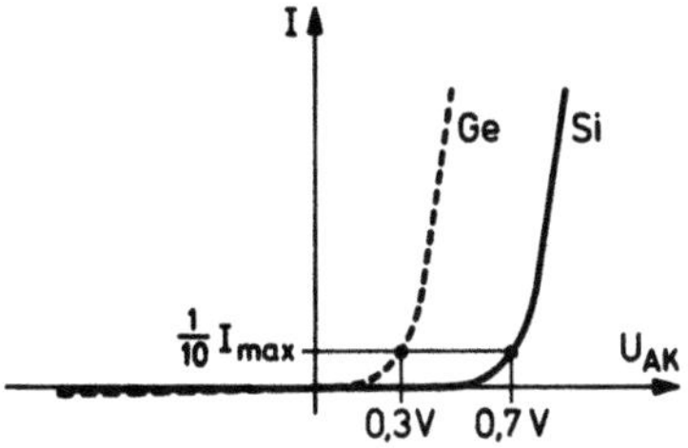

Fig. 63: Kennlinien von PN (Ge) - und (Si)-Dioden

Fig. 63 enthält einige charakteristische Werte von Ge- und Si-Dioden. Der "Knick" in der Kennlinie wird durch die lineare Darstellung der e-Funktion vorgetäuscht. Trotzdem stellt der "Knick", d.h. die Spannung, bei der die Diode praktisch leitend wird, eine charakteristische Diodengröße dar. Jede Diode hat nämlich einen maximalen Diodenstrom I_{max}, der als Grenzwert nicht überschritten werden darf. Man charakterisiert nun den Spannungsabfall, der bei $I = \frac{1}{10} I_{max}$ über der Diode liegt, durch die Flußspannung

(1.164) $$U_F = U_{AK}(I = \frac{1}{10} I_{max}) \ .$$

Charakteristische Werte sind

(1.165a) für eine G-Diode $U_F \approx 0{,}3\,V$,
(1.165b) für eine Si-Diode $U_F \approx 0{,}7\,V$.

Man hat zu beachten, daß die Flußspannung U_F temperaturabhängig ist, $U_F = U_F(\vartheta)$. Bei konstanter Spannung U_F nimmt nämlich die Zahl der Ladungsträger, die in Durchlaßrichtung über die Grenzschicht diffundieren, mit wachsender Temperatur zu: der Strom steigt. Es ist also

$$I_2 = I(\vartheta_2) > I_1 = I(\vartheta_1) \text{ für } \vartheta_2 > \vartheta_1,\ U_F = \text{const} \ .$$

Da diese Überlegung für jeden Punkt der Kennlinie gilt, verschiebt sich die Kennlinie insgesamt mit wachsender Temperatur $\vartheta_2 > \vartheta_1$ in Richtung kleinerer Spannungswerte (nach links in Fig. 64).

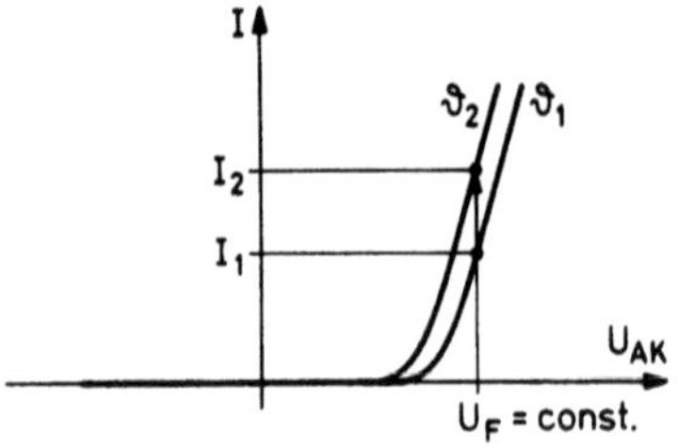

Fig. 64: Temperatur-Abhängigkeit der PN-Dioden-Kennlinie

Für den Temperaturkoeffizienten der Flußspannung U_F gilt

$$\left.\frac{\partial U_F}{\partial \vartheta}\right|_{I = \text{const}} \approx -2\text{mV}/^\circ\text{C} .$$

Der in Sperrichtung fließende Sperrstrom I_S kann rund 10^{-7}mal kleiner als der Durchlaßstrom I sein. Er ist von der Größenordnung Mikroampere für Ge-Dioden, Nanoampere für Si-Dioden. Als Faustregel kann man eine Verdopplung des Sperrstromes $I_S = I_S(\vartheta)$ bei einer Temperaturerhöhung von 10°C annehmen. Bei einer Temperaturerhöhung um 100°C bedeutet das eine Stromerhöhung um den Faktor $2^{10} = 1024$.

Der Sperrstrom steigt bei Überschreiten einer bestimmten Sperrspannung abrupt an. Die Spannung, bei der dieser steile Stromanstieg erfolgt, heißt Durchbruchspannung U_R. Fig. 65 zeigt den qualitativen Verlauf von Durchbruchskennlinien bei Ge- und Si-Dioden. Ge-Dioden werden beim Überschreiten der Durchbruchsspannung U_R im allgemeinen zerstört. Si-Dioden dagegen [bei denen die Grenzschicht so homogen aufgebaut ist, daß die Stromdichte über der Grenzschicht annähernd konstant ist] können im Sperrbereich mit Spannungen $U_Z = |U_{AK}| > |U_R|$ betrieben werden, falls der Durchbruchstrom $I_Z = |-I|$ so begrenzt wird, daß die durch die Verlustleistung $U_Z \cdot I_Z$ entstehende Wärme die Sperrschicht nicht zerstört.

Es gibt Dioden mit Durchbruchspannungen von 3V bis einige kV. Die Größe der Durchbruchspannung einer Diode hängt wesentlich von der Dotierungskonzentration des Halbleitermaterials ab. Bei hochdotierten Dioden bildet sich eine sehr schmale Sperrschicht aus, so daß schon bei Anlegen kleiner Sperrspannungen hohe elektrische

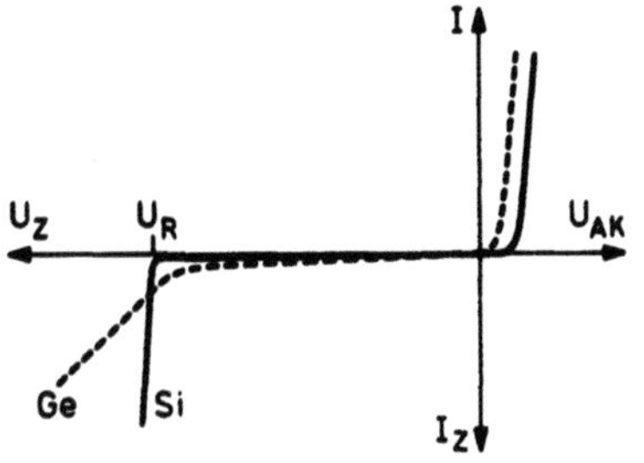

Fig. 65: Der elektrische Durchbruch der Ge- und Si-PN-Dioden

Feldstärken über dem PN-Übergang liegen. Wenn die Feldstärke den Wert von 10^5 V/cm überschreitet, können Valenzelektronen im Bereich des fast ladungsträgerfreien PN-Übergangs aus ihren Bindungen gerissen werden. Dieser Feldemissionseffekt ist vergleichbar mit der Emission von Elektronen aus Metalloberflächen unter dem Einfluß hoher Feldstärken. Der innere Feldemissionseffekt wird nach seinem Entdecker Zenereffekt genannt. Er liegt bei Dioden vor, deren Durchbruchsspannung $U_R < 6$ V ist. Die Durchbruchskennlinie einer solchen "Zenerdiode" ist temperaturabhängig: Die aufzuwendende Energie zur Ablösung von Valenzelektronen sinkt mit steigender Temperatur, so daß bei konstanter Feldstärke - sprich angelegter Sperrspannung U_Z - die Wahrscheinlichkeit für Zenereffekt mit steigender Temperatur zunimmt. Das bedeutet: Bei konstanter Sperrspannung U_Z wächst der Strom I_Z mit steigender Temperatur

$$I_2 = I_Z(\vartheta_2) > I_1 = I_Z(\vartheta_1)$$

falls $\vartheta_2 > \vartheta_1$. Als Folge davon verschiebt sich die Sperrkennlinie mit steigender Temperatur nach kleineren Spannungswerten hin (nach rechts in Fig. 66).

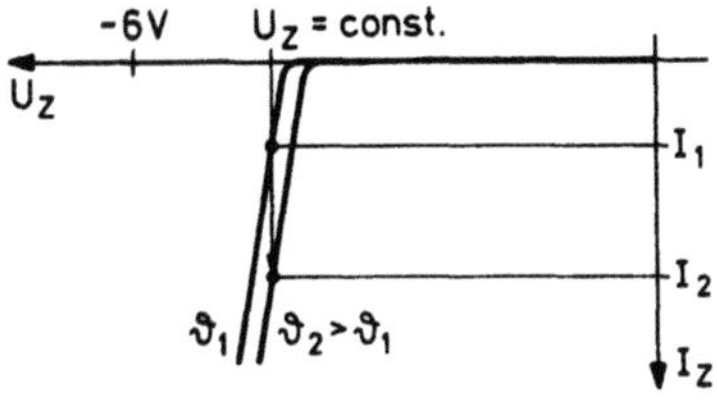

Fig. 66: Temperaturabhängigkeit der Kennlinie einer Zener-Diode

Der Temperaturkoeffizient β_Z der Zenerspannung U_Z ist negativ,

(1.166) $$\beta_Z = \frac{1}{U_Z} \cdot \left.\frac{\partial U_Z}{\partial \vartheta}\right|_{I = \text{const}} < 0 ,$$

und liegt im Bereich von $-10^{-5}/^{o}C$ bis $-10^{-3}/^{o}C$.

Bei Dioden, deren Durchbruchsspannung U_R oberhalb 6 V liegt, wird der Stromanstieg im Durchbruch durch Stoßprozesse erklärt: freie Ladungsträger, die den PN-Übergang bei hohen Feldstärken E überqueren, gewinnen auf einer freien Weglänge λ so viel kinetische Energie $W_{kin} = \lambda \cdot e \cdot E$, daß sie beim Zusammenstoß mit Gitteratomen Valenzelektronen losschlagen können. Die so gebildeten freien Elektronen können ihrerseits wieder Stoßionisation machen, und so fort. Es entsteht eine Ladungsträgerlawine. Bei Dioden mit $U_R > 6$ V wird daher ein Lawinen- oder Avalanche-Effekt für den Stromanstieg im Durchbruch verantwortlich gemacht. Diese Dioden zeigen ebenfalls eine Temperaturabhängigkeit der Durchbruchskennlinie: Die Energieaufnahme der freien Elektronen im Sperrgebiet hängt von der freien Weglänge und der Feldstärke ab. Die freie Weglänge ist eine Funktion der Temperatur, $\lambda = \lambda(\vartheta)$, und nimmt mit steigender Temperatur ab. So nimmt auch die Energie der freien Elektronen ab, $W_{kin} = \lambda(\vartheta)eE$, und damit die Wahrscheinlichkeit für Stoßionisation: bei konstanter Sperrspannung U_Z fällt der Strom I_Z mit wachsender Temperatur. Bei $U_Z = \text{const}$ ist $I_2 = I_Z(\vartheta_2) < I_1 = I_Z(\vartheta_1)$ falls $\vartheta_2 > \vartheta_1$ ist. Als Folge davon verschiebt sich die Kennlinie von Dioden mit Avalanche-Effekt mit wachsender Temperatur in Richtung größerer Spannungswerte (in Fig. 67 nach links). Der Temperaturkoeffizient β_A für Dioden mit Avalanche-Effekt ist daher positiv

(1.167) $$\beta_A = \frac{1}{U_Z} \left.\frac{\partial U_Z}{\partial \vartheta}\right|_{I = \text{const}} > 0 .$$

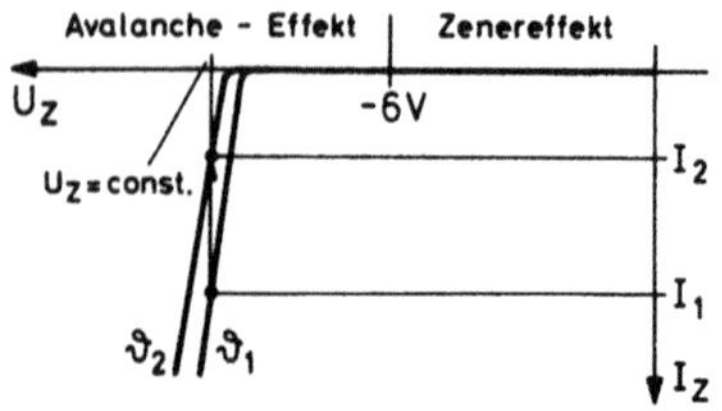

Fig. 67: Temperaturabhängigkeit der Kennlinie einer Avalanche-Diode

1.2.3 Technische Anwendungen

1.2.3.1 Einweg-Gleichrichter

Ein wichtiges Anwendungsgebiet für Dioden ist die Gleichrichtung von Wechselspannungen. Hierzu sind vor allem Si-Dioden mit großflächigem PN-Übergang geeignet. Sie erlauben große Durchlaßströme und können mit großen Sperrspannungen gebaut werden.

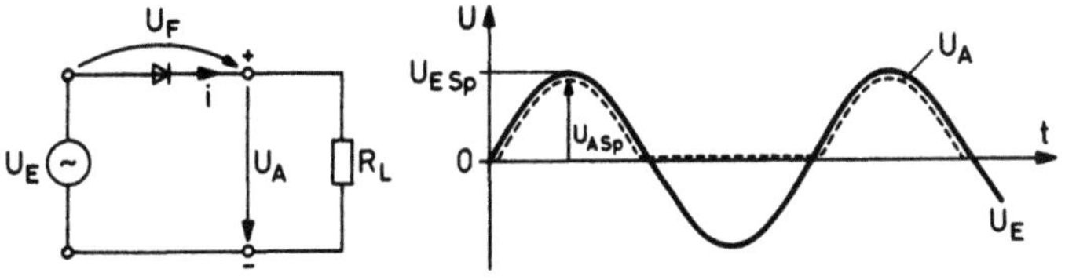

Fig. 68: Spannungen bei der Einweg-Gleichrichtung

Die einfachste Gleichrichterschaltung ist die in Fig. 68 dargestellte Einweg-Gleichrichterschaltung. Fig. 68 zeigt den Verlauf von Eingangsspannung U_E und Ausgangsspannung U_A. Falls $U_E > 0$ (positiv) ist, wird die Diode in Durchlaßrichtung betrieben. Die Ausgangsspannung U_A ist um den Spannungsabfall U_F an der Diode kleiner als die Eingangsspannung U_E, nach Glg. (1.165) um 0,3V bei Ge-, um 0,7V bei Si-Dioden. Falls $U_E < 0$ ist, wird die Diode in Sperrichtung betrieben und es fließt ein Sperrstrom $I_S \approx 0$. In diesem Fall ist

$$U_A = I_S R_L \approx 0 \ .$$

Das dynamische Verhalten einer Diode ist dadurch gekennzeichnet, daß sie beim Umschalten von Durchlaß- in Sperrichtung nicht sofort sperrt. Es vergeht eine endliche Ausräum- oder Sperrerholzeit t_{rr}, bis der PN-Übergang unter dem Einfluß der Sperrspannung von Ladungsträgern ausgeräumt ist. Je nach Größe der Sperrschichtfläche und der Dotierung liegt die Sperrerholzeit zwischen 1ns und 100µs. Fig. 69 veranschaulicht das dynamische Verhalten einer Diode, die von Durchlaß- in Sperrichtung gepolt wird.

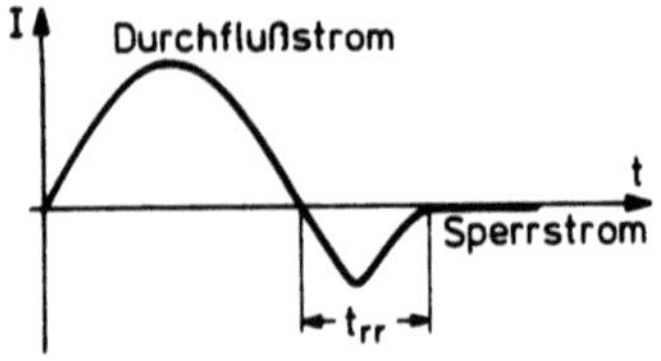

Fig. 69: Strom einer PN-Diode bei Umschalten von der Durchlaß- in die Sperrichtung

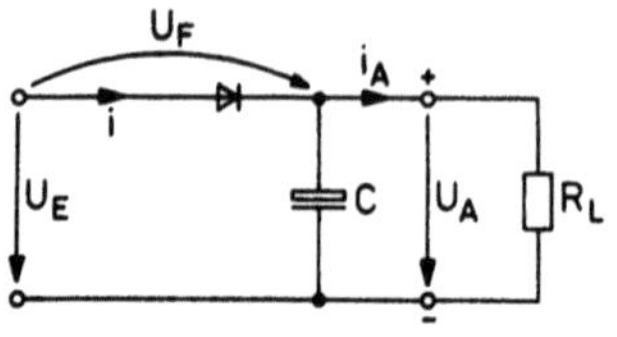

Fig. 70: Glättung der Ausgangsspannung durch einen Kondensator

Die in Fig. 68 dargestellte Einweg-Gleichrichterschaltung liefert eine aus positiven Halbwellen bestehende pulsierende Gleichspannung. Zur Glättung dieser Gleichspannung schaltet man einen Kondensator C parallel zum Lastwiderstand R_L, wie in Fig. 70 gezeichnet. Der Kondensator C wird durch die positiven Halbwellen bis auf den Spitzenwert

(1.169) $U_{ASp} = U_{ESp} - U_F$

aufgeladen (Fig. 70 und 71). Bei sinusförmiger Eingangsspannung ist $U_{ESp} = \sqrt{2}\, U_{E\,eff}$, wobei $U_{E\,eff}$ der Effektivwert der Eingangswechselspannung ist. Beträgt z.B. der Effektivwert $U_{E\,eff} = 10\,V$, so wird der Kondensator auf den Spitzenwert

$$U_{ASp} = \sqrt{2} \cdot 10\,V - U_F = 14{,}14\,V - 0{,}7\,V = 13{,}44\,V$$

aufgeladen. Diese Spannung ist also größer als die effektive Eingangsspannung.

Sobald die Eingangswechselspannung unter den Wert U_{ASp} abgefallen ist (Fig. 71), sperrt die Diode. Nun gibt der Kondensator den Strom i_A an den Verbraucher ab und damit sinkt die Spannung am Kondensator gemäß

(1.170) $i_A = \frac{U_A}{R_L} = -C\frac{du_C}{dt} = -C\frac{du_A}{dt}$

oder

$$\frac{du_A}{u_A} = -\frac{dt}{CR_L} .$$

Integration der Differentialgleichung zeigt, daß die Ausgangsspannung vom Spitzenwert $U_{ASp} = u_A(0)$ exponentiell abfällt,

(1.171) $u_A = U_{ASp}e^{-t/R_LC}$.

Wählt man den Kondensator so, daß $R_L \cdot C \gg T$ gilt (T = Schwingungsdauer der Wechselspannung), so ist für $t < T$

(1.172) $u_A \approx U_{ASp}(1 - \frac{t}{R_LC})$.

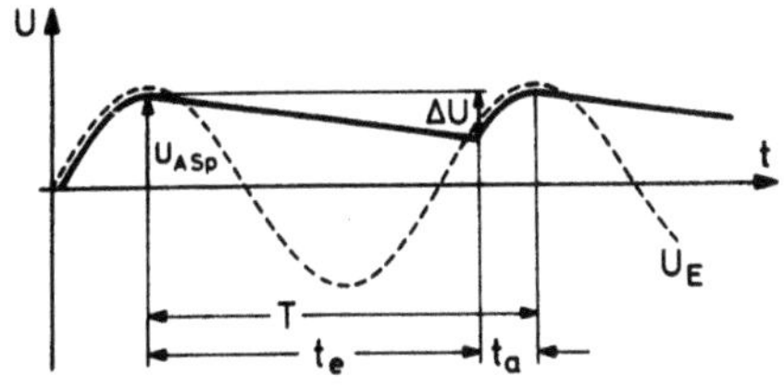

Fig. 71: Spannungsverlauf bei der Einweg-Gleichrichtung mit Glättungskondensator

Die Spannung am Kondensator fällt also während der Entladezeit $t_e < T$ vom Spitzenwert auf den Wert $u_A(t_e)$ ab, also um den Betrag (Fig. 71)

(1.173)
$$\begin{aligned}\Delta u &= U_{ASp} - u_A(t_e) \approx U_{ASp} - U_{ASp}(1 - \frac{t_e}{R_L \cdot C}) \\ &= U_{ASp} \cdot \frac{t_e}{R_LC} < U_{ASp}\frac{T}{R_LC} .\end{aligned}$$

Falls $R_LC \gg T$ ist, unterscheidet sich der Mittelwert des Ausgangsstromes $\overline{I}_A$ nur wenig vom Spitzenwert, und es ist

$$\frac{U_{ASp}}{R_L} = I_{ASp} \approx \overline{I}_A. \text{ Mit } \nu = \frac{1}{T} \text{ folgt,}$$

(1.174) $$\Delta u < \frac{\overline{I}_A}{C \cdot \nu} .$$

Die Ausgangsspannung einer Einweggleichrichterschaltung mit Ladekondensator (= Glättungskondensator) kann damit als eine Gleichspannung $\overline{U}_A$ aufgefaßt werden, der eine Wechselkomponente (Brummspannung) u_{Br} überlagert ist. Diese hat - von Spitze zu Spitze gemessen - nach Glg.(1.174) den Wert

(1.175) $$u_{BrSS} = \Delta u < \frac{1}{\nu} \frac{\overline{I}_A}{C}$$

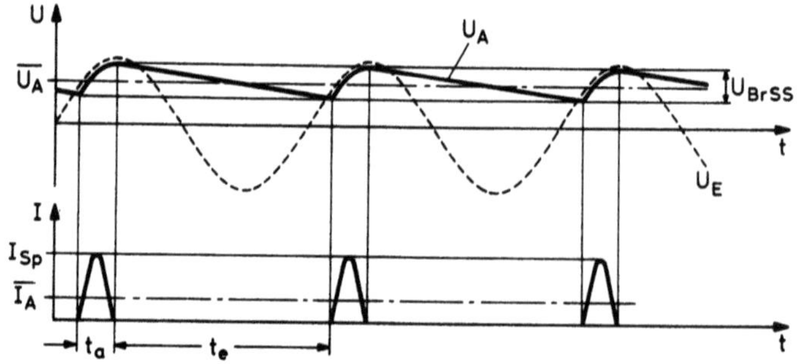

Fig. 72: Strom- und Spannungsverlauf bei der Einweg-Gleichrichtung mit Glättungskondensator

(Fig. 72). Während der Entladezeit t_e fließt durch die Diode kein Strom; sie ist in Sperrichtung gepolt. Die größte Sperrspannung liegt an der Diode, wenn die Eingangsspannung U_E den negativen Spitzenwert durchläuft. Da die Kathode der Diode mit dem Kondensator verbunden ist, der auf den positiven Spitzenwert der Eingangsspannung aufgeladen wurde, muß für die Durchbruchsspannung der Gleichrichterdiode gefordert werden

(1.176) $$U_R > 2 \cdot U_{ESp} = 2 \cdot \sqrt{2}\, U_{E\,eff} .$$

Der Strom $i = i(t)$, der durch die Gleichrichterdiode fließt, ist nicht identisch mit dem Ausgangsstrom $i_a = i_a(t)$: beim Einschalten der Eingangswechselspannung wird der Kondensator sehr schnell auf die Spannung aufgeladen, die die Wechselspannung zum Einschaltzeitpunkt hat. Dieser Wert ist kleiner oder gleich U_{ESp}. Der Einschaltladestrom I_E wird im wesentlichen durch den Innenwiderstand R_i der Wechselspannungsquelle begrenzt:

$$(1.177) \qquad I_E < \frac{U_{ESp}}{R_i} = \frac{\sqrt{2}\, U_{E\,eff}}{R_i} \; .$$

Gleichrichterdioden sind so ausgelegt, daß sie während einer 50 Hz-Halbwelle Stoßströme führen können, die mehr als 30 mal größer als die zulässigen Dauerströme sind. Im stationären Betrieb folgen bei der Gleichrichterschaltung Aufladephasen der Dauer t_a und Entladephasen der Dauer t_e periodisch aufeinander, wobei $t_a \ll t_e$ ist. Während der Aufladephase fließt während der Zeit t_a ein Strom $i = i(t)$, der sowohl den Kondensator auflädt als auch zum Verbraucher fließt

$$(1.178) \qquad i = C\,\frac{dU_A}{dt} + i_A$$

(Fig. 70 und 72). Dabei tritt ein periodischer Spitzenstrom I_{Sp} auf, der um ein Vielfaches größer sein kann als der von der Gleichrichterschaltung abgegebene mittlere Ausgangsstrom $\overline{I}_A$:

$$(1.179) \qquad \begin{aligned} \overline{I}_A &= \frac{1}{T}\int_0^T i_A\,dt = \frac{1}{T}\int_0^{t_a} \left(i - C\,\frac{dU_A}{dt}\right) dt + \frac{1}{T}\int_{t_a}^{T} C\,\frac{dU_A}{dt}\,dt \\ &= \frac{1}{T}\int_0^{t_a} i\,dt < \frac{1}{T}\, I_{Sp}\, t_a \; . \end{aligned}$$

Mit $T = t_e + t_a$ folgt

$$(1.180) \qquad I_{Sp} > \frac{t_e + t_a}{t_a}\,\overline{I}_A = \left(1 + \frac{t_e}{t_a}\right) \overline{I}_A \; .$$

Der periodische Spitzenstrom hängt vom Lastwiderstand R_L und dem Innenwiderstand der Wechselspannungsquelle R_i ab. Als Abschätzung gilt

$$(1.181) \qquad I_{Sp} < \frac{U_{ESp}}{\sqrt{R_i \cdot R_L}} \; .$$

Da sowohl der Ladestrom als auch der Ausgangsstrom die Diode durchfließt, gilt für den mittleren Diodenstrom $\bar{I}_D$

$$\bar{I}_D = \bar{I}_A \; .$$

In der Diode wird die Verlustleistung

$$P_v = \bar{I}_D \, U_F < \bar{I}_D \cdot 1 \, V$$

in Wärme umgesetzt. Bei kleinen Dioden wird die Wärme ($P_v < 1\,W$) über die Anschlußdrähte von der Grenzschicht, über der ja der Spannungsabfall U_F liegt, nach außen abgeführt; bei großen Dioden über das Gehäuse. Wenn R_{th} der Wärmewiderstand zwischen Grenzschicht und Gehäuse ist, so hat die Grenzschicht gegenüber dem Gehäuse die Übertemperatur $\Delta\vartheta_{ü} = R_{th} \cdot P_v$. Bei einer Gehäusetemperatur ϑ_g beträgt die Grenzschichttemperatur

$$\vartheta_j = \vartheta_g + \Delta\vartheta_{ü} \; .$$

Die maximale Grenzschichttemperatur ϑ_{jmax} beträgt für Ge-Dioden ca. $90^\circ C$ und für Si-Dioden ca. $175^\circ C$. Daher gilt für die maximale Leistung

(1.182) $\quad \vartheta_{jmax} = \vartheta_g + R_{th} \, P_{v,max} \; .$

Bei einer bestimmten Gehäusetemperatur ϑ_g darf daher die maximale Verlustleistung den Wert

(1.183) $\quad P_{v,max}(\vartheta_g) = \dfrac{\vartheta_{jmax} - \vartheta_g}{R_{th}}$

nicht überschreiten. In Datenbüchern wird der Wert $P_{v,max}$ für eine Gehäusetemperatur von $\vartheta_g = 25^\circ C$ angegeben. Mit

$$R_{th} = \dfrac{\vartheta_{jmax} - 25^\circ C}{P_{v,max}(25^\circ C)}$$

folgt für $\vartheta_g > 25^\circ C$

(1.184) $\quad P_{v,max}(\vartheta_g) = P_{v,max}(25^\circ C) \, \dfrac{\vartheta_{jmax} - \vartheta_g}{\vartheta_{jmax} - 25^\circ C} \; .$

Für eine Gehäusetemperatur $\vartheta_g > 25^\circ C$ muß $P_{v,max}$ entsprechend Glg.(1.184) linear reduziert werden (Fig. 73).

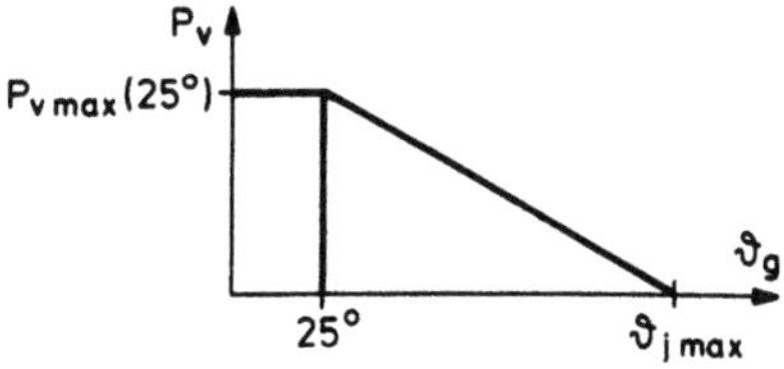

Fig. 73: Höchstzulässige Verlustleistung einer Diode als Funktion der Gehäusetemperatur

1.2.3.2 Doppelweg-Gleichrichter

Will man einer Gleichrichterschaltung größere Gleichströme entnehmen und/oder die Brummspannung klein halten, so ist es sinnvoll, beide Halbwellen der Eingangswechselspannung zur Gleichspannungserzeugung auszunutzen. Dazu dient entweder die in Fig. 74 dargestellte Mittelpunktsschaltung, die eine symmetrische Wechselspannungsquelle voraussetzt (Fig. 74), oder eine Brückenschaltung (Fig. 75).

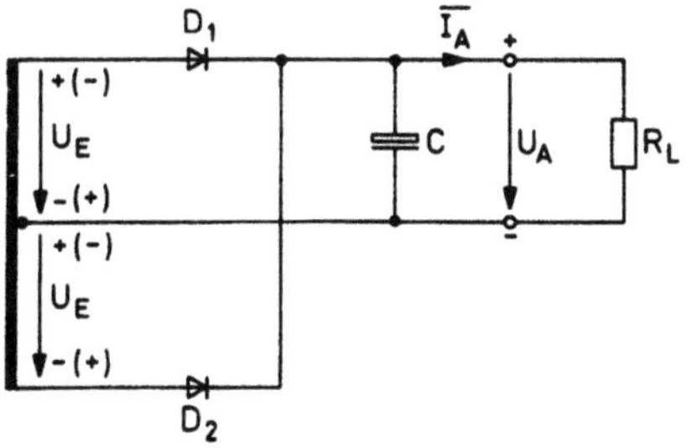

Fig. 74: Mittelpunkts-Gleichrichterschaltung

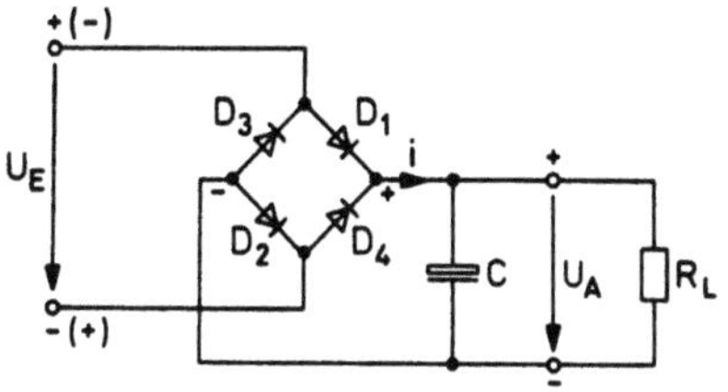

Fig. 75: Gleichrichter-Brücke mit Ladekondensator C und Lastwiderstand R_L

Die Mittelpunktsschaltung besteht im Prinzip aus zwei Einwegschaltungen, die wechselweise (im Gegentakt) arbeiten. Bei der durch + und - gekennzeichneten Polarität der Eingangswechselspannung U_E leitet die Diode D_1 und sperrt D_2. Bei der durch (+) und (-) gekennzeichneten Polarität leitet D_2 und sperrt D_1. Als wesentliche Unterschiede gegenüber der Einweggleichrichterschaltung sind hervorzuheben: Die Brummspannung ist nur halb so hoch, weil der Kondensator C bei der Doppelweggleichrichtung während einer Periode der Eingangswechselspannung $T = \frac{1}{\nu}$ zweimal aufgeladen wird. Daher gilt

$$(1.185) \qquad U_{BrSS} < \frac{\overline{I}_A}{2 \cdot \nu \cdot C} \; .$$

Der mittlere Ausgangsstrom $\overline{I}_A$ wird von beiden Dioden aufgebracht, daher gilt für den mittleren Strom einer Diode $\overline{I}_D$:

$$\overline{I}_D = \frac{1}{2} \, \overline{I}_A \; .$$

Ähnlich sind die Verhältnisse bei der Brückenschaltung in Fig. 75. Bei der durch + und - gekennzeichneten Polung der Eingangsspannung U_E fließt der Strom i über die Diode D_1 in den Kondensator bzw. durch den Lastwiderstand R_L und über D_2 zurück. Bei der durch (+) und (-) gekennzeichneten Polung leiten die Dioden D_3 und D_4, wobei die Polarität der Ausgangsspannung erhalten bleibt.- Im Unterschied zur Mittelpunktsschaltung sind hier stets zwei Dioden in Reihe geschaltet (D_1 und D_2 bzw. D_3 und D_4). Daher folgt für den Spitzenwert der Ausgangsspannung der Brückenschaltung

$$U_{ASp} = U_{ESp} - 2\,U_F$$

$$= \sqrt{2}\,U_{E\,eff} - 2\,U_F \; .$$

Für die maximale Sperrspannung der in Reihe geschalteten Dioden gilt

$$U_R = \sqrt{2}\,U_{E\,eff} \; .$$

Zu beachten ist, daß die Ausgangsspannung U_A mit der Eingangsspannung U_E kein gemeinsames konstantes Bezugspotential hat.

1.2.3.3 Spannungsvervielfacher

Zur Erzeugung hoher Gleichspannungen aus relativ kleinen Wechselspannungen dienen Spannungsvervielfacher oder "Kaskaden". Fig. 76 zeigt eine zweistufige Kaskade. Fig. 77 veranschaulicht die Spannungsverläufe.

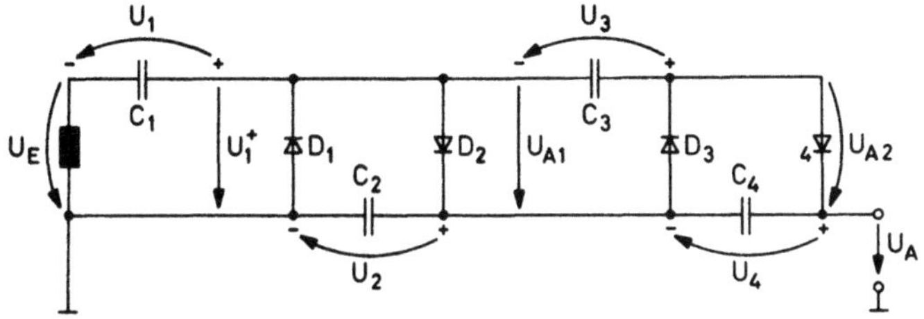

Fig. 76: Zweistufige Kaskade zur Spannungsvervielfachung

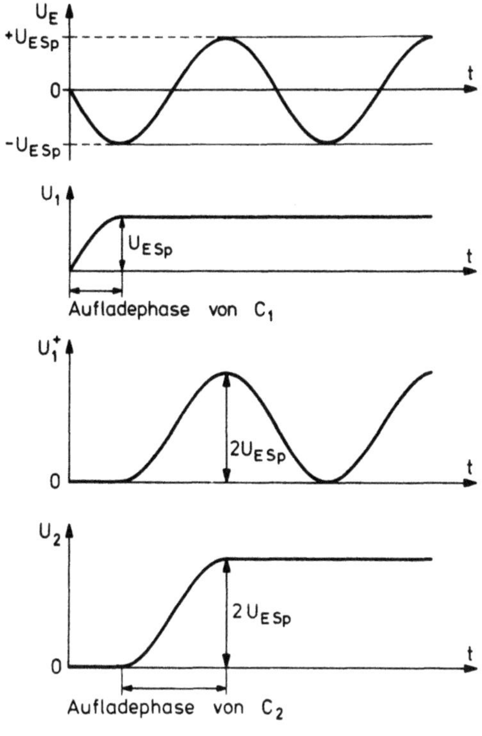

Fig. 77: Spannungsverläufe an einer Kaskadenstufe

Wenn die Eingangswechselspannung U_E die eingezeichnete Polarität hat, leitet D_1, und der Kondensator C_1 wird auf den Spitzenwert U_{ESp} der Eingangswechselspannung aufgeladen: $U_1 = U_{ESp}$. Sobald die Eingangswechselspannung den negativen Spitzenwert $-U_{ESp}$ durchlaufen hat, sperrt D_1 und die Spannung U_1^+ läuft mit U_E in Richtung positiver Werte bis zum Spitzenwert $U_1 + U_{ESp} = 2U_{ESp}$. Während dieser Zeit ist aber D_2 leitend, so daß auch C_2 auf $2U_{ESp}$ aufgeladen wird. Damit ist eine Spannungsverdopplung durchgeführt. Eine identische zweite Stufe der Kaskade liegt an der Spannung U_{A_1} über der Diode D_2. Der mit + bezeichnete Punkt des Potentials U_{A_1} hat gegenüber dem Bezugspotential die konstante Spannung $+2U_{ESp}$. Der mit - bezeichnete Punkt von U_{A_1} ändert sich mit der Eingangswechselspannung periodisch von Null bis $+2U_{ESp}$. Mit dieser Wechselspannung wird die zweite Stufe der Kaskade betrieben. Bei der eingezeichneten Polarität der Eingangswechselspannung leitet D_3, und C_3 wird über C_1 auf den Spitzenwert $U_3 = 2U_{ESp}$ aufgeladen, wobei die mit + bezeichnete Seite von C_3 über D_3 auf dem Potential $U_2 = 2 \cdot U_{ESp}$ liegt. Bei Polaritätsumkehr leitet D_4, und C_4 wird über C_1, C_3, D_4 auf $U_4 = 2 \cdot U_{ESp}$ aufgeladen. Die mit + bezeichnete Klemme von C_4 hat somit gegenüber dem Bezugspotential die Spannung

$$U_A = U_2 + U_4 = 4 \cdot U_{ESp} \ .$$

Eine n-stufige Kaskade liefert die Ausgangsspannung

$$(1.186) \qquad U_A = n \cdot 2U_{ESp} = n \cdot 2 \cdot \sqrt{2} U_{E\,eff} \ .$$

Wenn alle Kondensatoren die gleiche Kapazität C haben, gilt für die Brummspannung, die der Ausgangsspannung überlagert ist,

$$(1.187) \qquad U_{BrSS} < \frac{\overline{I}_A \cdot n}{\nu \cdot C} \quad (\nu = \text{Frequenz der Eingangswechselspannung}).$$

Für die Sperrspannung der Dioden muß die Bedingung

$$U_R \geq 2 \cdot U_{ESp}$$

eingehalten werden.

1.2.4. Spezialdioden

1.2.4.1 Zenerdioden (Z-Dioden)

Zener-Dioden sind Si-Dioden, die unter Beachtung der Diodengrenzwerte mit Sperrspannungen oberhalb ihrer Durchbruchsspannung betrieben werden können. Sie zeichnen sich dadurch aus, daß der Sperrstrom I_Z bei Überschreiten der Durchbruchsspannung $U_R = U_{ZO}$ sehr steil ansteigt. Die Durchbruchskennlinien von Z-Dioden zeigen näherungsweise einen linearen Verlauf, Fig. 78.

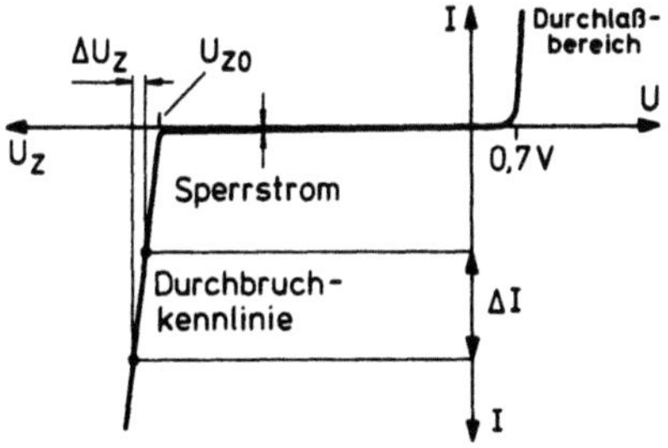

Fig. 78: Kennlinie einer Z-Diode

Die für den Stromanstieg im Durchbruch ($U_Z > U_{ZO}$) verantwortlichen Effekte - Zener-Effekt für $U_{ZO} < 6$ V, Avalanche-Effekt für $U_{ZO} > 6$ V wurden in Ziff. 1.2.2 bereits erklärt. Der Zusammenhang zwischen der Spannung U_Z und dem Strom I_Z kann unter der Annahme einer linearen Durchbruchskennlinie durch

$$U_Z = U_{ZO} + \frac{\Delta U_Z}{\Delta I_Z} \cdot I_Z \quad \text{für } U_Z > U_{ZO}$$

beschrieben werden. Die Größe $\frac{\Delta U_Z}{\Delta I_Z} = r_Z$ heißt "differentieller Zener-Widerstand".

Die Größe r_Z ist gleich dem Kehrwert der Steigung der Durchbruchskennlinie. Es ist also

$$(1.188) \qquad U_Z = U_{ZO} + r_Z I_Z \ .$$

Aus dieser Formel läßt sich direkt das Ersatzschaltbild einer Z-Diode ablesen: Die Z-Diode kann aufgefaßt werden als eine Spannungsquelle, die bei $I_Z = 0$ die Leerlaufspannung U_{ZO} hat und die den Innenwiderstand r_Z aufweist, Fig. 79.

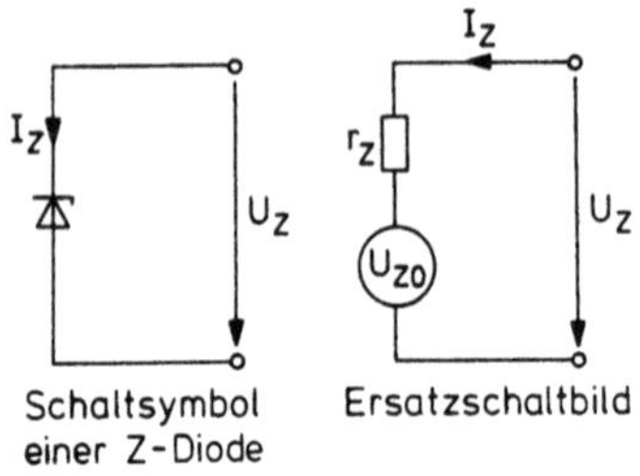

Fig. 79: Zenerdiode und Ersatzschaltbild

Z-Dioden mit kleinem r_Z (ca. 10 Ω) eignen sich hervorragend zur Erzeugung konstanter Gleichspannungen. Fig. 80 zeigt eine Schaltung zur Gewinnung einer stabilen Ausgangsspannung U_Z aus einer unstabilen (schwankenden) Eingangsspannung U_E. Wir wollen untersuchen, wie die Ausgangsspannung U_Z von der Eingangsspannung U_E abhängt, $U_Z = U_Z(U_E)$. Der Strom I durchfließt den Widerstand R und die Z-Diode.

$$(1.189) \qquad I = I_Z = I_R = \frac{U_R}{R} = \frac{U_E - U_Z}{R} .$$

Aus Glg.(1.188) folgt $I_Z = (U_Z - U_{ZO})/r_Z$ und damit

$$(1.190) \qquad \frac{U_Z - U_{ZO}}{r_Z} = \frac{U_E - U_Z}{R} .$$

Das ergibt, aufgelöst nach U_Z:

$$(1.191) \qquad U_Z = U_Z(U_E) = U_{ZO} + \frac{r_Z}{R_Z + r_Z}(U_E - U_{ZO}) .$$

Wenn sich U_E um ΔU_E ändert, beträgt die Änderung der Ausgangsspannung U_Z:

$$(1.192) \qquad \Delta U_Z = \frac{r_Z}{R + r_Z} \Delta U_E .$$

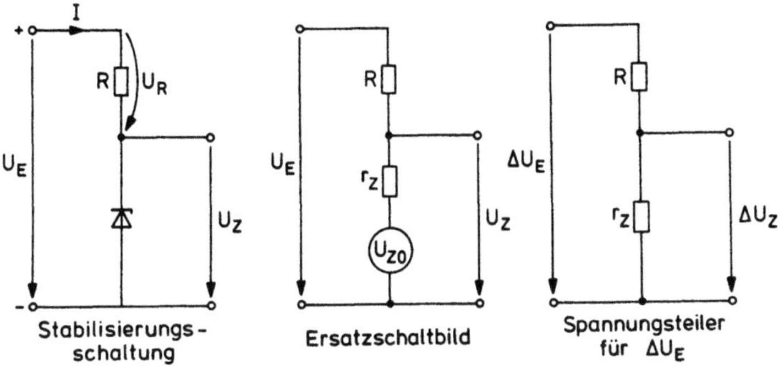

Fig. 80: Erzeugung konstanter Gleichspannungen mit Z-Dioden

Falls $r_Z \ll R$ ist, gilt für die relative Ausgangsspannungsänderung

(1.193) $$\frac{\Delta U_Z}{\Delta U_E} = \frac{r_Z}{R + r_Z} \approx \frac{r_Z}{R} \; .$$

Beispiel: Es sei $r_Z = 10\,\Omega$, wir wählen $R = 10^3\Omega$. Dann ist

(1.194) $$\frac{\Delta U_Z}{\Delta U_E} \approx \frac{r_Z}{R} = 10^{-2} = 1\% \; .$$

D.h.: Die Ausgangsspannungsänderung ΔU_Z beträgt nur 1% der Eingangsspannungsänderung ΔU_E.

Wie Glg.(1.193) zeigt, ist die Spannungsstabilisierung $\frac{\Delta U_Z}{\Delta U_E}$ umso besser, je kleiner r_Z gegenüber R ist. Es werden also Z-Dioden mit möglichst steiler Durchbruchskennlinie benötigt. Je steiler die Kennlinie verläuft, desto geringer ist die Spannungsänderung ΔU_Z, die eine Stromänderung

(1.195) $$\Delta I_Z \approx \frac{\Delta U_E}{R+r_Z} \approx \frac{\Delta U_E}{R}$$

hervorruft (Fig. 78). Die Formel (1.193)

(1.196) $$\Delta U_Z = \Delta U_E \cdot \frac{r_Z}{r_Z + R}$$

läßt sich aus dem Ersatzschaltbild (Fig. 80) sehr einfach entnehmen. Bei Betrachtung der Spannungsänderungen ΔU_E und ΔU_Z ist die

Größe der konstanten Spannung U_{ZO} ohne Belang. Bezieht man die Spannungsänderungen auf U_{ZO}, so erhält man einen Spannungsteiler für ΔU_E, der durch die obige Formel beschrieben wird.

Kenngrößen von Z-Dioden

Zu beachten ist - wie bei jedem Bauelement - die maximale Verlustleistung, die meist für eine Umgebungstemperatur ϑ_g von 25° angegeben wird:

$$P_{v,max}(\vartheta_g) < P_{v,max}(25^{\circ}C), \text{ für } \vartheta_g > 25^{\circ}C .$$

Daraus folgt für den maximal zulässigen Strom

$$I_{Z,max} = \frac{P_{v,max}}{U_Z} \leq \frac{P_{v,max}}{U_{ZO}} .$$

Der Strom I_Z sollte bei Stabilisierungsschaltungen aber auch nicht zu klein gewählt werden, um nicht in den in Wirklichkeit abgerundeten, flachen Teil der Kennlinie nahe U_{ZO} zu kommen. Eine Faustregel für den Mindeststrom $I_{Z,min}$ lautet:

$$(1.197) \qquad I_Z > I_{Z,min} = 5 \cdot 10^{-2} \cdot I_{Z,max} .$$

Von einer guten Spannungsstabilisierung verlangt man eine hohe Temperaturstabilität. Der Temperaturkoeffizient von Z-Dioden ist am kleinsten für Dioden mit $5{,}6\,V \leq U_Z \leq 6{,}2\,V$. In diesem Spannungsgebiet konkurrieren Zener-Effekt und Avalanche-Effekt, deren Temperaturkoeffizient unterschiedliche Vorzeichen haben, siehe Glg.(1.166) und (1.167). Es sind Z-Dioden mit $U_Z \approx 6\,V$ und

$$(1.198) \qquad \beta_Z = \frac{1}{U_Z} \left.\frac{\partial U_Z}{\partial \vartheta}\right|_{I_Z = const} \approx 10^{-5}/{}^{\circ}C$$

erhältlich.

1.2.4.2 Schottky-Dioden

Zur Gleichrichtung hochfrequenter Wechselspannungen benötigt man Dioden mit sehr kurzen Sperrerholzeiten, die ohne nennenswerte Verzögerung vom leitenden in den gesperrten Zustand umschalten können. Dies leisten sogenannte <u>Schottky-Dioden</u>, die einen Metall-Halbleiterübergang aufweisen.

Der Stromtransport über bestimmte Metall-Halbleitergrenzschichten ist vergleichbar mit der thermischen Elektronenemission von einer heißen Kathode ins Vakuum: Das Leitungsband des Halbleiters liegt höher als die Energie der freien Elektronen im Metall, charakterisiert durch die Fermi-Grenze, Fig. 81. In Durchlaßrichtung werden Elektronen relativ hoher Energie aus dem Halbleiter ins Metall emittiert: Daher heißen diese Dioden auch "Hot-Carrier-Dioden". Weil der Strom durch eine Schottky-Diode nur von Elektronen getragen wird, brauchen beim Umpolen auch keine Minoritätsträger aus der Grenzschicht geräumt zu werden. Die Umschaltgeschwindigkeit wird im wesentlichen durch die Sperrschichtkapazität begrenzt. Diese beträgt ca. 1 pF. Der Anwendungsbereich solcher Dioden erstreckt sich bis 10 GHz. Die Sperrverzögerung t_{rr} liegt im Bereich $1\,ns > t_{rr} > 50\,ps$. Die Durchlaßspannung von Schottky-Dioden beträgt $U_F(\frac{1}{10} I_{max}) \approx 0{,}3\,V$. Der Anstieg des Sperrstroms verläuft ähnlich flach wie der des Durchlaßstromes. Fig. 82 zeigt das Schaltsymbol einer Schottky-Diode.

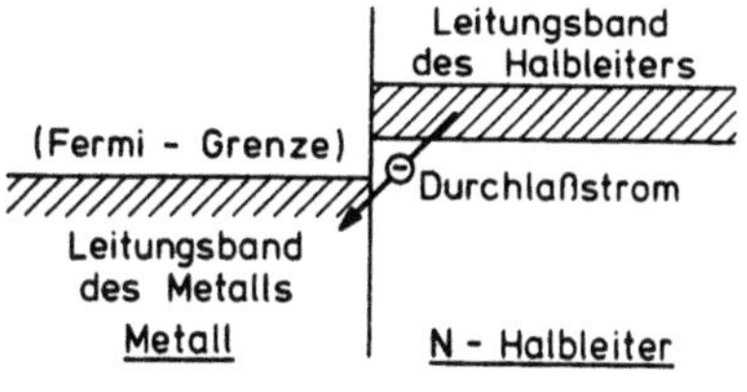

Fig. 81: Bänderstruktur der Metall-Halbleiter-Grenzschicht einer Schottky-Diode

Fig. 82: Schaltsymbol einer Schottky-Diode

1.2.4.3 Tunneldiode

Als schnelle Schaltdioden finden Tunneldioden Verwendung. Hierbei handelt es sich um sehr hochdotierte Flächendioden. Die Strom-Spannungscharakteristik zeigt Fig. 83. Zur physikalischen Deutung des Kurvenverlaufs muß man vom Bändermodell ausgehen, Fig. 84.

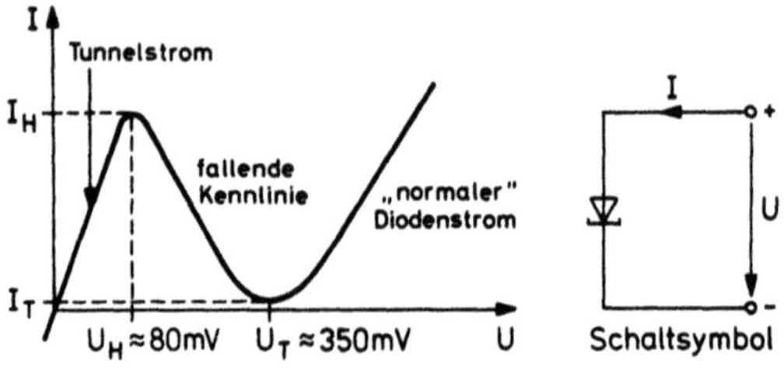

Fig. 83: Kennlinie und Schaltsymbol einer Tunneldiode

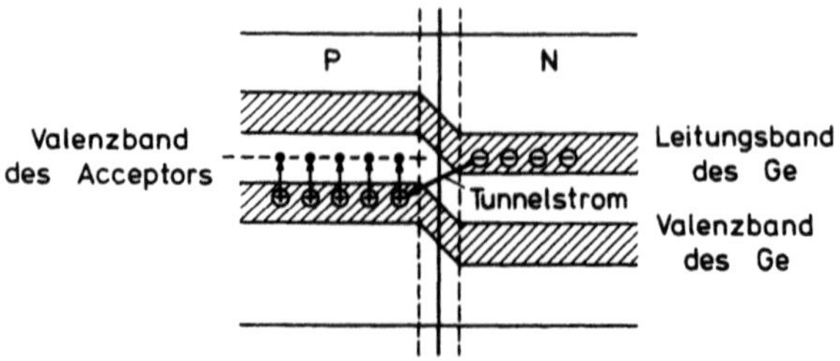

Fig. 84: Bänderstruktur der PN-Grenzschicht einer Tunneldiode

Schon bei kleiner Flußspannung fließen Elektronen aus dem Leitungsband der N-Zone in das nur wenig tieferliegende, nicht ganz besetzte Valenzband der P-Zone. Die beiden Energiebänder sind nur durch eine schmale verbotene Zone voneinander getrennt, so daß nach den Gesetzen der quantenmechanischen Statistik eine große Wahrscheinlichkeit für das "Durchtunneln" dieser Energiebarriere besteht und somit ein "Tunnelstrom" zustandekommt. Daher rührt der Name "Tunneldiode". Der Tunnelstrom steigt mit wachsender Flußspannung bis zum Höckerstrom I_H. Mit zunehmender Auffüllung des P-Valenzbandes fällt er jedoch bis zum Talstrom I_T. Es ist $I_T \approx \frac{1}{5} I_H$. Bei weiterer Erhöhung der Durchlaßspannung setzt der normale Diodenstrom ein. Tunneldioden haben keine Sperrichtung.

Anwendung der Tunneldiode

Wir legen eine Eingangsspannung U_E an die in Fig. 85 dargestellte Schaltung und fragen nach der Ausgangsspannung $U_A = U_A(U_E)$: Es ist $U_A = U_E - U_R$ mit $U_R = IR$. Der lineare Zusammenhang

(1.199) $\quad U_A = U_E - IR$

wird in das U/I-Diagramm der Tunneldiode eingetragen, Fig. 86.

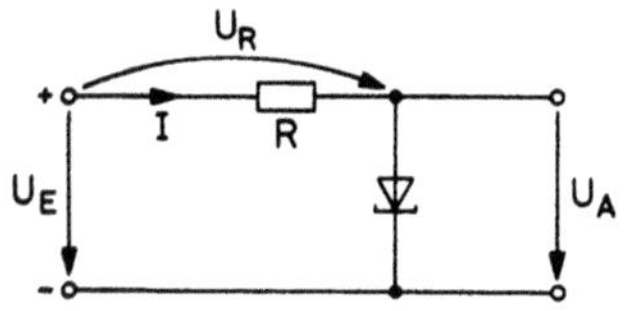

Fig. 85: Grundschaltung eines Tunneldioden-Diskriminators

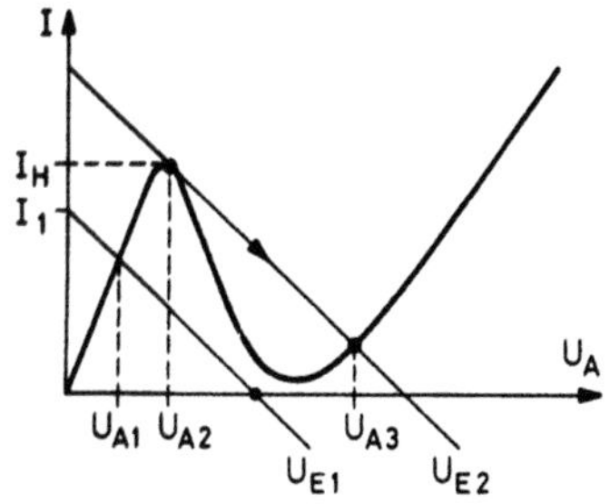

Fig. 86: Ausgangsspannung U_A der Diskriminatorschaltung bei verschiedenen Eingangsspannungen U_E

Die graphische Darstellung ergibt eine Gerade, die sogenannte Widerstandsgerade. Sie geht bei $I = 0$ durch den Punkt $U_A = U_E$ auf der Abszissenachse. Sie geht also bei der Eingangsspannung $U_E = U_{E1}$ durch den Punkt $U_A = U_{E1}$ der U_A-Achse. Ferner geht die Widerstandsgerade durch den Punkt $I_1 = \frac{U_{E1}}{R}$ der I-Achse, denn für

$U_A = 0$ ist $I = \frac{U_E}{R}$.

Der Schnittpunkt der Widerstandsgeraden mit der Tunneldiodenkennlinie ergibt die Ausgangsspannung $U_{A1} = U_A(U_{E1})$. Wir wollen die Spannung U_E in Richtung größerer Werte zeitlich ansteigen lassen: $U_E = U_E(t)$. Das bedeutet für die Widerstandsgerade eine Parallelverschiebung durch die Punkte $U_E(t)$ auf der U_A-Achse. Dabei verschiebt sich auch der Schnittpunkt der Widerstandsgeraden mit der Kennlinie, so daß auch $U_A = U_A(t)$ mit U_E zu größeren Werten hin ansteigt. Sobald die Eingangsspannung U_E den Wert U_{E2} überschreitet, springt der Schnittpunkt der Widerstandsgeraden mit der Kennlinie vom Ausgangsspannungswert $U_{A2} = U_A(I_H)$ nach U_{A3}. Dieser Spannungssprung mit der Höhe (Fig. 86 und 83)

(1.200) $$\Delta U_A = U_{A3} - U_{A2} \geqslant U_T - U_H \approx 0{,}3\,V$$

erfolgt in ca. 1 ns, so daß am Ausgang dieser Schaltung beim Überschreiten der Eingangsspannung U_{E2} ein Impuls mit sehr steiler Flanke auftritt. Dieses Verhalten der Tunneldiode kann man zum Bau von "Diskriminatoren" ausnutzen. Das sind Schaltungen, die nur dann einen Ausgangsimpuls abgeben, wenn die Eingangsspannung einen bestimmten Wert - eine Schwelle - überschreitet.

Legt man an die in Fig. 87 dargestellte Diskriminatorschaltung Eingangsimpulse unterschiedlicher Höhe U_E, so treten am Ausgang des Hochpasses (Ziff. 1.1.3.3) nur dann Spannungsspitzen auf, falls der eben beschriebene Spannungssprung an der Tunneldiode erfolgt. Die Bedingung dafür ist, daß der Eingangsstrom größer als der Höckerstrom I_H sein muß. Aus der Gleichung für die Widerstandsgerade Glg.(1.199) folgt für den Strom im Höckerpunkt

(1.201) $$I_H = \frac{U_E - U_H}{R} .$$

Nur solche Eingangsspannungen U_E, die die Schwellen-Spannung

(1.202) $$U_{ES} = I_H \cdot R + U_H$$

überschreiten, $U_E \geqslant U_{ES}$, rufen daher am Ausgang der Diskriminatorschaltung Impulse hervor (Fig. 87).

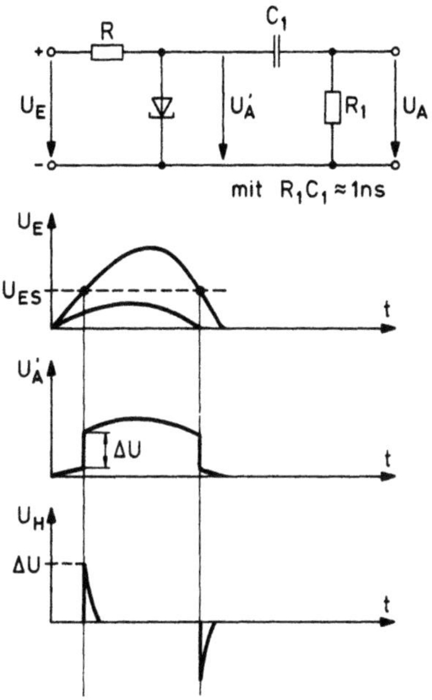

Fig. 87: Tunneldioden-Diskriminator mit Hochpaß zur Differentiation der Impulsflanken

1.2.4.4 Backward-Dioden

Tunneldioden mit geringer Dotierung haben eine Strom-Spannungscharakteristik ohne Sperrichtung und mit nur einem schwach ausgeprägten Höcker in Durchlaßrichtung, Fig. 88. In der normalen Sperrrichtung steigt der Strom schon bei kleinen Spannungen stärker als in Durchlaßrichtung an. Solche Dioden sind zur Gleichrichtung kleiner Wechselspannungen sehr hoher Frequenz bei Vertauschung der normalen Sperr- und Durchlaßrichtung geeignet. Daher der Name Rückwärts- oder Backward-Dioden.

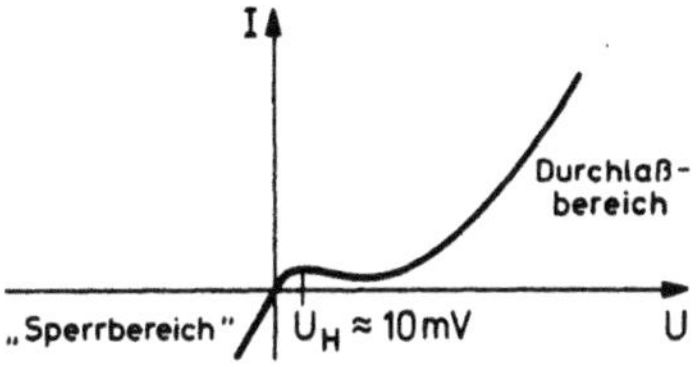

Fig. 88: Kennlinie einer Backward-Diode

1.2.4.5 Kapazitätsdioden

Bei Dioden mit großflächigem PN-Übergang wird die Kapazität der in Sperrichtung betriebenen Grenzschicht zum Bau spannungsabhängiger Kapazitäten ausgenutzt.- Die Breite d der ladungsträgerfreien Zone einer in Sperrschicht betriebenen Kapazitätsdiode ist eine Funktion der Sperrspannung, $d \sim \sqrt[3]{U_{Sp}}$. Die Kapazität eines großflächigen PN-Überganges ist gemäß Glg.(1.25)

$$C = \varepsilon \varepsilon_o \frac{A}{d} ,$$

und damit ist hier $C = C(U_{Sp})$.

Anwendung finden solche Kapazitätsdioden u.a. als Abstimmelemente in Schwingkreisen mit variabler Kapazität. Der früher übliche Drehkondensator wird - vor allem im Gebiet hoher Frequenzen - durch eine Kapazitätsdiode ersetzt. Die zur Abstimmung nötige Steuerspannung U (Sperrspannung) wird zur Entkopplung der Spannungsquelle über eine Drossel $L' \gg L$ zugeführt. Damit die Schwingkreisinduktivität L die Steuerspannung U nicht kurzschließt, liegt zwischen der Kapazitätsdiode C(U) und L ein Koppelkondensator (Fig. 89), mit $C_K \gg C(U)$.

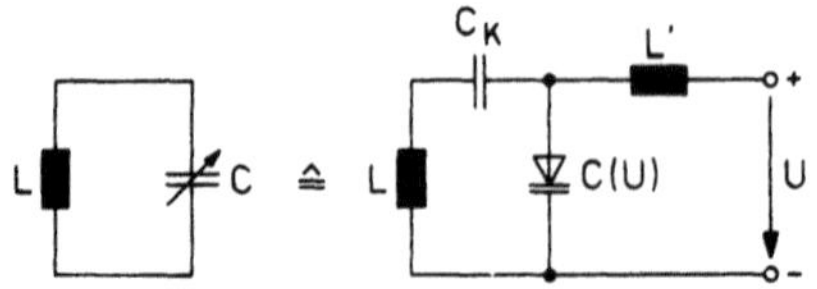

Fig. 89: LC-Schwingkreis mit Kapazitätsdiode

Kapazitätsdioden finden ferner Verwendung in sog. parametrischen Verstärkern. Dabei wird im Prinzip ein Schwingkreis durch eine periodisch veränderliche Kapazität entdämpft. Wenn ein Schwingkreis zu Schwingungen angeregt wird, klingt die Schwingung ohne dauernde Energiezufuhr aufgrund der Schwingkreisverluste exponentiell ab (Fig. 90). Das Abklingen der Spannungsamplitude läßt sich z.B. dadurch verhindern, daß man die Kapazität des Schwingkreis-Kondensators periodisch variiert. Während des Spannungsmaximums

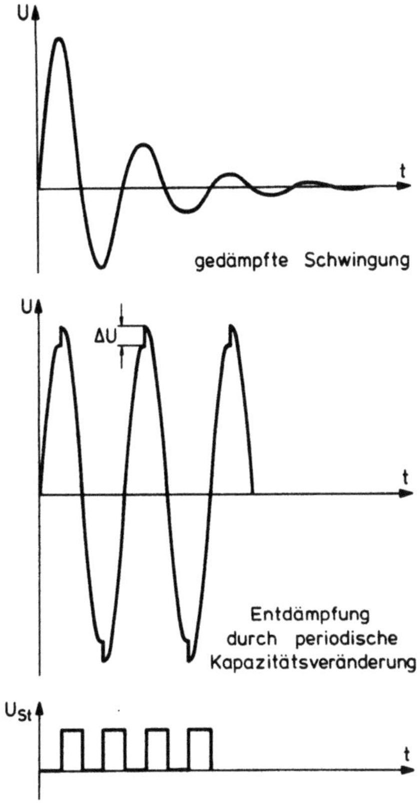

Fig. 90: Prinzip der parametrischen Verstärkung

wird die Kapazität vom Wert C_1 auf einen Wert $C_2 < C_1$ gebracht. Wegen $U_1 = \frac{Q}{C_1}$ geht die Spannung bei dieser Kapazitätsänderung auf den Wert

$$U_2 = \frac{Q}{C_2} > \frac{Q}{C_1} = U_1 \quad .$$

Sie springt dabei um den Wert (Fig. 90)

$$\Delta U = U_2 - U_1 = Q\left(\frac{1}{C_2} - \frac{1}{C_1}\right) \quad .$$

Wird die Kapazitätsänderung im Spannungs-Nulldurchgang wieder rückgängig gemacht $C_2 \rightarrow C_1$, so ist eine periodische Entdämpfung des Schwingkreises möglich. Die erforderlichen schnellen Kapazitätsänderungen lassen sich mit Kapazitätsdioden realisieren. Die zur Entdämpfung des Schwingkreises notwendige Energie wird der Spannungsquelle entnommen, die die periodische Steuerspannung U_{St} für die Kapazitätsdiode liefert (Pumpfrequenz).

Parametrische Verstärker zeichnen sich durch hohe Empfindlichkeit aus: Die "Verstärkung" wird in einem Kondensator vorgenommen, einem Blindwiderstand also, der frei ist von statistischen Vorgängen des Leitungsmechanismus, bei dem folglich keine thermisch bedingten Rauschspannungen auftreten, die eine Verstärkung kleiner Spannungen unmöglich machen.

1.2.4.6 Speichervaraktoren

Speichervaraktoren sind spezielle Kapazitätsdioden mit einer schwach dotierten inneren N-Zone zwischen den stark dotierten N- und P-Zonen der Diode. In Flußrichtung wird die innere Zone mit Ladungsträgern überschwemmt. Beim Umpolen in Sperrichtung werden die Ladungsträger aus der inneren Zone ausgeräumt, was sich in eine Sperrverzögerungszeit äußert. Nach Ablauf einer vom Durchlaßstrom abhängigen Sperrverzögerungszeit t_{rr} hört der Stromfluß schlagartig innerhalb von ca. 100 ps auf. Dieser schnelle Abschaltvorgang ist sehr oberwellenhaltig und wird zur Erzeugung sehr steiler Impulse oder zur Leistungserzeugung von Mikrowellen ausgenutzt. Eine Schaltung zur Erzeugung steiler Impulsflanken mit einem Speichervaraktor zeigt Fig. 91.

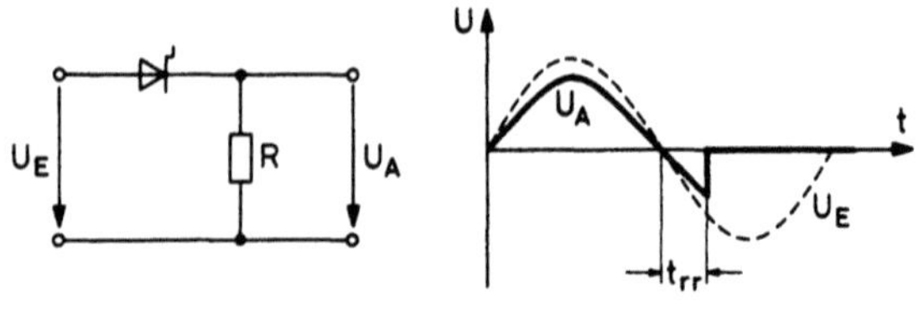

Fig. 91: Speichervaraktor zur Erzeugung sehr steiler Impulsflanken

1.2.4.7 PIN-Dioden

PIN-Dioden sind ähnlich gebaut wie Varaktor-Dioden: Zwischen zwei stark dotierten N- und P-Zonen liegt eine schwach dotierte innere (= intrinsic) Zone. Die Zonenfolge ist also PIN. Die Anzahl der freien Ladungsträger in der inneren Zone hängt vom Durchlaßstrom ab. Der differentielle Widerstand von PIN-Dioden läßt sich daher mit dem Durchlaßstrom in weiten Grenzen steuern. Sie werden als variable Widerstände oder Schalter im Bereich sehr hoher Frequenzen eingesetzt.

1.2.4.8 VDR-Widerstände

VDR-Widerstände sind spannungsabhängige Widerstände (voltage dependent resistor). Sie sind aus gesinterten Metalloxiden hergestellt. Ein solcher Sinterkörper kann als ein System sehr vieler aneinanderstoßender Grenzflächen mit Durchbruchverhalten aufgefaßt werden. Daher fließt durch einen VDR-Widerstand bei kleinen Spannungen U ein sehr geringer Strom I, der bei Überschreiten einer charakteristischen Spannung sehr steil ansteigt

$$I = K \cdot U^{\alpha} \ .$$

Dabei ist K von der Geometrie des VDR abhängig und α eine Materialkonstante mit $3<\alpha<10$. Fig. 92 zeigt den qualitativen Verlauf einer VDR-Kennlinie.

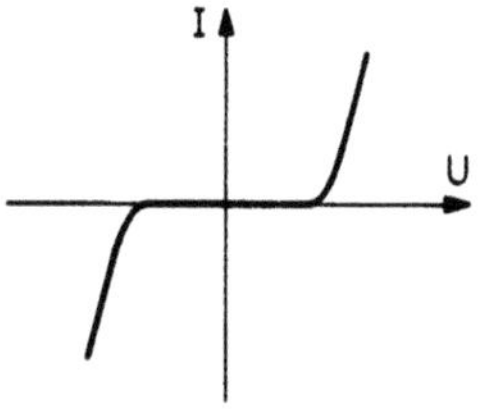

Fig. 92: Kennlinie eines VDR-Widerstandes

VDR-Widerstände finden Einsatz als Spannungsbegrenzer, die elektronische Schaltungen vor Überspannungen schützen sollen. Sie sind i.a. für hohe Stoßströme (bis zu 4 kA) ausgelegt und für "Schutzpegelbereiche" von 20 V bis einige kV erhältlich. Häufig werden

VDR-Widerstände parallel zu Induktivitäten L geschaltet, um Spannungsspitzen $U = L \cdot \frac{dI}{dt}$ beim Ausschalten des Stromes I zu begrenzen, Fig. 93.

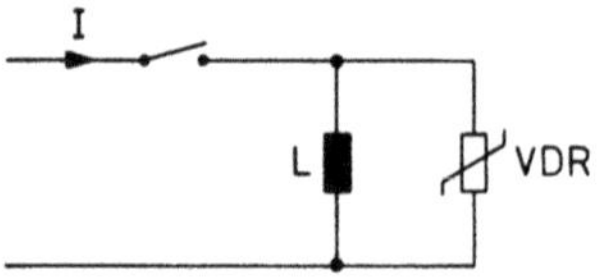

Fig. 93: VDR-Widerstand zur Begrenzung von Abschaltspannungsspitzen an einer Induktivität

1.2.4.9 Gunneffekt-Diode

Wenn Elektronen innerhalb eines Halbleiters eine Spannung U durchlaufen, so gewinnen sie die kinetische Energie $\frac{1}{2}mv^2 = e \cdot U$. Gewisse Halbleitermaterialien wie GaAs haben eine Energiebänderstruktur, die dazu führt, daß für Elektronen, die in einem elektrischen Feld innerhalb eines solchen Halbleiters kinetische Energie gewonnen haben, geschrieben werden muß

$$E_{kin} = U_e = \frac{1}{2} m_{eff} v^2 ,$$

wobei die effektive Masse m_{eff} mit zunehmender Energie wächst, die Bewegung sich also verlangsamt. Dies kann zu einer lokalen Anhäufung von Ladungsträgern in Richtung des elektrischen Feldes führen (Domänenbildung (Fig. 94)), indem nämlich die später gestarteten Elektronen die früher gestarteten und langsam gewordenen einholen. Durch geeignete Dioden-Geometrie kann man die Laufzeit solcher Domänen durch die Diode so wählen, daß bei Ankunft einer Domäne sich sofort eine neue bildet und somit periodische Stromschwingungen im GHz-Bereich entstehen. Es wurden Gunn-Oszillatoren mit 10 W Leistung bei 30 GHz realisiert.

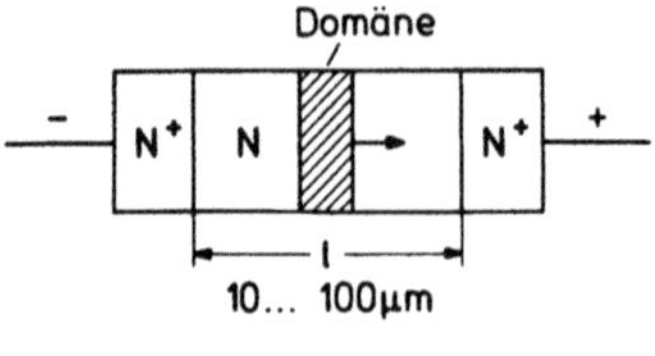

Fig. 94: Domänenbildung in einer Gunn-Diode

Tabelle 5: Daten von D i o d e n

Material	G e r m a n i u m			S i l i z i u m					
Bezeichnung	Spitzendiode	Tunneldiode	Backwarddiode	Planar-D.	Zener-D.	Varaktor	PIN	Steprecovery	Schottky
Anwendung	HF-Gleich-richter	Schneller Schalter und Verstärker	HF-Gleich-richter für kl. Spannungen	Gleich-richter-Schalter	Span-nungs-referenz	variable Kapazi-tät	variab-ler Wi-derstand	Frequenz-verviel-fachung	UHF-Gleich-richter
U_R	<100 V		<0,5 V	40 V - 10 KV	3-200 V	30 V	<300 V	<70 V	<30 V
I_S	ca. 10 µA		<300 µA	1 nA - 1µA	ca. 1 µA	<10 nA		<5 nA	<10 µA
$U_F \| I_F$	<0,6 V|1 mA		0,1 V|3 mA	0,7 V| 0,1 I_{max}	0,7 V| 0,1·I_{max}			1 V|0,1 A	0,4 V|1mA
t_{rr}	ca. 15 ns		< 10 ns	>4 ns					1n s
C_D	ca. 0,5 pF	ca. 5 pF	ca. 1 pF			bis 200 pF	< 0,8 pF		<2 pF
Schalt-zeichen									
Bemer-kungen		Höckerstrom 10 mA Höckerspan-nung 80 mV Talspannung 350 mV Schaltzeit 1 ns		max. Durchlaß-ströme 0,1 bis 1000 A	$\beta_Z = \frac{\Delta U_Z}{U_Z}$ $<10^{-4} K^{-1}$	$\frac{C_D(1V)}{C_D(30V)} =$ 5...10	Leist.-aufnahme einige W Schalt-zeit: <10 ns	Speicher-zeit: 30 ns Abfall-zeit: 0,5 ns	

U_R = Sperrspannung

I_S = Rest- oder Sperrstrom

$U_F|I_F$ = Flußspannung bei einem Durchlaßstrom I_F

t_{rr} = Sperrerholzeit (reverse recovery time)

C_D = Sperrschichtkapazität

2 Aktive Bauelemente

2.1 Der bipolare Transistor

2.1.1 Aufbau und Wirkungsweise

Ein bipolarer Transistor besteht aus drei aufeinanderfolgenden Zonen verschiedener Dotierung. Man unterscheidet entsprechend der Zonenfolge NPN- und PNP-Transistoren. Wir wollen uns vor allem mit dem Aufbau und der Wirkungsweise von NPN-Transistoren befassen.

Ein NPN-Transistor weist zwei PN-Übergänge auf. Diese Anordnung entspricht stark vereinfacht einem System aus zwei entgegengeschalteten Dioden (Fig. 95). Von E nach C oder umgekehrt kann kein nennenswerter Strom fließen, weil eine Diode stets in Sperrrichtung gepolt ist. Bei der in Fig. 95 gezeigten Polung sperrt die Diode D_2. Der Strom $I_C = I_C(U_{CE})$ ist der Sperrstrom der Diode D_2 bzw. des PN-Überganges zwischen der B- und der C-Elektrode. Wie wir von der Diode her wissen, hängt der Sperrstrom von der Minoritätsträgerkonzentration ab (Ziff. 1.2.2). Demnach ist der Strom I_C von der Elektronenkonzentration in der P-Zone der Diode D_2 abhängig.

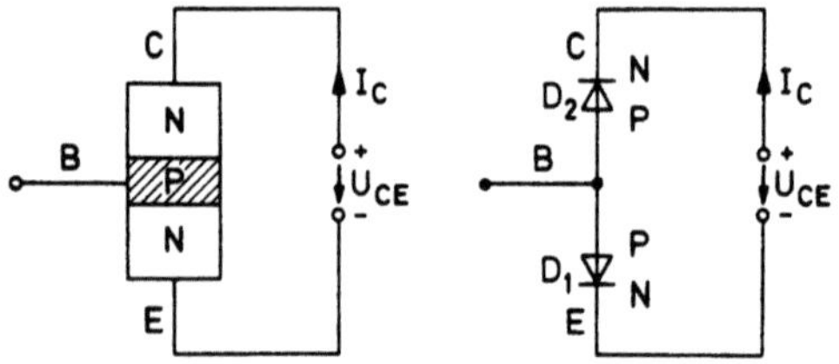

Fig. 95: NPN-Zonenfolge eines Transistors
und ihr Ersatzschaltbild

Wenn wir die Größe des Stromes I_C verändern wollen, muß die Elektronenkonzentration der P-Zone entsprechend verändert werden. Dies ist in einem System aus zwei einzelnen Dioden (außer durch Temperaturveränderung) nicht möglich, wohl aber in einer Dreischichtanordnung. Wird die E-B-Diode in Durchlaßrichtung $U_{BE} > 0$ betrieben (Fig. 96), so driften Elektronen infolge der Spannung U_{BE} aus der N- in die P-Zone und erhöhen somit die Elektronenkonzentration [n] im Bereich des PN-Überganges der E-B-Diode.

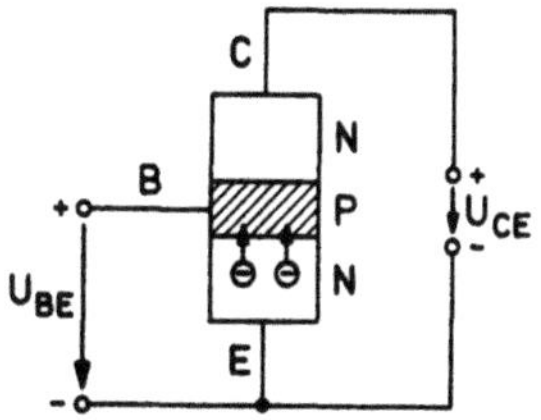

Fig. 96: Erhöhung der Elektronendichte in der P-Zone eines NPN-Transistors durch die Spannung U_{BE}

Die Elektronenkonzentration in der P-Zone (Bereich B) wird eine Funktion der äußeren Spannung U_{BE}, also $[n] = [n](U_{BE})$. Die bei $U_{BE} > 0$ aus der N-Zone (Bereich E) in die P-Zone gedrifteten Elektronen können nun, falls die P-Zone genügend dünn ist, bis zum PN-Übergang der BC-Diode diffundieren. Dies ist möglich, wenn die mittlere freie Weglänge λ, die die Elektronen bis zur Rekombination mit Löchern zurücklegen, größer als die Dicke d der P-Zone ist, $\lambda > d \approx$ einige µm. Die Rekombinationswahrscheinlichkeit ist umso geringer - λ umso größer - je geringer die Löcherkonzentration in der P-Zone ist.- Elektronen, die in die Nähe der in Sperrichtung gepolten BC-Grenzschicht kommen, werden durch die Spannung U_{CE} aus der P- in die N-Zone befördert und fließen über die C-Elektrode ab. Infolgedessen ist der "Sperrstrom" I_C von der Elektronenkonzentration [n] in der P-Zone und damit von der Spannung U_{BE} abhängig: $I_C = I_C(U_{BE})$. Der Strom I_C, der durch den Transistor fließt, läßt sich also durch die Spannung U_{BE} steuern. Außer von der Steuerspannung U_{BE} hängt I_C auch noch von U_{CE} ab, insgesamt ist demnach

$$I_C = I_C(U_{BE}, U_{CE}) \quad (2.1)$$

Dieser Zusammenhang wird übersichtlich in einem Kennlinienfeld (wie Fig. 97) in der Form $I_C = I_C(U_{CE})$ mit U_{BE} als Parameter dargestellt:

1) Die Kurve $I_C = I_C(U_{CE})$ bei $U_{BE} = 0$ ist identisch mit der Sperrkennlinie der BC-Diode: $I_C(U_{CE}, 0) = I_{C\,Sperr.}(U_{BC})$.

2) Bei $U_{BE} > 0$ wird
   a) die EB-Diode leitend, wobei wegen der Diodenkennlinie $0 < U_{BE} < 0{,}7\,V$ gilt (Fig. 63),
   b) der "Sperrstrom" der BC-Diode angehoben: $I_C(U_{BE1}) > I_{C\,Sperr}$,
   c) wegen $U_{CE} = U_{CB} + U_{BE}$ werden die Kennlinien um U_{BE} nach rechts verschoben.

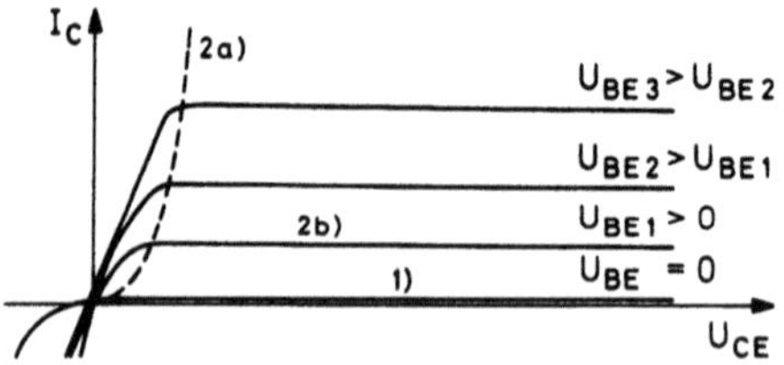

Fig. 97: Ausgangsstrom $I_C = I_C(U_{BE}, U_{CE})$ eines NPN-Transistors

Die mit der E-Elektrode verbundene Zone des Transistors heißt Emitter, weil von dort Ladungsträger in die B-Zone emittiert, d.h. ausgesandt werden. Die C-Zone heißt Kollektor, weil dort die Ladungsträger gesammelt werden. Die Bezeichnung Basis für die B-Zone ist historisch bedingt: Die ersten Transistoren wurden als Legierungstransistoren hergestellt. Dabei wurden auf einer dünnen Halbleiterscheibe,die als Ausgangs- oder Basismaterial diente, Kollektor- und Emittierzone durch Legieren mit Indium (d.h. durch einen Schmelzprozeß bei ca. 1000°C) aufgebaut (Fig. 98).

Heute werden Dotierungen von Halbleitern durch Diffusionsverfahren realisiert. Dabei läßt man die Dotierungsatome aus aufgedampften Schichten oder direkt aus hocherhitzten Gasen bei Temperaturen von über 1000°C in das Halbleitermaterial eindiffundieren.

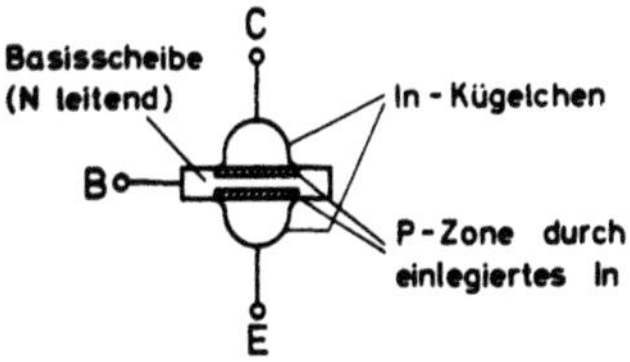

Fig. 98: Aufbau eines Legierungs-Transistors

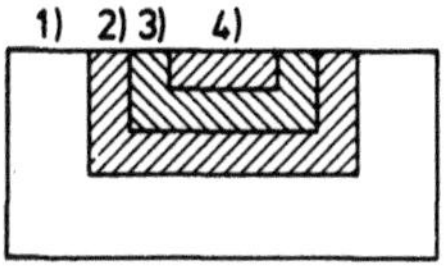

Fig. 99: Erzeugung einer Folge mehrerer Zonen im Halbleiter-Substrat durch Diffusionsverfahren

Eine Folge verschiedener Zonen erhält man durch aufeinanderfolgende Diffusionsprozesse mit jeweils abnehmender Eindringtiefe und unterschiedlicher Abdeckung des Substrats.

In Fig. 99 bedeutet 1) Substrat = Ausgangsmaterial,
2) Kollektorzone = erster Diffusionsschritt,
3) Basis-Zone = zweiter Diffusionsschritt,
4) Emitter-Zone = dritter Diffusionsschritt.

Nachdem wir uns bisher hauptsächlich mit den Spannungen am Transistor beschäftigt haben, müssen wir uns nun dem Strömen zuwenden. Wir hatten gesehen, daß ein nennenswerter Kollektorstrom I_C nur dann fließt, wenn die Emitter-Basis-Diode in Durchlaßrichtung gepolt ist, $I_C(U_{CE},U_{BE}) > I_{C\ Sperr}$, falls $U_{BE} > 0$, $U_{CE} > 0$.
Für die Ströme gilt allgemein (siehe Fig. 100):

(2.2) $$I_E = I_B + I_C \quad .$$

Die wichtigste Eigenschaft des Transistors ist nun, daß bei dünner Basiszone, $d < \lambda$, die meisten vom Emitter kommenden Elektronen zum Kollektor hin abfließen, d.h. $I_E \approx I_C$ bzw. $I_B \ll I_E$. Bei guten Transistoren ist $I_B/I_E < 10^{-2}$, d.h. weniger als 1% des Emitterstromes fließt zur Basis hin ab. Das Verhältnis I_B/I_E hängt außer von der Basisdicke d auch noch von der Dotierung der Basiszone ab: da die Emitter-Basisdiode in Durchlaßrichtung gepolt ist, fließen

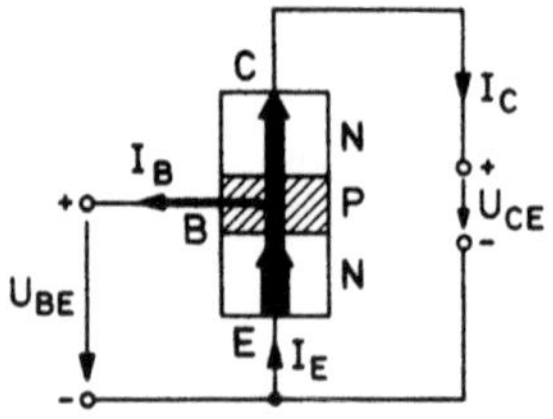

Fig. 100: Zur Stromverteilung in einem NPN-Transistor. Die eingezeichneten Strompfeile zeigen die Bewegung der negativen Ladungsträger an.

über den EB-Übergang außer den Elektronen auch noch Löcher. Dieser Löcherstrom muß ebenfalls von der U_{BE}-Spannungsquelle aufgebracht werden. Das Verhältnis I_B/I_E ist umso kleiner, je geringer dieser Löcherstrom ist, d.h. je geringer die Löcherkonzentration in der Basiszone ist. Dotierung und Dicke der Basiszone bestimmen daher das Verhältnis I_B/I_E.

2.1.2 Eingangsstromkreis (Emitterschaltung)

Da die Emitter-Basisstrecke eine in Durchlaßrichtung betriebene Diode darstellt, fließt stets ein Basisstrom $I_B > 0$, falls $U_{BE} > 0$. Der Zusammenhang $I_B = I_B(U_{BE})$ ist derselbe wie für eine in Durchlaßrichtung betriebene normale Diode, Glg. (1.160). Ist $U_{BE} \gg 26$ mV, dann gilt näherungsweise

$$(2.3) \qquad I_B = I_{BS}\, e^{U_{BE}/U_T} \quad .$$

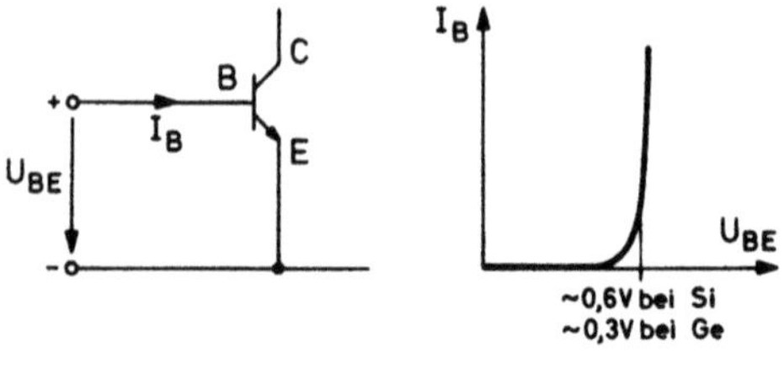

Fig. 101 a): Eingangsschaltung
b): Eingangsstrom I_B

Fig. 101 zeigt das Schaltbild eines NPN-Transistors, in dessen Basis infolge der angelegten Basis-Emitterspannung U_{BE} der Basisstrom $I_B = I_B(U_{BE})$ fließt. Der Pfeil an der Emitter-Elektrode gibt die in der Technik übliche Stromrichtung an, die der Elektronenbewegung entgegengerichtet ist (bei einem PNP-Transistor zeigt der Emitter-Pfeil in Richtung auf die Basis).

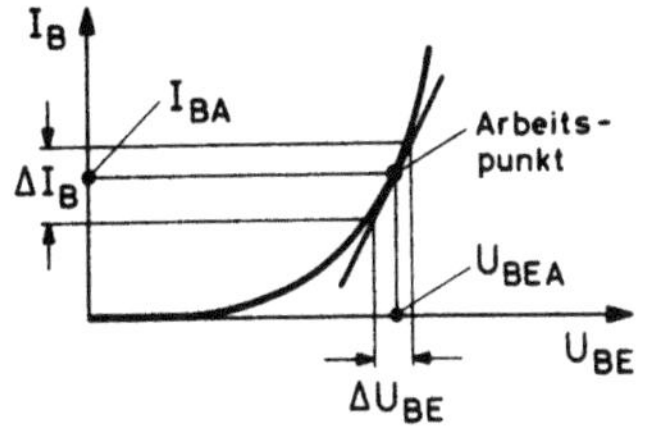

Fig. 102: Kleine Eingangsspannungsänderungen um den Arbeitspunkt bewirken proportionale Eingangsstromänderungen

Es besteht nach Glg.(2.3) ein nichtlinearer Zusammenhang zwischen der Eingangsspannung U_{BE} eines Transistors und seinem Eingangsstrom I_B. In der Praxis, namentlich bei Verstärkerschaltungen, treten oft "kleine" Spannungsänderungen ΔU_{BE} um einen fest eingestellten Spannungswert U_{BEA} (Arbeitspunkt) auf. Mit $\Delta U_{BE} \to 0$ kann man näherungsweise einen linearen Zusammenhang zwischen ΔU_{BE} und ΔI_B ansetzen: Man ersetzt entsprechend Fig. 102 die Kennlinie durch die Tangente im Arbeitspunkt. Der Kehrwert der Tangentensteigung ist

$$(2.4) \qquad \frac{\Delta U_{BE}}{\Delta I_B} = r_{BE} \, .$$

Diese Größe nennt man den <u>differentiellen Eingangswiderstand</u> des Transistors. Der differentielle Eingangswiderstand ist vom Arbeitspunkt, d.h. vom Basisstrom I_B abhängig, $r_{BE} = r_{BE}(I_B)$. Aus der Gleichung für die Kennlinie (2.3) erhält man durch Differentiation

$$(2.5) \qquad \frac{1}{r_{BE}} = \frac{dI_B}{dU_{BE}} = \frac{I_{BS}}{U_T} e^{U_{BE}/U_T} = \frac{I_B}{U_T} \, .$$

Es ist also $r_{BE} = U_T/I_B$. Es ist noch zu klären, was eine "kleine" Spannungsänderung ΔU_{BE} bedeutet.

Spannung und Strom im Arbeitspunkt seien U_{BEA} und I_{BA}. Wir verändern U_{BEA} um $\Delta U_{BE} \hat{=} U_E$, so daß $U_{BE} = U_{BEA} + U_E$. Für diese Spannung ist der Strom nach Glg. (2.3)

$$I_B = I_{BS}\exp((U_{BEA} + U_E)/U_T) = I_{BS}\exp(U_{BEA}/U_T)\exp(U_E/U_T)$$

(2.6)

$$= I_{BA}\exp(U_E/U_T) \ .$$

Den letzten Exponentialausdruck entwickelt man in eine Reihe

$$I_B = I_{BA}(1 + \frac{U_E}{U_T} + \frac{1}{2}\ (\frac{U_E}{U_T})^2 + \ldots)$$

und enthält nach Differentiation:

$$\frac{\Delta I_B}{\Delta U_E} \approx I_{BA}\ (\frac{1}{U_T} + \frac{U_E}{U_T^2}) = \frac{I_{BA}}{U_T}\ (1 + \frac{U_E}{U_T}) \ .$$

Nach Glg. (2.5) ist $U_T/I_{BA} = r_{BEA}$ der <u>differentielle Eingangswiderstand im Arbeitspunkt</u>, so daß für den differentiellen Einganswiderstand r_{BE} nach Glg. (2.4) mit $U_E \hat{=} \Delta U_{BE}$ gilt:

(2.7) $$\frac{\Delta I_B}{\Delta U_{BE}} = \frac{1}{r_{BE}} = \frac{1}{r_{BEA}}\ (1 + \frac{\Delta U_{BE}}{U_T}) \ .$$

Der lineare Zusammenhang

(2.8) $$\Delta I_B \approx \frac{\Delta U_{BE}}{r_{BEA}}$$

ergibt sich demnach, wenn $\Delta U_{BE}/U_T \ll 1$, also $\Delta U_{BE} \ll 26$ mV ist. Dann gilt $r_{BE} \approx r_{BEA}$.

Die Größenordnung des Eingangswiderstandes r_{BE} bei Kleinsignalverstärkung, wo man mit Basisströmen $10^{-7}A < I_B < 10^{-4}A$ arbeitet, ist wegen $r_{BE} \approx U_T/I_B$, $250\Omega < r_{BE} < 250k\Omega$.

Der Einfluß der Temperatur auf die Eingangskennlinie entspricht dem normalen Diodenverhalten (Ziff. 1.2.2). Bei konstantem Basisstrom I_B ändert sich die Basis-Emitter-Spannung U_{BE} mit der Temperatur gemäß

(2.9) $$\left.\frac{\partial U_{BE}}{\partial \vartheta}\right|_{I_B} \approx -2\ \frac{mV}{K} \ .$$

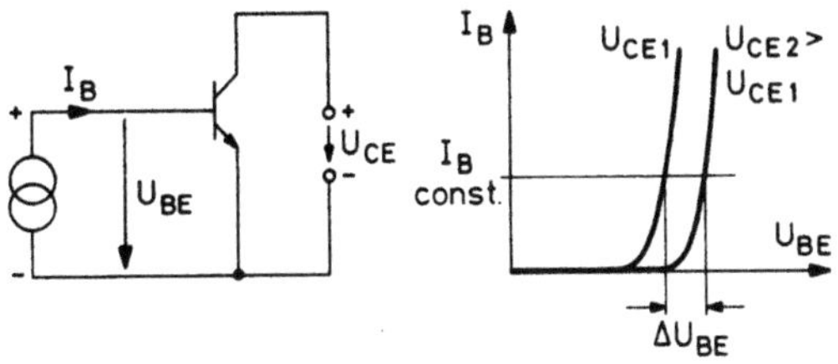

Fig. 103: Rückwirkung der Kollektorspannung auf die Eingangskennlinie

Neben der Temperaturdrift gibt es noch einen weiteren unerwünschten Einfluß auf die Basis-Emitterspannung: Wenn eine Kollektor-Emitter-Spannung U_{CE} an den Transistor gelegt wird, beobachtet man eine Rückwirkung von U_{CE} auf die Eingangskennlinie, siehe dazu Fig. 103. Die Beeinflussung der Eingangskennlinie durch die Spannung U_{CE} wird durch die Spannungsrückwirkung

$$(2.10) \qquad v_r = \left.\frac{\partial U_{BE}}{\partial U_{CE}}\right|_{I_B}$$

beschrieben. Es ist $v_r < 10^{-4}$, so daß diese Größe meist vernachlässigt werden kann. Bei exakter Schaltungsanalyse ist jedoch zu berücksichtigen, daß U_{BE} von I_B und U_{CE} abhängt: $U_{BE} = U_{BE}(I_B, U_{CE})$. Das totale Differential dieser Funktion beschreibt die Abhängigkeit der Eingangsspannungsänderung ΔU_{BE} von der Eingangsstrom- und Kollektorspannungsänderung:

$$(2.11) \qquad dU_{BE} = \left.\frac{\partial U_{BE}}{\partial I_B}\right|_{U_{CE}} \cdot dI_B + \left.\frac{\partial U_{BE}}{\partial U_{CE}}\right|_{I_B} \cdot dU_{CE} = r_{BE}\, dI_B + v_r\, dU_{CE} \ .$$

2.1.3 Ausgangsstromkreis (Emitterschaltung)

Die wichtigste Eigenschaft des Transistors ist die Steuerbarkeit des Kollektorstromes. Wir hatten bereits die Abhängigkeit $I_C = I_C(U_{BE})$ qualitativ untersucht. Es ist noch nachzutragen, daß die Funktion $I_C = I_C(U_{BE})$ bei U_{CE} = const, ebenso stark nichtlinear verläuft wie die Eingangskennlinie $I_B = I_B(U_{BE})$. Dagegen besteht eine in guter Näherung lineare Abhängigkeit des Kollektorstromes I_C vom Basisstrom I_B, nämlich $I_C = B\,I_B$. Wegen $I_B/I_E \ll 1$ und $I_E \approx I_C$ ist der Faktor $B = I_C/I_B \gg 1$. Die Größe B heißt Stromverstärkungsfaktor des Transistors. Er gibt an, um welchen Faktor der Ausgangsstrom I_C größer ist als der Eingangsstrom I_B. Die Stromverstärkungsfaktoren liegen meist im Bereich B = 20...200. Außer vom Basisstrom I_B hängt der Kollektorstrom I_C auch noch von der Kollektor-Emitter-Spannung ab, also $I_C = I_C(I_B, U_{CE})$.

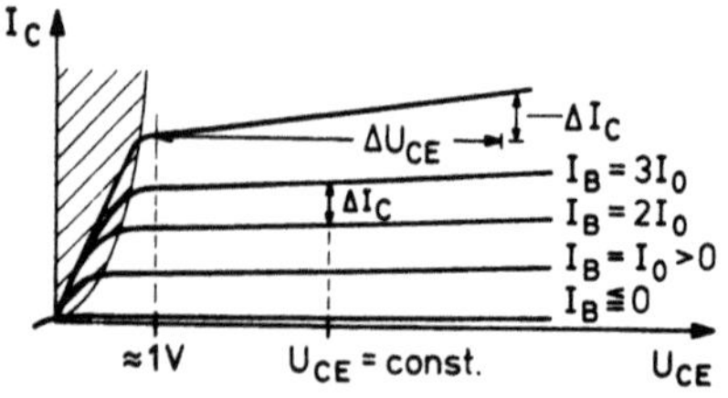

Fig. 104: Ausgangsstrom $I_C = I_C(I_B, U_{CE})$ eines NPN-Transistors

Durch diese zweifache Abhängigkeit wird das Ausgangskennlinienfeld eines Transistors beschrieben. Dabei wird $I_C = I_C(U_{CE})$ bei verschiedenen konstanten Basisströmen $I_B = I_o$, $2I_o$, $3I_o$, nI_o aufgetragen (Fig. 104). Ein solches Kennlinienfeld läßt sich in drei Arbeitsbereiche aufteilen:

1) Der Sperrbereich, gekennzeichnet durch $I_B \leq 0$; $U_{BE} \leq 0$ und $U_{CE} > 0$. Durch den Transistor fließt nur der Sperrstrom der Kollektor-Basis-Diode $I_{C\,Sperr} = 1...1000$ nA. In diesem Bereich ist der Transistor praktisch nichtleitend, d.h. gesperrt.

2) Der Sättigungsbereich, gekennzeichnet durch $I_B > 0$, $U_{BE} > 0$ und $U_{CE} < U_{BE}$. Bei konstantem Basisstrom $I_B = I_o > 0$ steigt mit wachsender Kollektorspannung U_{CE} der Kollektorstrom I_C von Null bis zu einem Sättigungswert an: Es werden immer mehr der vom Emitter ausgehenden Elektronen von der Kollektorspannung abgesaugt. Bei einer bestimmten Sättigungsspannung $U_{CE\,Sätt} > U_{BE}(I_B)$ werden fast alle Elektronen, die aufgrund der angelegten Eingangsspannung $U_{BE}(I_B) > 0$ in die Ba-

siszone eindiffundieren konnten, zum Kollektor hin abgeführt. Dieser Bereich heißt Sättigungsbereich des Transistors. Im Bereich $U_{CE} < U_{BE} < U_{CE\,Sätt} < 1\,V$ hängt der Kollektorstrom I_C stark von U_{CE} ab.

In zahlreichen technischen Anwendungen sind die Eigenschaften eines Transistors im Sperr- und Sättigungsbereich dann von Bedeutung, wenn man den Transistor als Schalter betreiben will. Der Schalterzustand "Aus" ist im Sperrbereich wegen $I_C \approx 0$ realisiert; der Schaltzustand "Ein" im Sättigungsgebiet, weil hier große Ströme bei kleinem Spannungsabfall ($U_{CE\,Sätt} < 1\,V$) fließen können.

3) Für den Verstärker-Betrieb ist der Bereich interessant, in dem I_C wesentlich von I_B und nur relativ wenig von U_{CE} abhängt. Dieser aktive Bereich ist gekennzeichnet durch $U_{BE} > 0$, $I_B > 0$ und $U_{CE} > U_{CE\,Sätt}$. Hier rufen kleine Basisstromänderungen ΔI_B (bei konstanter Kollektorspannung U_{CE}) große Stromänderungen ΔI_C hervor: $\Delta I_C \gg \Delta I_B$. Die stromsteuernde oder stromverstärkende Wirkung eines Transistors wird definiert durch die Kleinsignalstromverstärkung

(2.12) $$\beta = \left.\frac{\partial I_C}{\partial I_B}\right|_{U_{CE}} .$$

Es sind wie bei der Stromverstärkung Werte $20 < \beta < 200$ üblich. Im aktiven Bereich ist also die Kollektorstromänderung etwa 20 bis 200 mal größer als die steuernde Basisstromänderung

(2.13) $$\Delta I_C = \beta \cdot \Delta I_B .$$

Der Kleinsignalstromverstärkungsfaktor β ist keine Konstante, sondern selbst vom Kollektorstrom abhängig, $\beta = \beta(I_C)$.

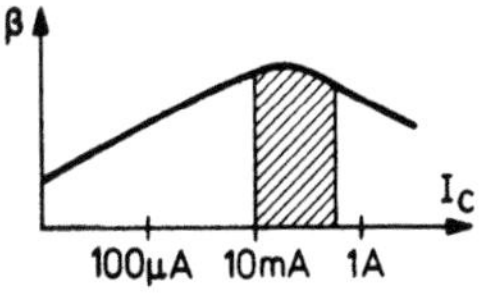

Fig. 105: Stromverstärkung β als Funktion des Kollektorstromes (Beachte die logarithmische Skala der Abszissenachse).

Der funktionale Zusammenhang durchläuft ein sehr flaches Maximum (Fig. 105): Jeder Transistortyp ist für ein bestimmtes Hauptanwendungsgebiet geschaffen, in dem seine Stromverstärkung ein flaches

Maximum durchläuft. Im Hauptanwendungsgebiet sind Gleichstromverstärkung B und Kleinsignalstromverstärkung β praktisch gleich: $B \approx \beta$.

Die Kleinsignalstromverstärkung hängt außer von I_C auch noch von der Frequenz ν der Eingangsspannungs- bzw. Eingangsstromänderung ab, $\beta = \beta(\nu)$. Diese Frequenzabhängigkeit ist bedingt durch endliche Ladungsträgerlaufzeiten in der Basiszone und durch konstruktive Einflüsse: Der PN-Übergang der Basis-Emitter-Diode stellt nämlich eine Kapazität C_{BE} dar. Diese Kapazität muß von einer Eingangswechselspannung über den Widerstand der Basisleitung r_{BB} (Basisbahnwiderstand) umgeladen werden.

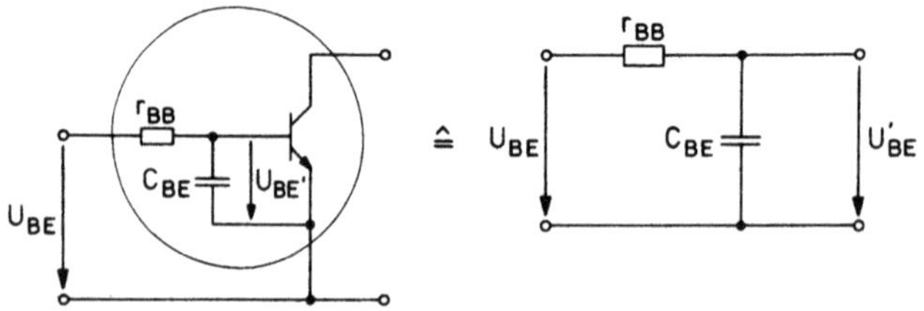

Fig. 106: Ersatzschaltbild des Eingangskreises einer Emitterstufe

<u>Eingangsseitig</u> ergibt sich daraus das in Fig. 106 dargestellte <u>Ersatzschaltbild</u>. Dabei ist U_{BE} die an den Transistor angelegte Steuerspannung und U'_{BE} die im Transistor wirksame Steuerspannung. Der Basisbahnwiderstand r_{BB} und die Sperrschichtkapazität stellen einen Tiefpaß (Ziff. 1.1.3.1) dar. Infolgedessen entspricht der Frequenzgang der Stromverstärkung $\beta = \beta(\nu)$ dem eines Tiefpasses. Der Betrag der Übertragungsfunktion

$$g(\nu) = \frac{U'_{BE}}{U_{BE}}$$

des Tiefpasses ist nach Glg.(1.42b) mit $2\pi\nu_g = 1/r_{BB}C_{BE}$

$$|g(\nu)| = \frac{1}{\sqrt{1 + (\nu/\nu_g)^2}} \quad .$$

Analog setzen wir für den Frequenzgang des Kleinsignalverstärkungsfaktors $\beta(\nu) = \beta(o) \cdot g(\nu) = \beta_o \cdot g(\nu)$ und erhalten

(2.14) $$|\beta(\nu)| = \frac{\beta_o}{\sqrt{1+(\nu/\nu_g)^2}} \; .$$

Mit $\beta_o = \beta(0)$: Gleichstromverstärkung

$\beta(\nu_g) = \frac{1}{\sqrt{2}}\,\beta_o$: Definition der <u>Grenzfrequenz</u> ν_g

$\beta(\nu_T) = 1$: Definition der <u>Transitfrequenz</u> ν_T

Die logarithmische Darstellung dieser Funktion zeigt Fig. 107.

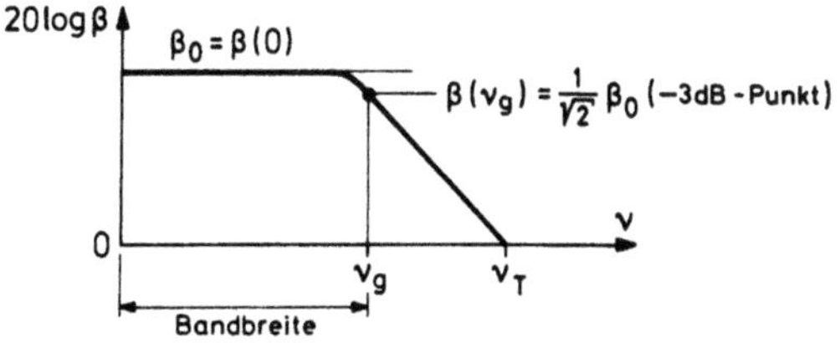

Fig. 107: Abhängigkeit der Stromverstärkung β von der Frequenz ν

Für $\nu \gg \nu_g$ gilt:

(2.15) $$\beta(\nu) = \beta_o \, \frac{\nu_g}{\nu} \; .$$

Daraus folgt, weil in der Regel $\beta_o \gg 1$ und damit $\nu_T \gg \nu_g$

(2.16) $$\beta(\nu_T) = 1 \approx \beta_o \, \frac{\nu_g}{\nu_T} \; ,$$

also

(2.17) $$\nu_T = \beta_o \cdot \nu_g \; ,$$

das Produkt aus der Bandbreite ν_g und der Gleichstromverstärkung $\beta_o = \beta(0)$ ist gleich der Transitfrequenz. Für $\beta(\nu)$ gilt dann ferner für $\nu \gg \nu_g$ nach Glg.(2.15)

(2.18) $$\beta(\nu) = \frac{\beta_o \nu_g}{\nu} = \frac{\nu_T}{\nu} \; ,$$

also $\beta(\nu)\cdot\nu = \nu_T$, d.h. für $\nu \gg \nu_g$ ist das Produkt aus Stromverstärkung $\beta(\nu)$ und Frequenz ν konstant und gleich der Transitfrequenz ν_T.

Das dynamische Verhalten eines Verstärker-Transistors wird in Datenbüchern durch die Größen $\beta_o = \beta(0)$ und die Transitfrequenz ν_T beschrieben. Typische Werte $\beta_o \approx 100$ und $\nu_T = 1\,\text{MHz} \ldots 1\,\text{GHz}$ (beachte $\beta(\nu_T) = 1$).

Neben der Stromverstärkung β bzw. B wird die Ausgangsseite eines Transistors durch den Ausgangswiderstand charakterisiert. Bei einem idealen Transistor sollte I_C im aktiven Bereich unabhängig von U_{CE} sein, weil oberhalb der Sättigungsspannung $U_{CE\,Sätt}$ alle vom Emitter unter dem Einfluß von U_{BE} in die Basiszone eindiffundierten Elektronen zum Kollektor hin abfließen sollten. Wegen $I_C = I_C(I_B)$ sollte ein idealer Transistor einen eingeprägten, d.h. nur von I_B abhängenden Strom abgeben. Er sollte sich also wie eine Konstantstromquelle (Fig. 13) verhalten.

Bei einem realen Transistor steigt jedoch, wie die Kennlinien zeigen (Fig. 104), I_C mit wachsender Kollektor-Emitterspannung an. Die Änderung des Kollektorstromes ΔI_C als Funktion der Änderung der Kollektor-Emitterspannung ΔU_{CE} definiert den Ausgangswiderstand

$$(2.19) \qquad r_{CE} = \left.\frac{\partial U_{CE}}{\partial I_C}\right|_{I_B} .$$

Diese Größe entnimmt man dem Ausgangskennlinienfeld als Kehrwert der Steigung einer Kennlinie. Fig. 108 enthält das Ersatzschaltbild des Kollektorausgangs als eine Konstantstromquelle mit endlichem Innenwiderstand r_{CE}.

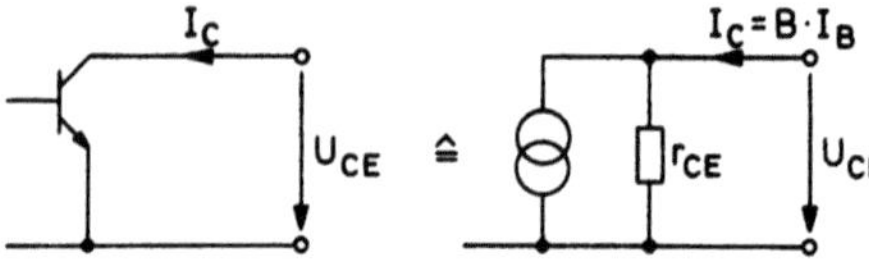

Fig. 108: Ausgangskreis einer Emitter-Schaltung als Stromquelle mit Innenwiderstand r_{CE}

Der Ausgangsstrom I_C eines realen Transistors hängt also von zwei Parametern ab

$$I_C = I_C(I_B, U_{CE}) \;.$$

Das totale Differential dieser Funktion beschreibt die Abhängigkeit der Kollektorstromänderung dI_C von der Basisstromänderung dI_B und der Kollektorspannungsänderung dU_{CE}

$$dI_C = \left.\frac{\partial I_C}{\partial I_B}\right|_{U_{CE}} \cdot dI_B + \left.\frac{\partial I_C}{\partial U_{CE}}\right|_{I_B} \cdot dU_{CE} = \beta dI_B + \frac{1}{r_{CE}}\, dU_{CE} \;. \tag{2.20}$$

Diese Gleichung zusammen mit dem totalen Differential der Funktion $U_{BE} = U_{BE}(I_B, U_{CE})$ bilden das Gleichungssystem

$$\begin{aligned} dU_{BE} &= r_{BE} \cdot dI_B + v_r\, dU_{CE} \\ dI_C &= \beta \cdot dI_B + \frac{1}{r_{CE}}\, dU_{CE} \;. \end{aligned} \tag{2.21}$$

In Matrizenschreibweise

$$\begin{pmatrix} dU_{BE} \\ dI_C \end{pmatrix} = \begin{pmatrix} r_{BE} & v_r \\ \beta & \frac{1}{r_{CE}} \end{pmatrix} \begin{pmatrix} dI_B \\ dU_{CE} \end{pmatrix} . \tag{2.22}$$

Die Koeffizienten-Matrix wird wegen der unterschiedlichen (hybriden) Dimension der Koeffizienten $\underline{H}$-Matrix genannt, wobei

$$\left\{ \begin{aligned} r_{BE} &= h_{11} & v_r &= h_{12} \\ \beta &= h_{21} & \frac{1}{r_{CE}} &= h_{22} \end{aligned} \right. \tag{2.23}$$

gesetzt wird. Man kann einen Transistor demnach als einen Vierpol betrachten, wobei eine Transistor-Elektrode dem Eingang und Ausgang des Vierpols gemeinsam ist (Fig. 109). Je nachdem welche Elektrode auf dem gemeinsamen Bezugspotential liegt, unterscheidet man zwischen Emitter-, Basis- und Kollektor-Schaltung. Die aktive Übertragung (= Verstärkung) der Eingangsgrößen U_{BE} und I_B durch den Transistor läßt sich mittels der $\underline{H}$-Matrix nach den Gesetzen der Vierpoltheorie berechnen.

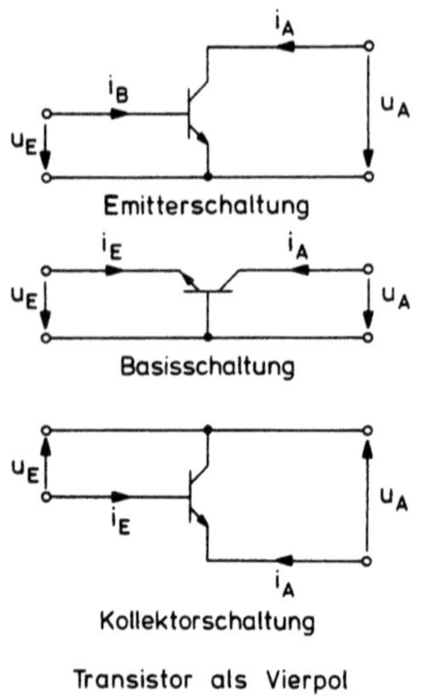

Fig. 109: Transistor als Vierpol (Grundschaltungen).

2.1.4 Grenzwerte

Wenn man einen Transistor in einer Schaltung einsetzt, muß man seine Leistungsfähigkeit und seine Grenzdaten kennen. Folgende Grenzwerte sind zu beachten:

1) Grenzwerte auf der Eingangsseite:

a) der maximale Basisstrom I_{Bmax}

b) die maximale Basis-Emitter-Sperrspannung U_{BEO}.

U_{BEO} ist die kleinste der an den PN-Übergängen eines Transistors auftretenden Sperrspannungen. Sie beträgt meist 5 bis 6 Volt.

2) Das Ausgangskennlinienfeld wird durch vier Grenzwerte eingeengt (Fig. 110).

a) Der maximale Kollektor-Strom I_{Cmax} ist bedingt durch die begrenzte Strombelastbarkeit der Kontaktierung der Stromzuführungen zum Halbleiter-Kristall. Wertebereich $0{,}1\ A < I_{Cmax} < 25\ A$.

b) Im Transistor wird die Verlustleistung $P_v = I_C \cdot U_{CE} + I_B \cdot U_{BE} \approx I_C \cdot U_{CE}$ in Wärme umgesetzt. Dies führt dazu, daß die Grenzschichten (Junktion) eine erhöhte Temperatur ϑ_j gegenüber dem Transistorgehäuse ϑ_g aufweisen. Es ist

$$\vartheta_j = \vartheta_g + \vartheta_ü \text{ mit } \vartheta_ü = R_{th} \cdot P_v \ .$$

Dabei ist R_{th} der thermische Widerstand zwischen Grenzschicht und Gehäuse und beträgt bei großflächigen Leistungstransistoren etwa $1°C/W$.

Die maximale Grenzschichttemperatur für Ge-Transistoren liegt bei $\vartheta_{jmax} = 90°C$ und für Si-Transistoren $\vartheta_{jmax} \approx 175°C$.

Die maximale elektrische Verlustleistung ist durch die maximale Grenzschichttemperatur bedingt und daher von der Gehäusetemperatur abhängig

$$(2.24) \quad P_{vmax}(\vartheta_g) = \frac{\vartheta_{jmax} - \vartheta_g}{R_{th}} \ .$$

Die in Datenblättern angegebene maximale zulässige Verlustleistung gilt nur für Gehäusetemperaturen von $\vartheta_g \leq 25°C$. Für beliebige Gehäusetemperaturen läßt sich unter der Annahme $\vartheta_{jmax} = 175°C$ die zulässige maximale Verlustleistung $P_{vmax}(\vartheta_g)$ nach obiger Formel berechnen oder einer Lastminderungskurve entnehmen (Fig. 111):

$$P_{vmax}(\vartheta_g) = \frac{175°C - \vartheta_g}{R_{th}} = P_{vmax}(25°) \frac{175°C - \vartheta_g}{150°C} \ .$$

Es gibt Transistoren für Verlustleistungen im Bereich

$$0,2 W < P_{vmax}(25°C) < 150 W \ .$$

Die Kurve $P_{vmax} = U_{CE} I_C$ heißt Verlustleistungshyperbel.

c) Die Kollektor-Emitter-Spannung U_{CE} ist durch die <u>Durchbruchspannung</u> der in Sperrichtung betriebenen Basis-Kollektor-Diode begrenzt. Die Größe dieser Durchbruchspannung ist bei einem Transistor von der Größe des äußeren Widerstandes R_{BE} abhängig, der zwischen seinem Emitter- und Basisanschluß liegt, $U_{CEmax} = U_{CE}(R_{BE})$.

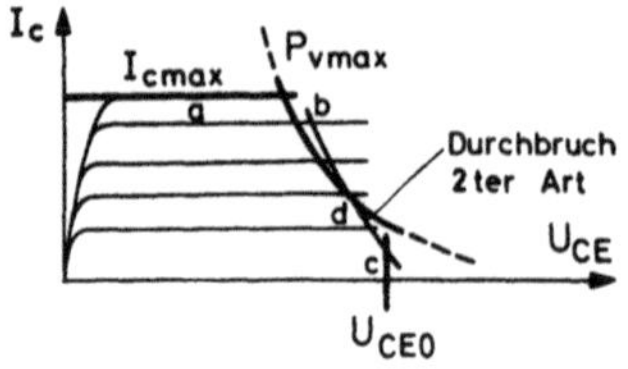

Fig. 110: Begrenzung des Kennlinienfeldes durch Transistor-Grenzdaten

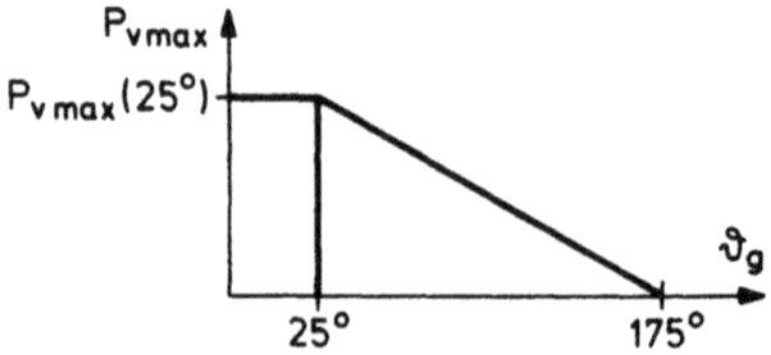

Fig. 111: Maximal zulässige Verlustleistung eines Transistors als Funktion der Gehäusetemperatur

Man unterscheidet folgende Durchbruchspannungen

α) bei $R_{BE} = \infty$ (offene Basis): U_{CEO}

β) bei $0 < R_{BE} < \infty$ (endlicher Widerstand): U_{CER}

γ) bei $R_B = 0$ (shorted Basis): U_{CES}

δ) bei $-U_{BE} = U_X$ (in Sperrichtung betriebene Basis-Emitterstrecke): U_{CEX}

Es ist dabei

$$U_{CEO} < U_{CER} < U_{CES} < U_{CEX} \,.$$

Angegeben und in das Kennlinienfeld eingetragen wird der kleinste Wert U_{CEO}. Es gibt Transistoren mit Durchbruchspannungen im Bereich $10\,V < U_{CEO} < 2000\,V$.

d) Eine weitere Begrenzung des Kennlinienfeldes ist durch den Durchbruch 2. Art gegeben:

Bei hohen Kollektor-Emitter-Spannungen kommt es infolge einer unvermeidlichen inhomogenen Stromverteilung in der Kollektor-Zone zu lokalen Überhitzungen (hot-spots). Um eine Zerstörung des Transistors durch solche Effekte zu vermeiden, muß man bei hohen Kollektor-Spannungen den Transistor mit geringeren Strömen be-

Wenn im Transistor Verlustleistung umgesetzt wird, erwärmt sich auch das Transistorgehäuse gegenüber der umgebenden Luft,

$$\vartheta_g = \vartheta_{Luft} + \vartheta_ü, \text{ mit } \vartheta_ü = R'_{th} \cdot P_v .$$

Dabei definiert R'_{th} den Wärmewiderstand Gehäuse - Luft. Er liegt bei einigen $10^oC/W$, so daß Leistungstransistoren ihre volle Leistung nur bei Kühlung durch großflächige Kühlkörper oder bei Wasserkühlung abgeben können.

2.2 Transistor-Grundschaltungen

2.2.1 Emitter-Schaltung

2.2.1.1 Arbeitspunkt

Die wichtigste der in Fig. 109 dargestellten Grundschaltungen ist die Emitterschaltung. Wir wollen einen Transistor in Emitterschaltung als Verstärker betreiben, der kleine Basisspannungsänderungen ΔU_{BE} in wesentlich größere Kollektorspannungsänderungen ΔU_{CE} umformt. Zu diesem Zweck erweitern wir die Emitterschaltung zu einer vollständigen Schaltung gemäß Fig. 112. Über den Widerstand R_B, der an der Versorgungsspannung U_V liegt, speisen wir einen konstanten Basisstrom I_{BA} in die Basis ein. Eingangsseitig bedeutet das: wir haben einen bestimmten Punkt (U_{BEA}, I_{BA}) der Eingangskennlinie festgelegt, den wir Arbeitspunkt nennen (Fig. 113). Die Größe der Ausgangsspannung $U_{CEA} = U_{CE}(I_{BA})$, die sich als Funktion des Basisstroms einstellt, entnehmen wir dem Ausgangskennlinienfeld. Der Kollektor des NPN-Transistors ist über den Widerstand R_C mit der Versorgungsspannung U_V verbunden. Die Kollektorspannung U_{CE} ist um den Spannungsabfall U_{RC} kleiner als die Versorgungsspannung U_V,

$U_{CE} = U_V - U_{RC} = U_V - R_C I_C$. Diesen linearen Zusammenhang zwischen U_{CE} und I_C tragen wir als Widerstandsgerade in das Ausgangskennlinienfeld des Transistors ein. Die Widerstandsgerade ist leicht zu konstruieren: Bei gegebener Versorgungsspannung U_V beträgt der maximale Kollektorstrom im Kurzschlußfall

$$(2.25) \qquad I_C(U_{CE} = 0) = \frac{U_V}{R_C} = I_{C\,max} \,.$$

Bei gesperrtem Transistor ($I_C = 0$) beträgt die Kollektorspannung $U_{CE}(I_C = 0) = U_V$. Durch die Punkte $(0, I_{C\,max})$ und $(U_V, 0)$ ist die Widerstandsgerade festgelegt (Fig. 113). Der Schnittpunkt einer Transistor-Kennlinie $I_C = I_C(I_B, U_{CE})$ mit der Widerstandsgeraden ergibt die Kollektorspannung $U_{CE} = U_{CE}(I_B)$, die bei einem Basisstrom I_B am Kollektor anliegt. Mit dem zuvor festgelegten Basisstrom I_{BA} ist auch die Ausgangskennlinie $I_C = I_C(I_{BA}, U_{CE})$ festgelegt. Der Schnittpunkt dieser Kennlinie mit der Widerstandsgeraden ergibt die Ausgangsspannung $U_{CEA} = U_{CE}(I_{BA})$ und den Ausgangsstrom I_{CA}. Damit ist der ausgangsseitige Arbeitspunkt (U_{CEA}, I_{CA}) festgelegt.

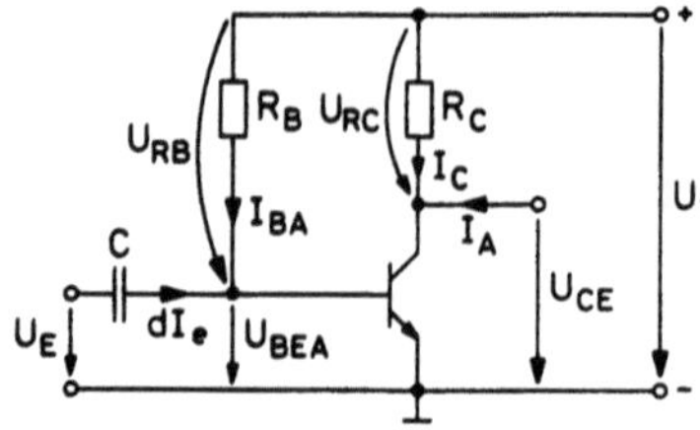

Fig. 112: Spannungsverstärker in Emitter-Schaltung

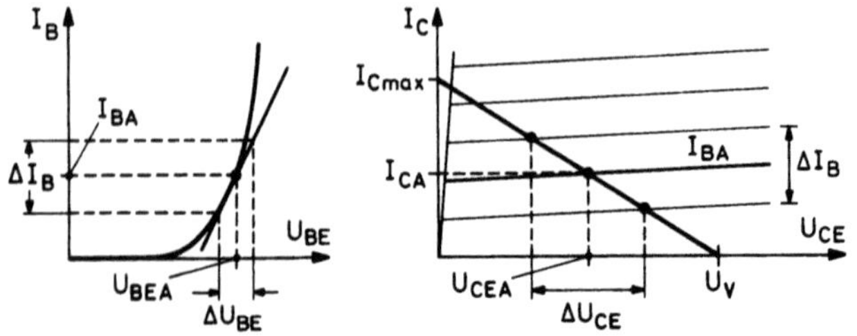

Fig. 113: Darstellung von Arbeitspunkt und Spannungsverstärkung

Zur Dimensionierung der Widerstände R_C und R_B setzen wir die Größen U_V, U_{CEA} und I_{CA} fest. Weil

(2.26) $$U_{CEA} = U_V - R_C I_{CA} ,$$

so folgt für den Arbeitswiderstand

(2.27) $$R_C = \frac{U_V - U_{CEA}}{I_{CA}} .$$

Für den Basisstrom gilt $I_{BA} = \frac{I_{CA}}{B}$ (vgl. Ziff. 2.1.3). Aus Fig. 112 lesen wir ab

(2.28) $$I_{BA} = \frac{U_{RB}}{R_B} = \frac{U_V - U_{BEA}}{R_B} ,$$

und damit folgt für den Vorwiderstand

(2.29) $$R_B \approx \frac{U_V - 0{,}7\,V}{I_{CA}} B .$$

2.2.1.2 Spannungsverstärkung

Wird der fest eingestellten Basisspannung U_{BEA} eine Wechselspannung der Amplitude U_{EO} überlagert, die über den Koppelkondensator C eingespeist wird, so ändert sich die Basisspannung U_{BEA} um $\Delta U_{BE} = \pm U_{EO}$. Für kleine Spannungsänderungen kann näherungsweise ein linearer Zusammenhang zwischen ΔU_{BE} und der resultierenden Basisstromänderung ΔI_B angesetzt werden (Glg.(2.8)),

$$\Delta I_B = \frac{\Delta U_{BE}}{r_{BEA}} .$$

Dabei ist r_{BEA} der differentielle Eingangswiderstand des Transistors im Arbeitspunkt (Fig. 113 und Ziff. 2.1.2). Der differentielle Eingangswiderstand r_E des Verstärkers ist definiert durch

(2.30) $$r_E = \frac{dU_E}{dI_e} .$$

Die Eingangsstromänderung dI_e teilt sich in die Basisstromänderung dI_B und die Stromänderung dI_R durch den Widerstand R_B auf. Wegen $dI_e = dI_{BA} + dI_R$ und

$$\frac{dI_{BA}}{dU_E} = \frac{1}{r_{BEA}} , \quad \frac{dI_R}{dU_E} = \frac{1}{R_B}$$

folgt

$$(2.31)\quad \frac{1}{r_E} = \frac{dI_e}{dU_E} = \frac{1}{r_{BEA}} + \frac{1}{R_B} .$$

Der Eingangswiderstand r_E ist also durch die Parallelschaltung von r_{BEA} und R_B gegeben, $r_E = r_{BEA} \parallel R_B$. Infolge der Basisstromänderung dI_B ändert sich der Kollektorstrom nach Glg.(2.13) um $dI_C = \beta dI_B$. Im Ausgangskennlinienfeld bedeutet dies, daß man von der Arbeitskennlinie $I_C = I_C(I_{BA}, U_{CE})$ zu benachbarten Kennlinien mit Parametern im Bereich ΔI_B übergeht. Aus deren Schnittpunkten mit der Widerstandsgeraden ergibt sich die Kollektorspannungsänderung ΔU_{CE} als Funktion der Eingangsspannungsänderung zu $\Delta U_{BE} = r_{BEA} \cdot \Delta I_B$.

Zur quantitativen Bestimmung der Spannungsverstärkung gehen wir von $U_{CE} = U_V - R_C I_C$ aus. Die Kollektorstromänderung ΔI_C ruft Kollektorspannungsänderungen ΔU_{CE} hervor, gemäß $\Delta U_{CE} = -R_C \cdot \Delta I_C$. Nun ist $\Delta I_C = \beta \Delta I_B$ und $\Delta I_B = \Delta U_{BE}/r_{BEA}$. Folglich gilt

$$(2.32)\quad \Delta U_{CE} = - \frac{R_C \cdot \beta}{r_{BEA}} \Delta U_{BE} .$$

Das Verhältnis

$$(2.33)\quad \frac{\text{Ausgangsspannungsänderung}}{\text{Eingangsspannungsänderung}} = \frac{\Delta U_{CE}}{\Delta U_{BE}} = v_u$$

heißt Spannungsverstärkung. Sie beträgt für die Emitterschaltung nach Glg.(2.32)

$$(2.34)\quad v_u = - \frac{R_C \, \beta}{r_{BEA}} .$$

Das Minuszeichen bedeutet eine Phasendrehung von 180° zwischen Eingangs- und Ausgangsspannung. Mit steigender Eingangsspannung steigt der Eingangsstrom und proportional dazu der Kollektorstrom. Damit vergrößert sich der Spannungsabfall $R_C I_C$ an R_C, so daß die Ausgangsspannung fällt. Die Größe der Verstärkung ergibt sich aus der Abschätzung $r_{BE} \approx r_{BEA}$ (vgl. Glg.(2.7)) zu

$$(2.35)\quad |v_u| = \frac{R_C \beta}{r_{BE}} .$$

Nach Glg.(2.5) ist $r_{BE} = U_T/I_B$, und der Stromverstärkungsfaktor B ist nach Ziff. 2.1.3 durch $I_B = I_C/B \approx I_C/\beta$ definiert. Aus beiden Beziehungen folgt für die Spannungsverstärkung

$$(2.36)\quad |v_u| \approx \frac{R_C I_C}{U_T} = \frac{U_V - U_{CE}}{U_T} = \frac{U_{RC}}{U_T} .$$

Mit $U_{RC} = 5$ V und $U_T \approx 25$ mV ergibt sich größenordnungsmäßig

$$|v_u| \approx \frac{5V}{25mV} = 200 \ .$$

Der <u>Ausgangswiderstand r_A der Verstärkerschaltung</u> ist durch

(2.37) $$r_A = \frac{\text{Ausgangsspannungsänderung}}{\text{Ausgangsstromänderung}} = \frac{dU_A}{dI_A} = \frac{dU_{CE}}{dI_A}$$

definiert. Dabei ist dI_A eine Ausgangsstromänderung, hervorgerufen durch eine Last parallel zu $U_A = U_{CE}$. Diese Ausgangsstromänderung dI_A teilt sich in eine Kollektorstromänderung dI_C und eine Änderung des Stromes durch den Widerstand R_C auf, $dI_R = dI_C + dI_A$. Wegen

$$\frac{dI_C}{dU_{CE}} = \frac{1}{r_{CE}} \quad \text{und} \quad -\frac{dI_R}{dU_{CE}} = \frac{dI_R}{dU_{RC}} = \frac{1}{R_C}$$

folgt

(2.38) $$-\frac{1}{r_A} = \frac{1}{r_{CE}} + \frac{1}{R_C} \ .$$

D.h. der Ausgangswiderstand r_A ist gleich dem Widerstand der Parallelschaltung der Widerstände r_{CE} und R_C, $r_A = r_{CE} \| R_C$. Meist ist jedoch $r_{CE} \gg R_C$, so daß $r_A \approx R_C$ gesetzt werden kann.

Bei der Berechnung der Spannungsverstärkung v_u haben wir stillschweigend den Fall $r_{CE} \gg R_C$ - was i.a. zutrifft - vorausgesetzt. Unter Berücksichtigung des endlichen Transistor-Ausgangswiderstandes r_{CE} lautet die genauere Formel für die Spannungsverstärkung

(2.39) $$v_u = -\beta \frac{R_C \| r_{CE}}{r_{BE}} \ .$$

<u>2.2.1.3 Nichtlinearität</u>

Wegen der Nichtlinearität der Eingangskennlinien dürfen nur kleine Eingangsspannungsänderungen ΔU_{BE} um den Arbeitspunkt U_{BEA} zugelassen werden, wenn starke <u>Verzerrungen</u> des Ausgangssignals gegenüber dem Eingangssignal vermieden werden sollen. Bei großen Eingangsspannungen ist eine lineare Beziehung der Form $\Delta I_B = \Delta U_{BE}/r_{BE}$ nicht mehr gegeben. Der Zusammenhang zwischen dem Eingangsstrom ΔI_B und der Eingangsspannung $U_E = \Delta U_{BE}$ muß der Eingangskennlinie (Fig. 102) entnommen werden. Entsprechend den Darlegungen im Anschluß an Glg. (2.4) gilt $I_B = I_{BA} \exp\,(U_E/U_T)$ und nach Glg. (2.7)

$$\frac{1}{r_{BE}} = \frac{\Delta I_B}{\Delta U_E} = \frac{1}{r_{BEA}} \left(1 + \frac{U_E}{U_T}\right) .$$

Wegen $\Delta U_{CE} = -\ R_C \Delta I_C = -\ R_C \beta \Delta I_B$ folgt für die Spannungsverstärkung

$$(2.40) \qquad v_u = \frac{\Delta U_{CE}}{\Delta U_E} = -\frac{\beta R_C}{r_{BEA}}\left(1 + \frac{U_E}{U_T}\right) = v_{uA}\left(1 + \frac{U_E}{U_T}\right) .$$

D.h. die Spannungsverstärkung ist nur dann konstant $v_u = v_{uA}$ und unabhängig von der Eingangsspannung U_E, falls $U_E \ll U_T = 25\,\mathrm{mV}$ ist. Nur solche Eingangsspannungen U_E werden ohne nennenswerte Verzerrungen, d.h. linear gemäß $\Delta U_A = v_{uA}\ U_E$ verstärkt. Die Abweichung von der Linearität wird in erster Näherung durch den Ausdruck

$$\Delta v_u = v_{uA} \cdot \frac{U_E}{U_T}$$

beschrieben. Soll z.B. die Abweichung der Verstärkung von der Linearität kleiner als 5% sein, so heißt dies

$$\frac{\Delta v_u}{v_{uA}} = \frac{U_E}{U_T} < 5 \cdot 10^{-2} .$$

Daraus folgt für die zulässige Eingangsspannungsänderung

$$U_E < 5 \cdot 10^{-2} \cdot U_T = 1{,}3\ \mathrm{mV} .$$

Mit dieser Schaltung können also nur relativ kleine Eingangsspannungen verzerrungsfrei verstärkt werden. Daher ist die Emitterschaltung in dieser einfachen Form als Verstärker praktisch nicht verwendbar.

Ein weiterer Mangel dieses Verstärkers ist, daß die Spannungsverstärkung direkt von den Transistorparametern β und r_{BE} abhängt. Beide Parameter sind temperatur- und exemplarabhängig, so daß sich die Verstärkung mit der Temperatur und bei Transistoraustausch ändert. Noch störender ist wegen der Temperaturdrift der Basis-Emitterspannung von $\Delta U_{BE} \approx -\ 2\,\mathrm{mV/K}$ (Glg.(2.9)) die Instabilität des Arbeitspunktes.

2.2.2 Spannungsgegenkopplung

Zur Verbesserung der Verstärkereigenschaften hat man Schaltungen entwickelt, bei denen Verstärkung und Stabilität weniger von den Transistorkenngrößen als vielmehr nur von der äußeren Beschaltung des Transistors abhängen. Diese Schaltungsverbesserung wird dadurch erreicht, daß ein Teil der Ausgangsspannung des Verstärkers gegenphasig zur Eingangsspannung auf den Verstärkereingang zurückgeführt wird.

Wir untersuchen die Vorteile solcher Gegenkopplungen zunächst hinsichtlich der Stabilität des Arbeitspunktes. Als erstes betrachten wir eine Emitterschaltung ohne Gegenkopplung, bei der die Eingangsspannung im Arbeitspunkt U_{BEA} mittels eines Spannungsteilers aus der Versorgungsspannung U_V gewonnen wird (Fig. 114). Es ist

$$(2.41) \qquad U_{BEA} = U_V \frac{R_1}{R_1 + R_2} .$$

Jede Änderung der Basis-Emitterspannung ΔU_{BE} - sei es durch Temperaturdrift oder durch Schwankungen der Versorgungsspannung U_V - wirkt sich verstärkt um den Faktor $v_{uA} \approx 100...200$ auf die Ausgangsspannung U_{CE} aus, weil nach Glg.(2.33)

$$(2.42) \qquad \Delta U_{CE} = v_{uA} \, \Delta U_{BE} .$$

Das bedeutet, daß die Arbeitspunkteinstellung mittels des Spannungsteilers sehr kritisch ist, die Stabilität ist gering.

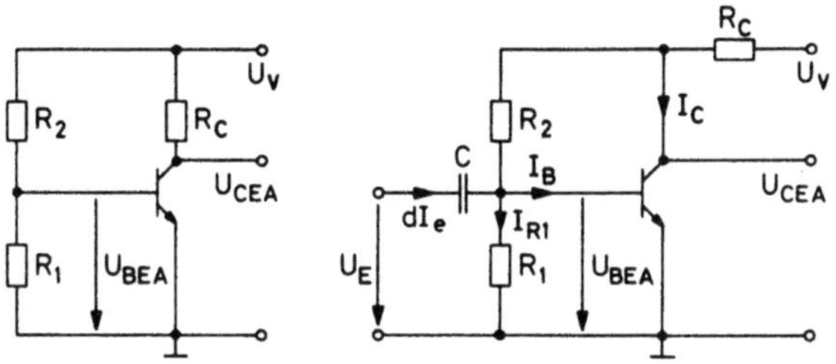

Fig. 114: Einstellung des Arbeitspunktes ohne (links) und mit (rechts) Spannungsgegenkopplung

Nun wollen wir die Spannung U_{BEA} durch eine Spannungsrückführung bzw. Spannungsgegenkopplung aus der Ausgangsspannung U_{CE} erzeugen (Fig. 114, rechte Figur). Hier gilt

$$(2.43) \qquad U_{BEA} = U_{CEA} \frac{R_1}{R_1 + R_2} .$$

Daraus folgt

$$(2.44)\qquad \frac{\Delta U_{CEA}}{\Delta U_{BEA}} = v_D = (1 + \frac{R_2}{R_1}) \ .$$

Durch geeignete Wahl des Widerstandsverhältnisses R_2/R_1 kann man also erreichen, daß die Driftverstärkung v_D viel kleiner als die Spannungsverstärkung v_u ohne Gegenkopplung ist,

$$(2.45)\qquad v_D = 1 + \frac{R_2}{R_1} \ll v_u \approx 100...200 \ .$$

So kann die Ausgangsspannungsänderung $\Delta U_{CEA} = v_D\ \Delta U_{BEA}$ als Folge einer Eingangsspannungsdrift ΔU_{BEA} durch die Spannungsgegenkopplung auf ein vertretbares Maß reduziert werden. Dazu ein Dimensionierungsbeispiel. Es sei $I_{CA} = 1\ mA$, $U_{CEA} = 2\ V$, $U_V = 12\ V$. Dann ist

$$R_C = \frac{U_V - U_{CEA}}{I_{CA}} = \frac{12\ V - 2\ V}{1\ mA} = 10\ k\Omega \ .$$

Es sei die Stromverstärkung $B = 100$. Dann ist $I_{BA} = I_{CA}/B = 1\ mA/100 = 10\mu A$ Der Strom durch den Spannungsteiler I_{R1} soll groß gegen den entnommenen Strom I_B sein, $I_{R1} \gg I_B$. Wir wählen $I_{R1} = 100\ \mu A$. Unter der Annahme $U_{BEA} \approx 0{,}6\ V$ folgt

$$R_1 = \frac{U_{BEA}}{I_{R1}} = \frac{0{,}6\ V}{10^{-4} A} = 6\ k\Omega \ .$$

Durch R_2 fließt der Strom $I_{R2} = I_{BA} + I_{R1} = 10\ \mu A + 100\ \mu A = 110\ \mu A$. Der Spannungsabfall an R_2 ist

$$U_{R2} = U_{CEA} - U_{BEA} = 2\ V - 0{,}6\ V = 1{,}4\ V \ .$$

Also
$$R_2 = \frac{U_{R2}}{I_{R2}} = \frac{1{,}4\ V}{110\ \mu A} \approx 13\ k\Omega \ .$$

Daraus folgt für die Driftverstärkung

$$v_D = 1 + \frac{R_2}{R_1} = 1 + \frac{13\ k\Omega}{6\ k\Omega} \approx 3 \ .$$

Der so eingestellte Arbeitspunkt ist sehr stabil bezüglich Drift und Exemplarstreuung. Würden wir z.B. einen Transistor mit $U_{BEA}(I_{BA}) = 0{,}7\ V$ (statt 0,6 V) einsetzen, so würde sich die Ausgangsspannung von 2 V um $\Delta U_{CE} = v_D \cdot \Delta U_{BE} = 3 \cdot 0{,}1\ V$ auf 2,3 V ändern.- Wie sieht es nun mit der Spannungsverstärkung dieser Schaltung aus, wenn wir etwa über den Koppelkondensator C eine Wechselspannung einspeisen? Zur Beantwortung dieser Frage berechnen wir zunächst den Eingangswiderstand

(2.46) $$r'_E = \frac{dU_E}{dI_e}$$

dieser Schaltung, wobei $dU_E = dU_{BE}$. Die Eingangsstromänderung dI_e teilt sich in Stromänderungen durch die Widerstände R_1 und R_2 und in eine Basisstromänderung auf, $dI_e = dI_{R1} + dI_{R2} + dI_{BA}$. Es ist

$$\frac{dI_{R1}}{dU_E} = \frac{1}{R_1}\,, \quad \frac{dI_{BA}}{dU_E} = \frac{1}{r_{BEA}}\,.$$

Wegen

$$I_{R2} = \frac{U_{CE} - U_{BE}}{R_2}$$

gilt

$$\frac{dI_{R2}}{dU_E} = \frac{dU_{CE}}{dU_E} \cdot \frac{1}{R_2} + \frac{1}{R_2} = \frac{v_u}{R_2} + \frac{1}{R_2} \approx \frac{v_u}{R_2}\,.$$

Damit ist der Kehrwert des Eingangswiderstandes

(2.47) $$\frac{1}{r'_E} = \frac{dI_e}{dU_E} = \frac{1}{R_1} + \frac{1}{r_{BEA}} + \frac{v_u}{R_2}\,.$$

Der Eingangswiderstand r'_E ist demnach gleich groß wie eine Parallelschaltung der Widerstände R_1, r_{BEA} und $\frac{R_2}{v_u}$. Fig. 115 zeigt das entsprechende Ersatzschaltbild des Eingangs einer spannungsgegengekoppelten Emitterschaltung gemäß Fig. 114.

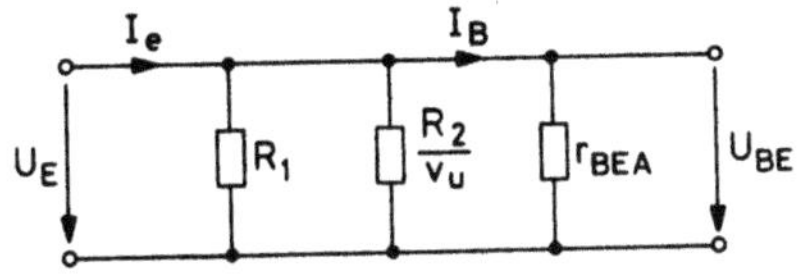

Fig. 115: Ersatzschaltbild zur Beschreibung der Rückwirkung des Gegenkopplungswiderstandes R_2 auf den Eingang

Die wichtigste Aussage ist, daß sich der Widerstand R_2 im Gegenkopplungspfad auf den Eingang wie ein Widerstand der Größe $\frac{R_2}{v_u} \ll R_2$ parallel zum Eingang auswirkt. Der Eingangswiderstand r'_E ist infolge der Gegenkopplung viel kleiner als der Eingangswiderstand $r_E = R_1 \| r_{BEA}$ ohne Gegenkopplung,

(2.48) $$r'_E \ll r_E\,.$$

Wenn wir berücksichtigen, daß die Eingangswechselspannung U_E einer Spannungsquelle mit endlichem Innenwiderstand R_E entnommen wird, kommen wir zu dem in Fig. 116 dargestellten Ersatzschaltbild für die spannungsgegengekoppelte Emitterschaltung. Es ist bei wirksamer Spannungsgegenkopplung stets

$$R_1 \gg \frac{R_2}{v_u} ,$$

so daß der Eingangskreis als ein Spannungsteiler - bestehend aus R_E und $\frac{R_2}{v_u}$ - aufgefaßt werden kann. Zwischen der Emitterbasisspannungsänderung und der Eingangsspannungsänderung besteht die durch den Spannungsteiler gegebene Relation

(2.49) $$dU_{BE} = dU_E \frac{R_2/v_u}{R_E + R_2/v_u}$$

oder

(2.50) $$\frac{dU_{BE}}{dU_E} = \frac{R_2}{v_u R_E} \frac{1}{1 + \frac{R_2}{v_u R_E}} .$$

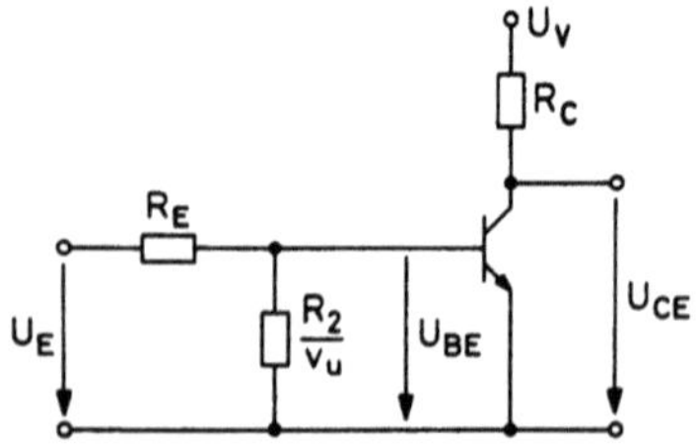

Fig. 116: Ersatzschaltbild einer Emitterschaltung mit Spannungsgegenkopplung

Die <u>Spannungsverstärkung der gegengekoppelten Schaltung</u> ist

(2.51) $$v'_u = \frac{dU_{CE}}{dU_E} = \frac{dU_{CE}}{dU_{BE}} \cdot \frac{dU_{BE}}{dU_E} .$$

Mit Glg.(2.32)

$$\frac{dU_{CE}}{dU_{BE}} = v_u = - \frac{\beta\ R_C}{r_{BEA}}$$

folgt nach Glg.(2.50)

(2.52) $$v'_u = v_u \cdot \frac{dU_{BE}}{dU_E} = - \frac{R_2}{R_E} \frac{1}{1 + \frac{R_2}{R_E v_u}} .$$

Wählt man

$$\frac{R_2}{R_E v_u} \ll 1, \quad \frac{R_2}{R_E} \ll |v_u| = \frac{\beta R_C}{v_{BE}} ,$$

so kann man den Ausdruck der Glg.(2.52) für v'_u in eine Reihe entwickeln und erhält für die Spannungsverstärkung v'_u

$$(2.53) \qquad v'_u = -\frac{R_2}{R_E}\left(1 - \frac{1}{v_u}\frac{R_2}{R_E} + -\right) \approx -\frac{R_2}{R_E} + \frac{1}{v_u}\frac{R_2^2}{R_E^2} .$$

Bis auf die Größe $\Delta v'_u = \frac{1}{v_u}\frac{R_2^2}{R_E^2} << 1$ ist die Spannungsverstärkung allein durch das Widerstandsverhältnis R_2/R_E, also durch äußere Schaltmittel bestimmt.

Beispiel: Es sei $\frac{R_2}{R_E} = 10 << v_u \approx 200$. Dann ist

$$v'_u \approx -10\left(1 - \frac{10}{200}\right) = -10\left(1 - \frac{1}{20}\right) .$$

Bis auf $\frac{1}{20} = 5\%$ ist hier die Spannungsverstärkung durch $-R_2/R_E = -10$ gegeben. Alle Nichtlinearitäten und Abhängigkeiten von Transistorparametern stecken in dem Ausdruck $\Delta v'_u$. Durch die Gegenkopplung ist ihr Einfluß hier auf 5% des Wertes ohne Gegenkopplung reduziert. Dieser Vorteil wurde durch einen Verlust an Spannungsverstärkung gegenüber der Leerlaufverstärkung (ohne Gegenkopplung) erkauft. Im selben Maße wie $v'_u << v_u$ ist, gewinnt man an Stabilität. Eine driftbedingte Verstärkungsänderung der Leerlaufverstärkung v_u um dv_u hat bei Gegenkopplung eine wesentlich kleinere Verstärkungsänderung dv'_u zur Folge: aus Glg.(2.53) erhalten wir

$$\left|\frac{dv'_u}{dv_u}\right| = \frac{R_2^2}{R_E^2} \cdot \frac{1}{v_u^2} \approx \frac{{v'_u}^2}{v_u^2}$$

oder

$$(2.54) \qquad \frac{dv'_u}{v'_u} = \frac{v'_u}{v_u}\,\frac{dv_u}{v_u} .$$

D.h. bei einer Schaltung mit Gegenkopplung sind Verstärkungsabweichungen durch Driften, Nichtlinearitäten usw., beschrieben durch $\frac{dv'_u}{v'_u}$, um den Faktor $\frac{v'_u}{v_u}(< 1)$ geringer als die ohne Gegenkopplung, $\frac{dv_u}{v_u}$. Auch der Ausgangswiderstand wird durch die Gegenkopplung um diesen Faktor kleiner (ohne Beweis)

$$(2.55) \qquad r'_A = \frac{dU_{CE}}{dI_A} = r_A \cdot \frac{v'_u}{v_u} = R_C \| r_{CE} \cdot \frac{v'_u}{v_u} .$$

Durch Gegenkopplung kann auch die Bandbreite des Verstärkers beeinflußt werden: Wie durch Glg.(2.14) beschrieben, ist die Stromverstärkung eines Transistors frequenzabhängig, $\beta = \beta(\nu)$. Infolgedessen wird auch die Spannungsverstärkung frequenzabhängig sein,

$$(2.56) \qquad v_u(\nu) = -\frac{\beta(\nu)R_C}{r_{BE}} .$$

Darüberhinaus kommt es bei der Emitterschaltung (über die Basis-Kollektor-Kapazität C_{BC} und über schädliche Schaltkapazitäten C_S) zu unerwünschten frequenzabhängigen Gegenkopplungen (Fig. 117).

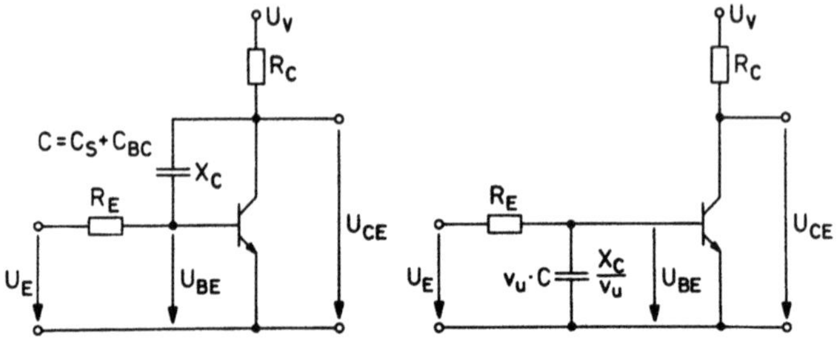

Fig. 117: Einfluß einer Basis-Kollektor-Kapazität auf den Eingang einer Emitter-Schaltung

Wir hatten gesehen, daß sich ein Widerstand R im Gegenkopplungszweig auf den Eingang wie ein Widerstand der Größe $\frac{R}{v_u}$ parallel zur Basis-Emitter-Strecke auswirkt. Dasselbe gilt für einen Blindwiderstand X_C. Die schädliche Kapazität $C = C_S + C_{BC}$ wirkt wie ein Blindwiderstand der Größe $\frac{X_C}{v_u} = \frac{1}{v_u j\omega C} = \frac{1}{j\omega C'}$ bzw. ein Kondensator der Größe $C' = v_u \cdot C$ parallel zum Transistor-Eingang. Die am Transistor wirksame Eingangsspannung U_{BE} muß also einen Tiefpaß, bestehend aus R_E und $v_u C$ durchlaufen, so daß nach Glg.(1.38)

$$(2.57) \qquad dU_{BE} = dU_E \frac{\frac{X_C}{v_u}}{\frac{X_C}{v_u} + R_E} = g(\omega)dU_E .$$

Die Grenzfrequenz dieses Tiefpasses ist nach Glg.(1.46)

$$(2.58) \qquad \nu_g = \frac{1}{2\pi R_E \cdot v_u C} .$$

Nach Glg. (2.32) und (2.57) gilt

$$(2.59) \qquad dU_{CE} = v_u dU_{BE} = v_u g(\omega) dU_E ,$$

und damit zeigt die Ausgangsspannung praktisch den Frequenzgang $g(\omega)$ des Eingangstiefpasses. Die Grenzfrequenz $\nu_{g\beta}$, mit der man aufgrund der Frequenzabhängigkeit der Stromverstärkung $\beta = \beta(\nu)$ zu rechnen hat, liegt meist viel höher als die schaltungsbedingte Grenzfrequenz $\nu_{g\beta} >> \nu_g$, so daß die Grenzfrequenz einer Emitterschaltung wesentlich durch Schalt- und Transistorkapazität bestimmt wird. Fig. 118 zeigt die Spannungsverstärkung als Funktion der Frequenz.

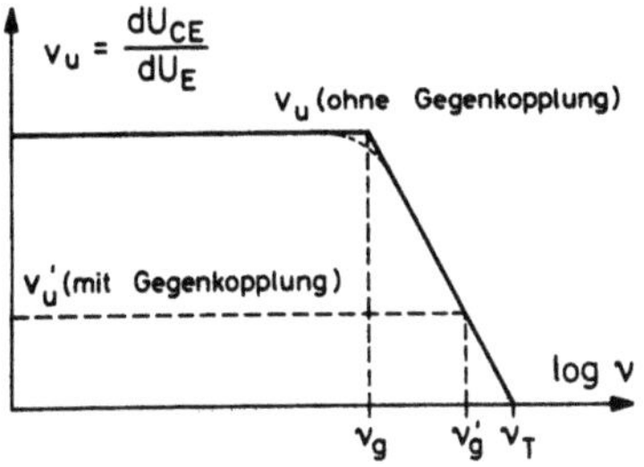

Fig. 118: Abhängigkeit der Spannungsverstärkung von der Frequenz

Definitionsgemäß gilt für die Verstärkung bei der Grenzfrequenz ν_g (S. 125)

$$v(\nu_g) = \frac{1}{\sqrt{2}}\, v(0).$$

Bei der Transitfrequenz ν_T ist die Verstärkung auf den Wert $v(\nu_T) = 1$ abgefallen.

Die Verstärkung v_u' im Gegenkopplungsfall ist kleiner als die Leerlaufverstärkung v_u. Je kleiner v_u' gegenüber v_u ist, desto grösser ist die Bandbreite ν_g' gegenüber der Leerlaufbandbreite ν_g. Dies ist aus Fig. 118 ersichtlich. Quantitativ gelten die gleichen Formeln, die zur Beschreibung der Abhängigkeit $\beta = \beta(\nu)$ abgeleitet wurden (Seite 125). Wegen $v_u(\nu) \cdot \nu = \nu_T$ für $\nu \gg \nu_g$ und $v_u(0) \cdot \nu_g = \nu_T$ gilt

(2.60) $\quad v_u(\nu_g') \cdot \nu_g' = \nu_T = v_u(0) \cdot \nu_g$.

Daher folgt für die Bandbreite ν_g' bei Gegenkopplung

(2.61) $\quad \nu_g' = \frac{v_u(0)}{v_u'(\nu_g')}\, \nu_g = \frac{v_u}{v_u'}\, \nu_g$.

D.h.: Mit Gegenkopplung (Verstärkung v_u') ist die Bandbreite um den Faktor $\frac{v_u}{v_u'}$ größer als ohne Gegenkopplung (Verstärkung v_u).

2.2.3 Stromgegenkopplung

Ähnliche, ja zum Teil günstigere Eigenschaften wie die Spannungsgegenkopplung, weist die Stromgegenkopplung auf. Fig. 119 zeigt eine stromgegengekoppelte Emitterschaltung. Die Eingangsspannung U_E teilt sich auf gemäß $U_E = U_{BE} + U_R$ mit $U_R = I_E \cdot R_E$.

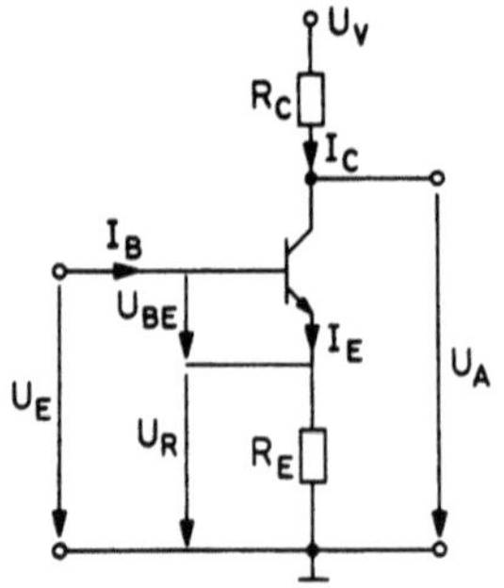

Fig. 119: Emitterschaltung mit Stromgegenkopplung

Der Transistor wird durch die Spannung

(2.62) $$U_{BE} = U_E - U_R = U_E - I_E R_E$$

angesteuert. Die Steuerspannung ist also um den Spannungsabfall $U_R = I_E R_E$ kleiner als die zu verstärkende Eingangsspannung U_E. Der Eingangsspannung wirkt die dem Emitterstrom proportionale Spannung U_R entgegen. Daher der Name "Stromgegenkopplung".

Wir wollen zunächst die <u>Spannungsverstärkung</u> dieser Schaltung berechnen. Für die Ströme gilt

(2.63) $$I_E = I_B + I_C \approx I_C, \quad \Delta I_E \approx \Delta I_C \;.$$

Für die Ausgangsspannung gilt

(2.64) $$U_A = U_V - I_C R_C \;, \quad \Delta U_A = - R_C \, \Delta I_C \approx - R_C \, \Delta I_E \;.$$

Wegen $I_E = U_R / R_E$ und

$$\Delta I_E = \frac{\Delta U_R}{R_E} = \frac{\Delta U_E - \Delta U_{BE}}{R_E}$$

folgt für die Ausgangsspannungsänderung

(2.65) $$\Delta U_A \approx - \frac{R_C}{R_E} \, (\Delta U_E - \Delta U_{BE}) .$$

Es ist $v_u' = \frac{\Delta U_A}{\Delta U_E}$ die Spannungsverstärkung der stromgegengekoppelten Schaltung und

$v_u = \frac{\Delta U_A}{\Delta U_{BE}}$ die Leerlaufspannungsverstärkung (ohne Gegenkopplung).

Dann folgt nach Division durch ΔU_A

$$1 = - \frac{R_C}{R_E} \left(\frac{1}{v_u'} - \frac{1}{v_u} \right) \;,$$

oder

(2.66) $$v_u' = - \frac{R_C}{R_E} \, \frac{1}{1 - \frac{1}{v_u} \frac{R_C}{R_E}} \;.$$

Wählt man $\frac{1}{v_u}\frac{R_C}{R_E} < 1$, d.h. $\frac{R_C}{R_E} < v_u$, so erhält man (nach Reihenentwicklung)

(2.67) $$v_u' = -\frac{R_C}{R_E}\left(1 + \frac{1}{v_u}\frac{R_C}{R_E} - + \ldots\right).$$

Ähnlich wie bei der Spannungsgegenkopplung kann auch hier die Verstärkung durch ein Widerstandsverhältnis, R_C/R_E, allein bestimmt werden.

Will man eine hohe Stabilität des Arbeitspunktes erreichen, ist die Driftverstärkung, gegeben durch

$$v_u'(\nu = 0) = v_D \approx \frac{R_C}{R_E}$$

viel kleiner als $v_u = -\frac{\beta R_C}{r_{BE}}$ zu wählen. Durch einen Schaltungstrick

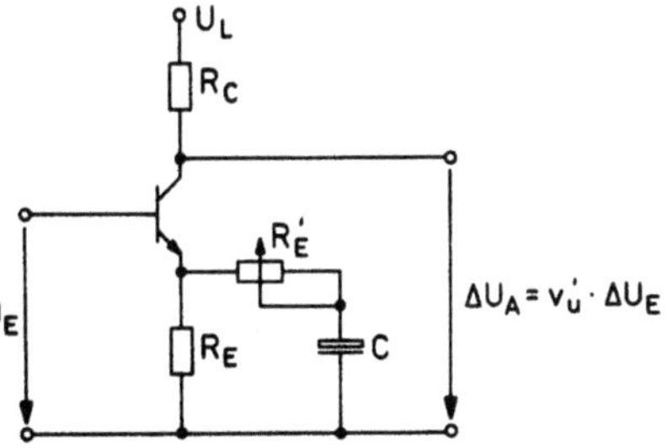

Fig. 120: Stromgegenkopplung mit variabler Wechselspannungsverstärkung

(Fig. 120) läßt sich die Wechselspannungs-Verstärkung unabhängig von der Driftverstärkung machen. Dazu ist der Gegenkopplungswiderstand R_E mit einem Kondensator C zu überbrücken, dessen Blindwiderstand

$$X_C = \frac{1}{\omega C} \ll R_E \,||\, \frac{r_{BE}}{\beta}$$

ist. (Der Term r_{BE}/β ist der emitterseitige Ausgangswiderstand des Transistors. Vgl. Glg.(2.83)). Mittels eines Widerstandes R_E' in Reihe mit C läßt sich die Wechselspannungsverstärkung v_u' im Bereich

$$\frac{R_C}{R_E} \leq v_u' \leq v_u$$

einstellen.

Gegenüber der Spannungsgegenkopplung weist die Stromgegenkopplung in zwei Punkten unterschiedliches Verhalten auf: Eingangswiderstand und Ausgangswiderstand werden durch Stromgegenkopplung größer. Der Eingangswiderstand ist

(2.68) $$r'_E = \frac{\Delta U_E}{\Delta I_B} = \frac{1}{\Delta I_B} (\Delta U_{BE} + \Delta U_R) = r_{BE} + \frac{\Delta U_R}{\Delta I_B} .$$

Ferner gilt wegen $\Delta I_C = \beta \cdot \Delta I_B$ und $I_C \approx I_E$

$$\frac{\Delta U_R}{\Delta I_B} = \frac{\Delta U_R \cdot \beta}{\Delta I_C} \approx \frac{\Delta U_R}{\Delta I_E} \cdot \beta = R_E \cdot \beta .$$

Folglich ist der Eingangswiderstand

(2.69) $$r'_E = r_{BE} + \beta R_E > r_{BE} .$$

Beispiel: $r_{BE} = 1\ \text{k}\Omega$, $\beta = 100$, $R_E = 100\ \Omega$, also $r'_E = 11\ \text{k}\Omega$.

Ein großer Eingangswiderstand ist bei Spannungsverstärkern erwünscht, weil dann die Belastung der Signalquelle gering ist.

Als nächstes soll der Ausgangswiderstand

(2.70) $$r'_A = \left.\frac{\partial U_A}{\partial I_C}\right|_{U_E = \text{const}}$$

eines stromgegengekoppelten Transistors berechnet werden (Fig. 119). Dazu legen wir eine konstante Eingangsspannung U_E an, und fragen nach der Änderung des Ausgangsstromes ΔI_C bei Änderung der Ausgangsspannung um ΔU_A. Der Ausgangsstrom I_C ist eine Funktion des Basisstroms I_B und der Kollektor-Emitterspannung U_{CE}: $I_C(I_B, U_{CE})$. Für das totale Differential gilt

(2.71) $$dI_C = \frac{\partial I_C}{\partial I_B} \cdot dI_B + \frac{\partial I_C}{\partial U_{CE}} \cdot dU_{CE} = \beta \cdot dI_B + \frac{1}{r_{CE}} \cdot dU_{CE} .$$

Es ist $dI_B = \frac{dU_{BE}}{r_{BE}}$, und wegen $U_{BE} = U_E - U_R$ gilt

$$dU_{BE} = -\,dU_R, \text{ falls } U_E = \text{const ist.}$$

Ferner ist

$$dU_R = R_E \cdot dI_E \approx R_E \cdot dI_C .$$

Das ergibt $dI_B = -\frac{R_E}{r_{BE}} \Delta I_C$ und damit

(2.72) $$dI_C = -\beta \frac{R_E}{r_{BE}} dI_C + \frac{1}{r_{CE}} \cdot dU_{CE} .$$

Daraus folgt für den Ausgangswiderstand wegen $dU_A \approx dU_{CE}$:

(2.73) $$r'_A \approx \frac{dU_{CE}}{dI_C} = r_{CE}\left(1 + \beta \frac{R_E}{r_{BE}}\right) > r_{CE} .$$

Beispiel: $r_{CE} = 10\ \text{k}\Omega$, $\beta = 100$, $r_{BE} = 1\ \text{k}\Omega$, $R_E = 1\ \text{k}\Omega$, also $\quad r_A' = 10^6 \Omega$.

Infolge des hohen Ausgangswiderstandes eignen sich stromgegengekoppelte Emitterschaltungen als Konstantstromquellen. Ein Beispiel enthält Fig. 121:

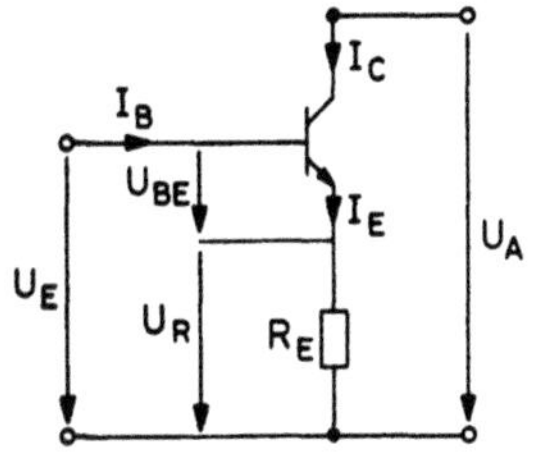

Fig. 121: Emitterschaltung mit Stromgegenkopplung als Konstantstromquelle

Es sei $U_E = 6{,}6\,V$, $R_E = 1\,k\Omega$. Dann gilt für den Ausgangsstrom

$$I_C \approx I_E = \frac{U_R}{R_E} = \frac{U_E - U_{BE}}{R_E} = \frac{6{,}6\,V - 0{,}6\,V}{1\,k\Omega} = 6\,mA\,.$$

Um die Qualität unserer Konstantstromquelle zu prüfen, fragen wir: Wie ändert sich I_C, wenn U_A z.B. um $\Delta U_A = 10\,V$ verändert wird?

Es ist $r_A' = \Delta U_A/\Delta I_A \approx 1\,M\Omega$, so daß die Stromänderung $\Delta I_A = \Delta U_A/10^6\Omega = 10\mu A$ und die relative Stromänderung $\Delta I_A/I_A = 10\mu A/6mA = 1{,}7\cdot 10^{-3} = 1{,}7\,^o/oo$ beträgt.

2.2.4 Kollektor-Schaltung

Der Kollektor liegt auf konstantem Potential U_V. Die Eingangsspannung U_E wird an die Basis angelegt, die Ausgangsspannung U_A am Emitter abgegriffen (Fig. 122). Die Eingangsspannung teilt sich auf gemäß $U_E = U_{BE} + U_A$, und für die Ströme gilt $I_A = I_E = I_B + I_C \approx I_C$. Aus der ersten Beziehung erhält man für die Ausgangsspannung

$$(2.74) \qquad U_A = U_E - U_{BE}(I_B)\,.$$

Der funktionale Zusammenhang $U_{BE} = U_{BE}(I_B)$ ergibt sich aus der Umkehrfunktion der Eingangskennlinie Glg.(2.3) zu

$$(2.75) \qquad U_{BE} = U_T \ln \frac{I_B}{I_{BS}}$$

mit $\quad I_B = \frac{I_C}{B} \approx \frac{I_A}{B} \approx \frac{I_A}{\beta}\,.$

Folglich ist die Ausgangsspannung

$$(2.76) \qquad U_A = U_E - U_T \ln \frac{I_A}{\beta I_{BS}} = U_A(I_A)\,.$$

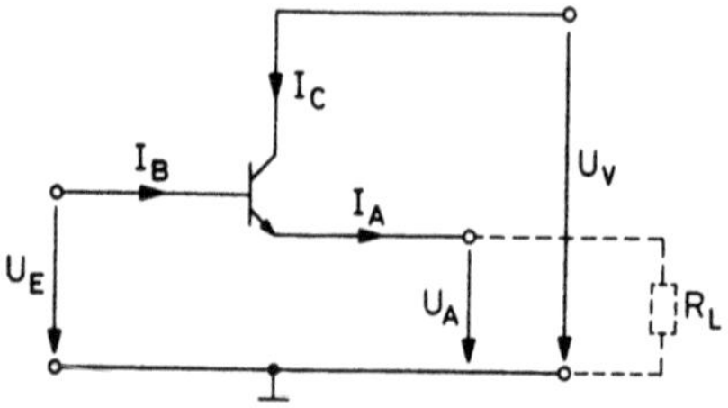

Fig. 122: Kollektor-Schaltung mit Lastwiderstand (Emitter-Folger)

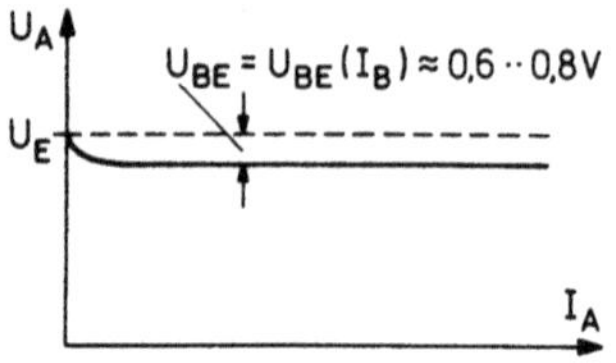

Fig. 123: Ausgangsspannung $U_A = U_A(I_A)$ beim Emitter-Folger

Eine graphische Darstellung enthält Fig. 123. Die Ausgangsspannung U_A ist demnach um $U_{BE} \approx 0{,}7\,V$ niedriger als die Eingangsspannung U_E,

(2.77) $$U_A \approx U_E - 0{,}7\,V\ .$$

Bis auf eine Potentialverschiebung von $U_{BE} \approx 0{,}7\,V$ folgt die Ausgangs- oder Emitterspannung dieser Schaltung der Eingangsspannung. Daher nennt man eine Kollektor-Schaltung auch Emitterfolger. Seine Spannungsverstärkung ist praktisch 1,

(2.78) $$v_u = \frac{dU_A}{dU_E} \approx \frac{d}{dU_E}(U_E - 0{,}7\,V) = 1.$$

Zur genaueren Berechnung der Spannungsverstärkung geht man von der Beziehung (2.76) aus. Mit $I_A = U_A/R_L$ (Fig. 122) erhält man

(2.79) $$U_E = U_A + U_T \ln \frac{U_A}{\beta R_L I_{BS}}\ .$$

Durch Differentiation nach U_A erhält man zunächst den Kehrwert der Spannungsverstärkung v_u und damit

(2.80) $$v_u = \frac{1}{1 + \frac{U_T}{U_A}} \approx 1 - \frac{U_T}{U_A} \text{ für } U_A >> U_T = 25\,mV\ .$$

Die Spannungsverstärkung v_u ist also etwas kleiner als 1.- Die Bedeutung des Emitterfolgers beruht auf seiner stromverstärkenden Wirkung. Der Ausgangsstrom I_A bzw. der Emitterstrom I_E ist um den

Stromverstärkungsfaktor B des Transistors größer als der Eingangsstrom I_B:

$$I_A = I_E \approx I_C = B \cdot I_B \approx \beta \cdot I_B \; . \tag{2.81}$$

Die Stromverstärkung des Transistors bedingt einen hohen Eingangswiderstand und einen kleinen Ausgangswiderstand der Emitterfolger-Schaltung. Zur Berechnung dieser Größen betrachten wir die Schaltung Fig. 122 mit dem Lastwiderstand R_L, durch den der Ausgangsstrom I_A fließt. Der Eingangs- und Emitter-Stromkreis dieser Schaltung ist identisch mit der stromgegengekoppelten Emitterschaltung Fig. 119. Genau wie dort (Glg.(2.69)) erhalten wir für den Eingangswiderstand

$$r_E' = \frac{\Delta U_E}{\Delta I_B} = r_{BE} + \beta R_L > r_{BE} \; . \tag{2.82}$$

Für den Ausgangswiderstand $r_A' = \partial U_A / \partial I_A$ folgt aus Glg.(2.76)

$$r_A' = \left.\frac{\partial U_A}{\partial I_A}\right|_{U_E} = \frac{U_T}{I_A} = \frac{U_T}{\beta \cdot I_B} = \frac{r_{BE}}{\beta} << r_{BE} \; . \tag{2.83}$$

Beispiel: Es sei $r_{BE} = 1\,\mathrm{k\Omega}$, $\beta = 100$, $R_L = 1\,\mathrm{k\Omega}$, so daß nach Glg.(2.82) $r_E' = 10^6\,\Omega$. Aus Glg.(2.83) ergibt sich

$$r_A' = \frac{r_{BE}}{\beta} = \frac{10^3\,\Omega}{10^2} = 10\,\Omega$$

Aufgrund ihres hochohmigen Eingangs und ihres niederohmigen Ausgangs werden Emitterfolger oft als "Impedanzwandler" eingesetzt. Darunter versteht man Schaltungen zur Anpassung hochohmiger Signalquellen an niederohmige Verbraucher.

2.2.5 Emitterfolger als Spannungsquelle

Wegen ihres niederohmigen Ausgangs findet man Emitterfolger in Ausgangsstufen von Spannungsverstärkern und elektronisch stabilisierten Spannungsquellen (sog. Netzgeräten). In Fig. 124 ist die Schaltung einer einfachen stabilisierten Spannungsquelle dargestellt. Die Wechselspannung $u_E = U_{EO} \sin\omega t$ wird mittels einer Brückenschaltung gleichgerichtet und durch den Kondensator C geglättet. Am Kondensator C steht eine von der Eingangswechselspannung u_E abhängige und mit einer Brummspannung U_{Br} behaftete Gleichspannung U_g (Ziff. 1.2.3.1 und 1.2.3.2). Aus dieser unstabilisierten Spannung wird die

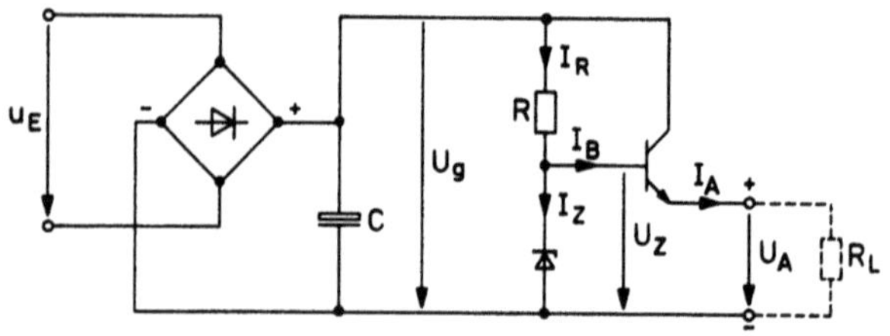

Fig. 124: Emitterfolger im Ausgang einer Spannungsquelle

stabilisierte Spannung U_Z gewonnen. In Glg.(1.193) wurde gezeigt, daß die stabilisierende Wirkung einer Z-Diodenschaltung umso besser ist, je größer der Arbeitswiderstand R gegenüber dem differentiellen Zener-Widerstand r_Z ist. Ein großer Arbeitswiderstand R begrenzt jedoch den Ausgangsstrom, den ein parallel zu U_Z liegender Verbraucher der Stabilisierungsschaltung entnehmen kann, auf relativ kleine Werte. Schaltet man den Verbraucher R_L nicht direkt an die Z-Diode, sondern an den Ausgang eines Emitterfolgers, dessen Basis an U_Z liegt, so ist der maximale Ausgangsstrom I_{Amax} um den Stromverstärkungsfaktor B des Transistors größer als der größte direkt entnehmbare Strom I_{Bmax}.

Beispiel: Ein Netzgerät soll bei der Ausgangsspannung $U_A = 5\,V$ den maximalen Ausgangsstrom $I_{Amax} = 1\,A$ abgeben.- Es ist $U_A = U_Z - U_{BE}$. Daraus folgt für die Spannung der Z-Diode $U_Z \approx 5\,V + 0{,}6\,V = 5{,}6\,V$.- Aus $I_{Amax} = I_{Emax} = BI_{Bmax}$ folgt mit $B \approx 100$ für den maximalen Basisstrom

$$I_{Bmax} \approx \frac{1A}{100} = 10\,mA\ .$$

Dieser Strom und der Mindeststrom I_{Zmin} zur Versorgung der Z-Diode muß durch den Widerstand R fließen. Gegeben sei eine Z-Diode mit $I_{Zmax} = 40\,mA$. Dann sollte der Wert $I_{Zmin} = 5 \cdot 10^{-2} I_{Zmax} = 2\,mA$ nicht unterschritten werden. Durch den Widerstand R muß daher ein Strom I_R fließen, für den gilt

$$40\,mA = I_{Zmax} > I_R \geq I_{Bmax} + I_Z \geq I_{Bmax} + I_{Zmin} = 12\,mA\ .$$

Durch den Widerstand R muß also mindestens der Strom $I_{Rmin} = 12\,mA$ fließen. Gibt man nun, um einen guten Stabilisierungsgrad

$$S = \frac{\Delta U_Z}{\Delta U_g} \approx \frac{r_Z}{R}$$

zu erzielen, den Widerstand

$$R >> r_Z \approx 10\ \Omega$$

vor, so folgt daraus für die Mindestspannung $U_{Rmin} = RI_{Rmin}$ am Widerstand R mit $R = 500\,\Omega$: $U_{Rmin} = 12\,mA \cdot 500\,\Omega = 6\,V$. Die unstabilisierte Gleichspannung U_g darf daher den Wert

$$U_{gmin} = U_Z + U_{Rmin} = 5{,}6\,V + 6\,V = 11{,}6\,V$$

nicht unterschreiten. Soll z.B. die Brummspannung

$$U_{Brss} \leq \frac{I_A}{C \cdot \nu}$$

bei einem Strom $I_A = 1\,A$ und $\nu = 50\,Hz$ kleiner als $U_{BSS} = 2\,V$ sein, so gilt für den Kondensator

$$C \geq \frac{I_A}{U_{Brss} \cdot 2\nu} = 5000\,\mu F .$$

Für den Spitzenwert der unstabilisierten Gleichspannung U_g folgt daher wegen

$$U_{gmax} \geq U_{gmin} + U_{Brss} = 11{,}6\,V + 2\,V = 13{,}6\,V .$$

Wegen $U_{gmax} = U_{EO} - 2\,U_D \approx \sqrt{2}\,U_{Eeff} - 1{,}4\,V$ ergibt sich für den Effektivwert der Eingangswechselspannung der Mindestwert:

$$U_{Eeff} = \frac{U_{gmax} + 1{,}4\,V}{\sqrt{2}} = \frac{13{,}6\,V + 1{,}4\,V}{\sqrt{2}} \approx 11\,V .$$

Der Maximalwert der Eingangswechselspannung ergibt sich aus der Überlegung, daß der Strom $I_{Rmax} = I_{Zmax} = 40\,mA$ nicht überschritten werden darf. Es ist dann

$$U_{Rmax} = I_{Rmax} \cdot R = 40\,mA \cdot 500\,\Omega = 20\,V ,$$
$$U_{gmax} = U_Z + U_{Rmax} = 5{,}6\,V + 20\,V \approx 26\,V .$$

Der Maximalwert der Eingangswechselspannung beträgt daher

$$U_{Eeff} = \frac{26\,V + 1{,}4\,V}{\sqrt{2}} \approx 19{,}5\,V .$$

Das Netzgerät arbeitet also für Eingangswechselspannungen im Bereich von

$$11\,V < U_{Eeff} < 19\,V .$$

Die im Transistor in Wärme umgesetzte Verlustleistung beträgt

$$P_V \approx I_A(U_g - U_A) \leq I_{Amax}(U_{gmax} - U_A)$$
$$\leq 1\,A\,(26\,V - 5\,V) = 21\,W .$$

Weil die zulässige Verlustleistung eines Transistors von der Gehäusetemperatur abhängt (Ziff 2.1.4), muß zur Vermeidung zu hoher Gehäusetemperaturen die Verlustwärme über Kühlkörper an die Umgebung abgeführt werden.

Wenn sehr hochohmige Spannungsquellen an sehr niederohmige Verbraucher angepaßt werden sollen, reicht die Stromverstärkung eines einzigen Transistors oft nicht aus. Man schaltet dann zwei oder mehrere Emitterfolger hintereinander. Eine Schaltung aus zwei hintereinander geschalteten Transistoren heißt Darlington-Schaltung (Fig. 125). Die Stromverstärkung B' einer Darlington-Schaltung ist gleich dem Produkt der Einzelstromverstärkungen. Die Stromverstärkung an den Transistoren T_1 und T_2 ist

$$B_1 = \frac{I_{E1}}{I_{B1}} \quad \text{und} \quad B_2 = \frac{I_{E2}}{I_{B2}} \; .$$

Wegen $I_{B2} = I_{E1}$ beträgt die Gesamtstromverstärkung der Darlington-Schaltung

$$(2.84) \qquad B' = \frac{I_{E2}}{I_{B1}} = B_2 \frac{I_{B2}}{I_{B1}} = B_2 \frac{I_{E1}}{I_{B1}} = B_2 B_1 \; .$$

Es sind Darlington-Schaltungen in integrierter Form als Darlington-Transistoren mit $B' > 1000$ erhältlich. Durch geeignete Paarung der Transistoren T_1 und T_2 läßt sich erreichen, daß die Stromverstärkung B' über einem großen Strombereich konstant ist (Fig. 126).

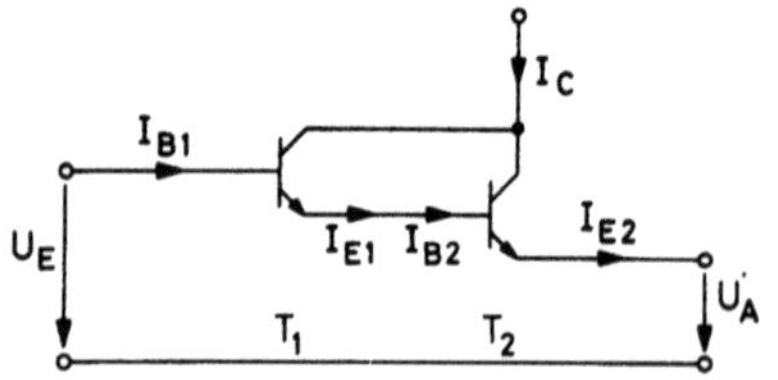

Fig. 125: Darlington-Schaltung

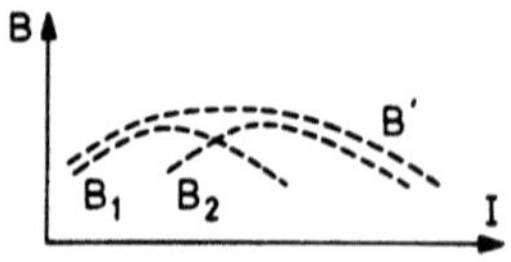

Fig. 126: Stromverstärkung B einer zweistufigen Darlington-Schaltung

Bei der Darlington-Schaltung ist die Eingangsspannung U_E um die Basis-Emitter-Spannung an den Transistoren T_1 und T_2 größer als die Ausgangsspannung U_A,

$$(2.85) \qquad U_E = U_A + U_{BE1} + U_{BE2} \approx U_A + 1{,}2\,\mathrm{V} \; .$$

2.2.6 Basisschaltung

Bei der (relativ selten angewandten) Basisschaltung liegt die Basis auf festem Potential, die Eingangsspannung am Emitter, das Ausgangssignal wird am Kollektor abgenommen (Fig. 127).

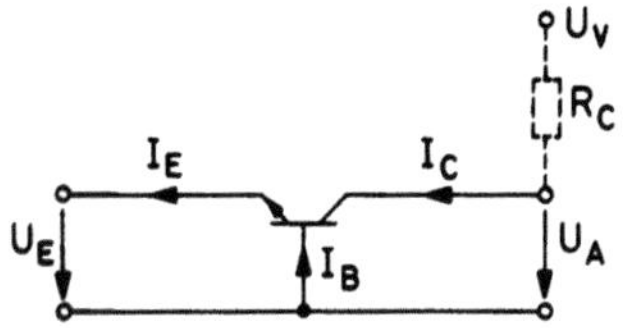

Fig. 127: Zur Spannungsverstärkung der Basis-Schaltung

Wegen $I_E = I_B + I_C \approx I_C$ ist die Stromverstärkung

$$(2.86) \quad v_I = \frac{I_C}{I_E} < 1 \; .$$

Daraus ergibt sich auch der sehr kleine Eingangswiderstand der Basisschaltung (mit $dU_E = -\,dU_{BE}$ und $dI_E = -\,\beta\, dI_B$)

$$(2.87) \quad r_E = \frac{dU_E}{dI_E} = \frac{dU_{BE}}{\beta dI_B} = \frac{r_{BE}}{\beta} << r_{BE} \; .$$

Für die Spannungsverstärkung $v_u = dU_A/dU_E$ folgt aus $U_A = U_V - I_C \cdot R_C$ und $dU_A = -\,R_C\, dI_C$ mit $dI_C = \beta\, dI_B$ und

$$dI_B = \frac{dU_{BE}}{r_{BE}} = -\frac{dU_{EB}}{r_{BE}} = -\frac{dU_E}{r_{BE}}$$

$$(2.88) \quad v_u = \frac{dU_A}{dU_E} = \frac{R_C \beta}{r_{BE}} \; .$$

Die Größe der Spannungsverstärkung entspricht der einer Emitterstufe (Glg.(2.34)). Jedoch sind hier Eingangs- und Ausgangsspannung in Phase, so daß eine Spannungsgegenkopplung über parasitäre Kapazitäten wie bei der Emitterschaltung nicht möglich ist. Hinzu kommt, daß Eingang und Ausgang durch das konstante Basispotential entkoppelt sind. Die Basisschaltung zeichnet sich daher durch eine hohe Grenzfrequenz aus, die praktisch von der Frequenzabhängigkeit der Stromverstärkung des Transistors $\beta = \beta(\nu)$ abhängt. Die Bandbreite einer Basisstufe ist daher erheblich größer als die einer Emitterstufe mit demselben Transistor (Glg.(2.56)).

2.2.7 Transistor-Rauschen

Die Verstärkung sehr kleiner Spannungen wird begrenzt durch das Transistor-Rauschen. Der Ladungstransport in jedem Leiter ist ein Prozeß, an dem eine endliche, wenn auch sehr große Anzahl von Elektronen beteiligt ist. Infolge der Wärmebewegung der Elektronen entsteht an jedem Widerstand R eine statistisch schwankende Spannung, die Rauschspannung U_R. Zur Messung einer Rauschspannung benötigt man ein empfindliches Wechselspannungsmeßgerät mit kurvenformunabhängiger Effektivwertanzeige.

Die Bandbreite des Meßgerätes sei B (Fig. 128). Die Größe $\frac{U_{Reff}^2}{R}$ heißt Rauschleistung; die Größe $\frac{U_{Reff}^2}{B \cdot R}$ Rauschleistungsdichte. Wenn die Rauschleistungsdichte unabhängig von der Bandbreite B des Meßgerätes ist, liefert die Rauschspannungsquelle ein frequenzunabhängiges, "weißes" Rauschen. Die Rauschleistungsdichte ist von der absoluten Temperatur T des Widerstandes abhängig:

(2.89) $$\frac{U_{Reff}^2}{R \cdot B} = 4\,kT \; (\approx 1{,}6 \cdot 10^{-20}\,\text{Ws bei Zimmertemperatur}).$$

Für die effektive Rauschspannung eines Widerstandes gilt daher

(2.90) $$U_{Reff} = \sqrt{4\,kT \cdot B \cdot R}\,.$$

Das Widerstandsrauschen kann im Ersatzschaltbild durch einen rauschfrei gedachten Widerstand R_o beschrieben werden, dem eine Rauschspannungsquelle mit U_R in Reihe geschaltet ist, Fig. 129.

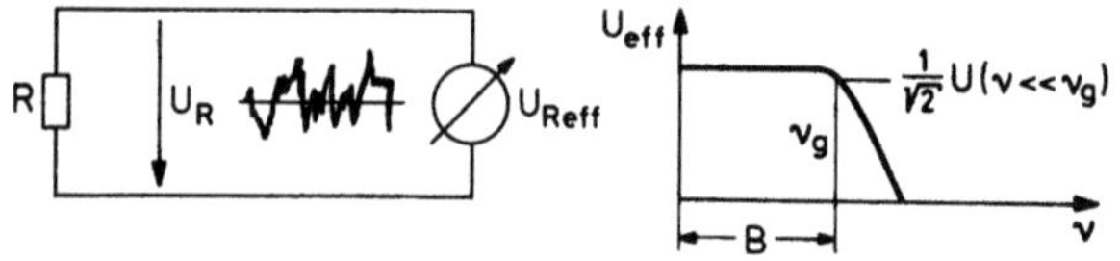

Fig. 128: Zur Messung der Rauschspannung eines Widerstandes

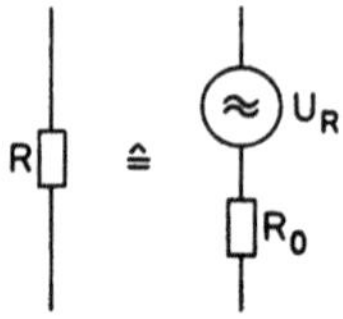

Fig. 129: Ersatzschaltbild eines Widerstandes mit Rauschspannung U_R

Zur Beschreibung des Transistorrauschens geht man ähnlich vor: Man denkt sich den Transistor als rauschfrei und nimmt an, das am Ausgang beobachtete Rauschen sei am Innenwiderstand R der Signalquelle U_g entstanden, Fig. 130. Bei einem wirklich rauschfreien Transistor mit der Spannungsverstärkung v_u würde man am Ausgang die Rauschspannung

(2.91) $$U_{AR} = v_u U_R$$

messen. Infolge des Eigenrauschens des Transistors beobachtet man in Wirklichkeit jedoch eine größere Rauschspannung am Ausgang. Die physikalischen Ursachen des Transistorrauschens sind statistische Vorgänge der Stromverteilung und Rekombinationsprozesse in der Basiszone. Bei der technischen Beschreibung des Transistorrauschens geht man darauf nicht ein, sondern denkt sich den Transistor rauschfrei und definiert eine Rauschzahl F, die angibt, mit welchem Faktor der im Emitter-Basis-Kreis liegende Widerstand R multipliziert werden muß, um die am Ausgang beobachtete Rauschspannung $U_{AReff} = v_u U_{Reff}$ als Widerstandsrauschen eines Widerstandes der Größe $F \cdot R$ gemäß

(2.92) $$U_{Reff} = \sqrt{4\,kTBFR}$$

zu erhalten. Je geringer das Eigenrauschen eines realen Transistors ist, desto näher kommt die Rauschzahl dem Wert $F = 1$. Oft wird ein logarithmisches Rauschmaß

(2.93) $$F' = 20 \log F$$

in Dezibel angegeben. Rauscharme Transistoren haben Rauschzahlen $F' < 2$ dB entsprechend $F < 1{,}3$. Das bedeutet, daß am Eingang eines Transistors mit der Rauschzahl $F = 1{,}3$, dessen Basis an einer Signalquelle mit $R = 1\,k\Omega$ liegt, bei Zimmertemperatur eine effektive Rauschspannung der Größe

(2.94) $$U_{Reff} = \sqrt{4\,kT \cdot B \cdot 1{,}3 \cdot 1\,k\Omega} = \sqrt{B} \cdot 4{,}6 \cdot 10^{-9}\,V$$

zu erwarten ist. Soll mit diesem Transistor ein Verstärker der Bandbreite $B = 10^4$ Hz aufgebaut werden, so ist an dessen Eingang mit der Rauschspannung $U_{Reff} = 4{,}6 \cdot 10^{-7}\,V$ zu rechnen. Diese Rauschspannung macht eine Verstärkung von Eingangsspannungen U_E, deren Größe mit U_{Reff} vergleichbar ist, unmöglich.- Am Transistorausgang erscheinen Signale umso weniger "verrauscht", je kleiner
$\frac{U_{Reff}}{U_E}$ ist.

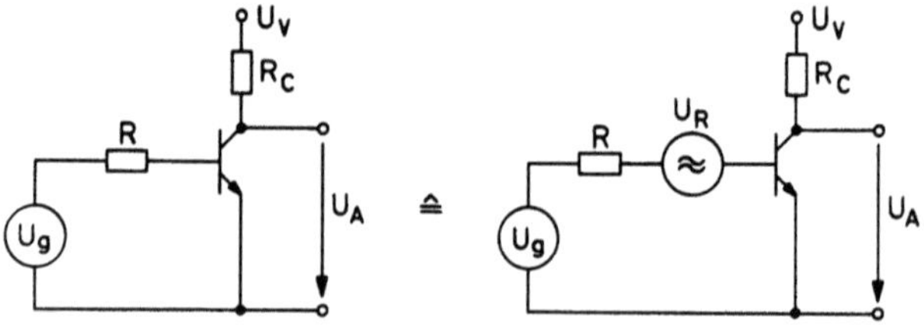

Fig. 130: Widerstand mit Rauschspannung U_R am Eingang einer Emitterstufe

2.2.8 Unipolare Transistoren

Wir haben uns bisher mit NPN- und PNP-Transistoren beschäftigt. Diese werden als bipolare Transistoren bezeichnet, weil bei ihnen beide Ladungsträgerarten, also Elektronen und Löcher, am Ladungstransport beteiligt sind.

Im Gegensatz zu den bipolaren Transistoren wird bei Feldeffekttransistoren (FET) der Strom nur von einer Ladungsträgerart getragen. Daher bezeichnet man solche Transistoren als unipolare Transistoren. Der Name "Feldeffekttransistor" soll besagen, daß der Strom, der den Transistor durchfließt, von einem elektrischen Feld gesteuert wird und nicht, wie beim bipolaren Transistor, durch einen Steuerstrom. Man unterscheidet drei verschiedene Typen von Feldeffekttransistoren.

2.2.8.1 Sperrschicht-FET

Ein Sperrschicht-FET besteht aus einem dotierten Si-Kristall als Substrat, in welches eine kanalförmige Zone inverser Dotierung eingebaut ist (Fig. 131). Je nach Dotierung des Kanals unterscheidet man zwischen N- und P-Kanal-FET. Hier soll ein N-Kanal-Sperrschicht-FET beschrieben werden: In ein P-leitendes Si-Substrat ist ein dünner N-leitender Kanal eingebaut, an den sperrschichtfrei zwei Zuleitungselektroden S (=source, Quelle) und D (=drain, Senke) angeschlossen sind. In den N-Kanal ist eine P-Zone eindiffundiert, an die ebenfalls sperrschichtfrei ein Zuleitungsdraht G(=gate, Tor) angeschlossen ist. Legt man an die N-Kanal-Elektroden S und D eine Spannung U_{DS}, so fließt - unabhängig von der Richtung - ein Strom

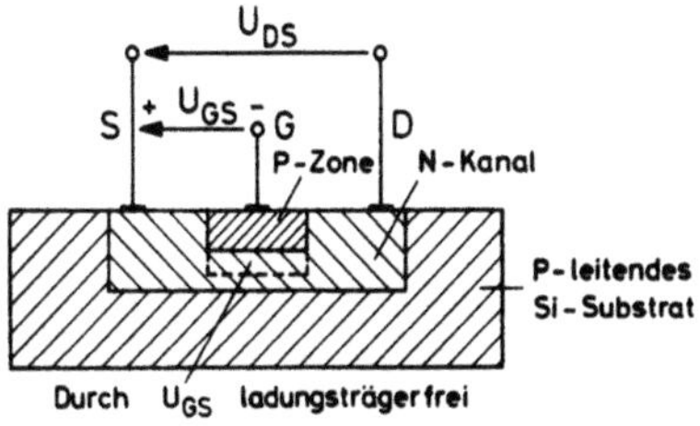

Fig. 131: Aufbau eines N-Kanal-Sperrschicht FET

durch den Kanal wie durch einen ohmschen Widerstand. Durch eine Spannung U_{GS} zwischen P-Zone und N-Kanal, die so gepolt ist, daß der PN-Übergang sperrt, kann man in der Nähe der Sperrschicht eine ladungsträgerfreie Zone erzeugen, die sich mit zunehmender Sperrspannung immer tiefer in den N-Kanal ausdehnt. Dadurch wird der leitende Kanalquerschnitt eingeengt und der Kanalwiderstand vergrößert. Der Kanalwiderstand kann somit durch die Sperrspannung U_{GS} zwischen P-Zone und N-Kanal gesteuert werden. Bei einer Sperr- bzw. Steuerspannung von wenigen Volt erstreckt sich die ladungsträgerfreie Zone über den ganzen Kanalquerschnitt, so daß der Kanalwiderstand sehr hohe Werte annimmt ($R_{off} > 10\,M\Omega$, "off"=aus) und der FET praktisch sperrt. Ohne angelegte Steuerspannung hat der Kanalwiderstand den kleinsten Wert ($R_{on} < 200\,\Omega$, "on"=ein). Weil ein Sperrschicht-FET ohne Steuerspannung leitet, nennt man solche Transistoren auch <u>selbstleitende FET</u>. Über die Steuerelektrode fließt außer einem sehr kleinen Reststrom I_R von der Größenordnung Nanoampere kein Steuerstrom, so daß sich der Kanalwiderstand praktisch leistungslos steuern läßt. Viele FET sind symmetrisch aufgebaut, so daß S und D vertauscht werden können. Die Schaltzeichen für Sperrschicht-FET zeigt Fig. 132. Feldeffekt-Transistoren mit noch geringeren Eingangsströmen sind MOS-FET (Metall, Oxid, Semiconductor). Man unterscheidet zwischen selbstleitenden und selbstsperrenden MOS-FET je nachdem, ob sie ohne anliegende Steuerspannung leiten oder nicht.

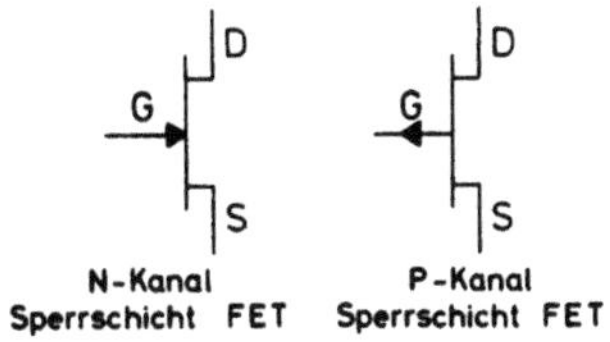

Fig. 132: Schaltsymbole für Sperrschicht FET

2.2.8.2 Selbstleitende MOS-FET

Diese sind ähnlich gebaut wie die selbstleitenden Sperrschicht-FET, was am Beispiel eines N-Kanal MOS-FET dargestellt werden soll.

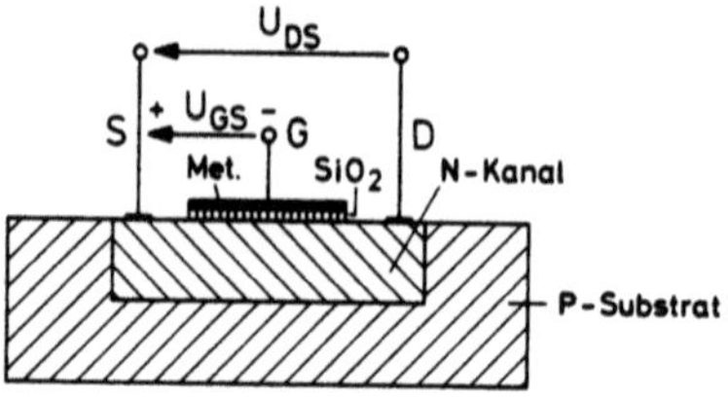

Fig. 133: Aufbau eines selbstleitenden N-Kanal-MOS-FET

In ein P-leitendes Si-Substrat ist ein N-Kanal eindiffundiert (Fig. 133) oder implantiert und sperrschichtfrei mit zwei Zuleitungsdrähten verbunden. Zwischen den Zuleitungselektroden S und D ist auf dem N-Kanal eine extrem dünne Schicht aus SiO_2 (Quarz) aufgebracht. Auf dieser Schicht ist ein metallischer Belag aufgedampft und mit einer Zuleitungselektrode G verbunden (source, drain, gate). Ohne Gate-Spannung verhält sich die SD-Strecke wie ein ohmscher Widerstand. Wenn zwischen G und S eine negative Spannung U_{GS} anliegt, werden die Elektronen unterhalb der Gate-Elektrode weggedrängt und somit wird der leitende Querschnitt des N-Kanals verkleinert. Der Kanalwiderstand wächst mit zunehmender negativer Gate-Source-Spannung U_{GS}. Man nennt diese selbstleitenden Transistoren auch Depletion- oder Verarmungstypen, weil durch die angelegte Steuerspannung U_{GS} eine Ladungsträgerverarmung in der Kanalzone unterhalb der Gate-Elektrode erzwungen wird. Analog sind die P-Kanal-Typen aufgebaut. Die Schaltzeichen für selbstleitende MOS-FET zeigt Fig. 134.

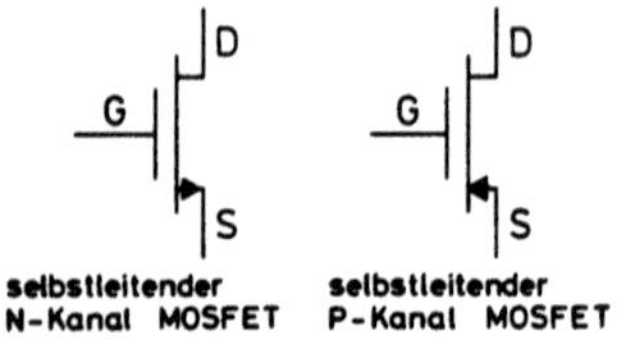

Fig. 134: Schaltsymbole für selbstleitende MOS-FET

2.2.8.3 Selbstsperrende MOS-FET

Fig. 135 zeigt den Aufbau eines selbstsperrenden N-Kanal-MOS-FET. In ein P-leitendes Si-Substrat sind zwei N-Zonen eingebettet und sperrschichtfrei mit Zuleitungsdrähten verbunden. Über der P-Zone zwischen den beiden N-Zonen ist, durch SiO_2 isoliert, die Gate-Elektrode aufgebracht. Zwischen S und D kann wegen der Sperrschichten in keiner Richtung Strom fließen (selbstsperrender MOS-FET). Erst durch Anlegen einer positiven Spannung U_{GS} zwischen S und G werden Elektronen aus den N-Zonen in die P-Zone befördert. Diese können, falls eine Spannung U_{DS} zwischen S und D liegt, den Stromfluß zwischen S und D ermöglichen. Durch Anlegen einer Steuerspannung U_{GS} wird also zwischen S und D ein N-leitender Kanal aufgebaut. Die Kanalzone unterhalb der Gate-Elektrode wird mit Ladungsträgern angereichert. Deshalb bezeichnet man selbstsperrende MOS-FET auch als Anreicherungstypen. Die Gate-Ströme bei MOS-FET sind ca. 10^3mal kleiner als die von Sperrschicht-FET. Man kann Eingangswiderstände bis zu $10^{15}\Omega$ realisieren. Fig. 136 zeigt die Schaltzeichen für selbstsperrende MOS-FET.

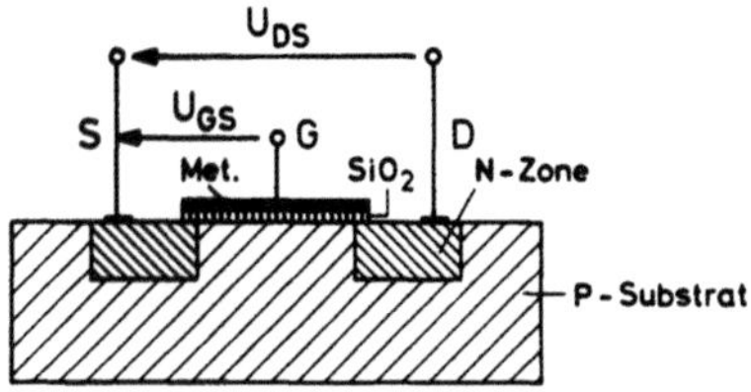

Fig. 135: Aufbau eines selbstsperrenden N-Kanal - MOS-FET

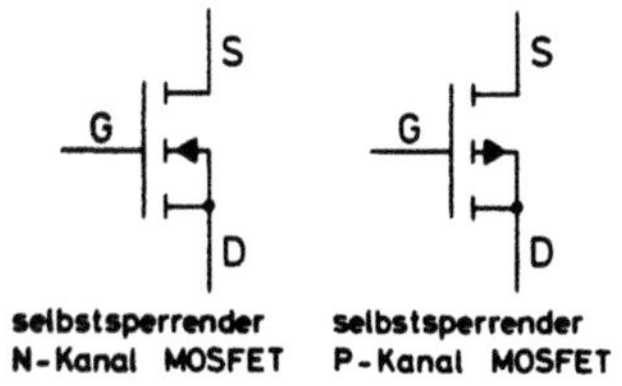

Fig. 136: Schaltsymbole für selbstsperrende MOS-FET

2.2.9 Kennlinien und Parameter der FET

Anhand der Kennlinien eines selbstleitenden N-Kanal-Sperrschicht-FET soll das elektrische Verhalten der FET charakterisiert werden. Die Grundschaltung zur Messung der Kennlinien zeigt Fig. 137. Der Zusammenhang zwischen dem Drain-Strom I_D und der Drain-Source-Spannung U_{DS} bei konstanter Gate-Source-Spannung U_{GS} wird durch das Ausgangskennlinienfeld

(2.95) $I_D = I_D(U_{DS}, U_{GS} = \text{const})$

beschrieben, Fig. 138. Bei $U_{GS} = 0\,V$ steigt I_D zunächst proportional mit U_{DS} an. Der FET verhält sich im Bereich kleiner U_{DS}-Spannungen wie ein ohmscher Widerstand. Oberhalb der Kniespannung U_K strebt der Strom einem Sättigungswert zu. Dieses Verhalten wird durch den Spannungsabfall $U_{Ka} = R_{Ka} I_D$ längs des N-Kanals zwischen Source und Gate-Zone bewirkt. Der Widerstand dieses Kanalabschnitts sei R_{Ka}. Der Bereich des N-Kanals unterhalb der Gate-Zone wird durch den Spannungsabfall U_{Ka} positiver als die Gate-Elektrode selbst, die ja auf Source-Potential liegt (0 V). Es ensteht also eine negative Gate-Source-Spannung, wodurch der N-Kanal-Widerstand vergrößert wird (Fig. 139).

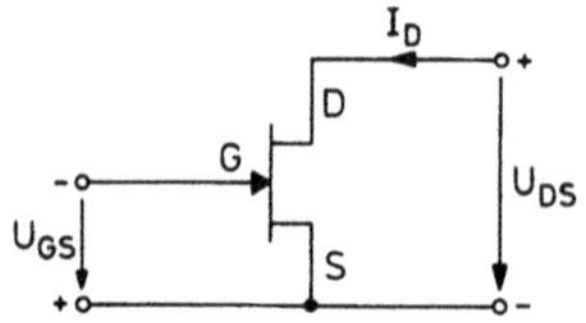

Fig. 137: Zur Messung von FET-Kennlinien

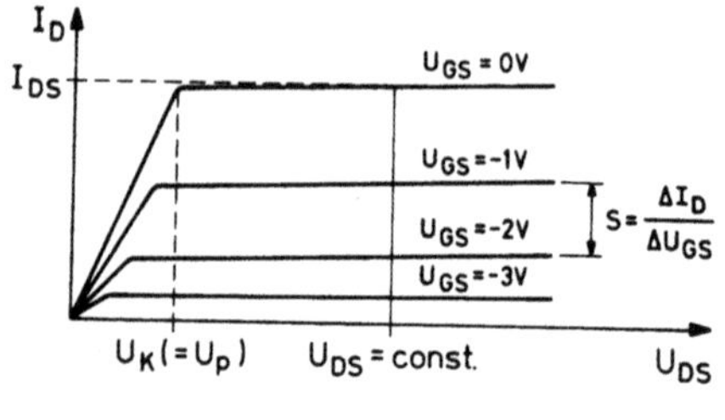

Fig. 138: Ausgangskennlinienfeld eines Sperrschicht FET

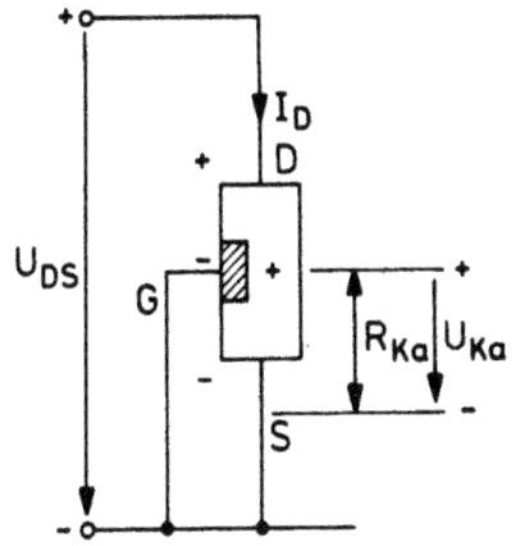

Fig. 139: Zur Erklärung der Kniespannung U_K

Legt man eine äußere negative Spannung U_{GS} zwischen Gate und Source, so wächst der Kanalwiderstand, die Kurve

$$(2.96) \qquad I_D = I_D(U_{DS}, U_{GS} < 0)$$

verläuft flacher und die Kniespannung U_K liegt schon bei kleineren U_{DS}-Spannungswerten. Der Drain-Strom I_D strebt einem Sättigungswert zu, der kleiner als $I_D(U_{GS} = 0\,V)$ ist. Aus diesem Kennlinienfeld lassen sich zwei für den FET wichtige Größen entnehmen: Die für die Steuerwirkung charakteristische Größe ist die Steilheit,

$$(2.97) \qquad S = \left.\frac{\partial I_D}{\partial U_{GS}}\right|_{U_{DS} = \text{const}}$$

Sie gibt an, wie stark sich der Drain-Strom mit der Gate-Spannung ändert. Die Größe S kann in mA/V = mS (S = Siemens) angegeben werden. Wenn man den Zusammenhang zwischen der Eingangsspannung U_{GS} und dem Drain-Strom I_D bei konstanter Drain-Source-Spannung U_{DS} = const untersucht, ergibt sich ein parabelförmiger Verlauf der Funktion $I_D = I_D(U_{GS})$, siehe Fig. 140.

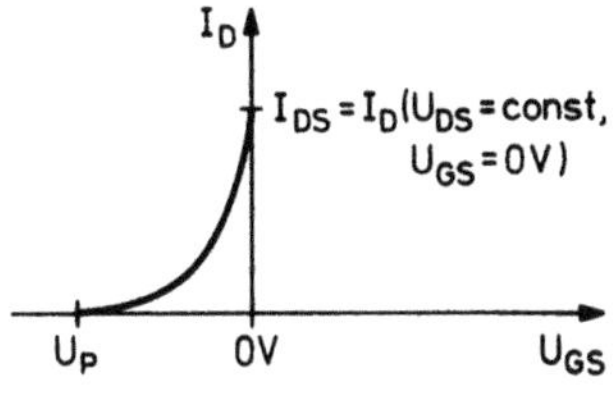

Fig. 140: Abhängigkeit des Drain-Stromes von der Gate-Source-Spannung

Da es sich um einen selbstleitenden FET handelt, fließt bei $U_{GS} = 0\,V$ der Strom

$$I_{DS} = I_D(U_{DS} = \text{const}, \quad U_{GS} = 0\,V).$$

Mit negativ werdender Steuerspannung U_{GS} sinkt der Strom I_D und ist bei der Schwellenspannung U_P (Pinch off) auf einige Nanoampere abgefallen. Die analytische Beziehung zwischen I_D und U_{GS} lautet:

$$I_D = I_{DS}\left(1 - \frac{U_{GS}}{U_P}\right)^2 .$$

Für die Steilheit ergibt sich damit

$$(2.98) \qquad S = \frac{\partial I_D}{\partial U_{GS}} = \frac{2I_{DS}}{U_P}\left(\frac{U_{GS}}{U_P} - 1\right) = \frac{2}{|U_P|}\sqrt{I_{DS}\cdot I_D} .$$

Die Steilheit ist beim Strom $I_D = I_{DS}$ am größten. Sie beträgt dann

$$S_{max} = \frac{2\cdot I_{DS}}{|U_P|} .$$

Bei Kleinsignalverstärker-Transistoren ist S_{max} einige mA/V.

Eine weitere charakteristische Größe, die man dem Ausgangskennlinienfeld entnehmen kann, ist der Ausgangswiderstand des FET

$$(2.99) \qquad r_{DS} = \left.\frac{\partial U_{DS}}{\partial I_D}\right|_{U_{GS} = \text{const}} ,$$

der gleich dem Kehrwert der Steigung einer Kennlinie

$$I_D = I_D(U_{DS},\ U_{GS} = \text{const})$$

ist. Zwischen der Kniespannung U_{Kn} einer Kennlinie mit dem Parameter U_{GS} und der Schwellenspannung U_P besteht die Relation

$$(2.100) \qquad U_K \approx U_{GS} - U_P .$$

Für $U_{GS} = 0$ gilt also

$$(2.101) \qquad U_K \approx |U_P| .$$

Eine wichtige Tatsache ist, daß die Rauschzahl F für Sperrschicht-FET viel kleiner als für bipolare Transistoren ist. FET sind frei vom Stromverteilungsrauschen, das bei bipolaren Transistoren in der Basiszone entsteht. FET werden daher oft in rauscharmen Vorverstärkern mit hochohmigem Eingang eingesetzt.

Zu bemerken ist, daß das Gate-Dielektrikum bei MOS-FET sehr leicht durch das Aufbringen kleiner Ladungsmengen Q zerstört werden kann. Wegen der geringen Dicke des Dielektrikums und der geringen Gate-Kapazität C genügen oft statische Aufladungen durch Berühren mit Kunststoffen und dergleichen, um die Gate-Kanal-Isolation durch Überspannungen $U = Q/C$ zu zerstören. Es ist daher besondere Vorsicht beim Umgang mit FET geboten.

2.2.10 Verstärker-Schaltungen mit FET

Die wichtigste Grundschaltung ist die Source-Schaltung (Fig. 141). Sie ist der Emitter-Schaltung verwandt. Es ist

(2.102) $$U_{DS} = U_V - U_R = U_V - R_D I_D \;.$$

Dies ist die Gleichung der Widerstandsgeraden (Fig. 142a).- Eine Drain-Stromänderung ΔI_D ruft die Ausgangsspannungsänderung

(2.103) $$\Delta U_{DS} = - R_D \, \Delta I_D$$

hervor. Die Drainstromänderung ΔI_D kann nach Glg. (2.97) durch die Steilheit S und die Gatespannungsänderung ΔU_{GS} ausgedrückt werden. Man erhält für die Ausgangsspannungsänderung als Funktion der Eingangsspannungsänderung

(2.104) $$\Delta U_{DS} = - R_D \, S \, \Delta U_{GS} \;.$$

Damit wird die Spannungsverstärkung

(2.105) $$v_u = \frac{\Delta U_{DS}}{\Delta U_{GS}} = - S \, R_D \;.$$

Da die Steilheit nach Glg(2.98) nicht konstant ist, ist auch beim FET die Spannungsverstärkung nichtlinear. Bevor wir näher auf die Nichtlinearitäten eingehen, wollen wir eine Möglichkeit der Arbeitspunkteinstellung bei einer Source-Schaltung kennenlernen. In die Source-Leitung wird ein Widerstand R_S gelegt(Fig. 142b). Der Drain-Strom I_D durchfließt diesen Widerstand und ruft den Spannungsabfall $U_{RS} = R_S I_D$ hervor. Die Source ist um U_{RS} positiver als das Gate, welches über den Widerstand R_G auf Bezugspotential (0 V) liegt,

(2.106) $$U_{RS} + U_{GS} = 0, \quad U_{RS} = - U_{GS} \;.$$

Der Widerstand R_G kann, weil I_G von der Größenordnung 1 nA ist, sehr groß sein. Soll ein bestimmter Drain-Strom I_{DA} beim Arbeitspunkt fließen, so gilt für R_S

(2.107) $$R_S = \frac{U_{RS}}{I_{DA}} = - \frac{U_{GSA}}{I_{DA}} \;;$$

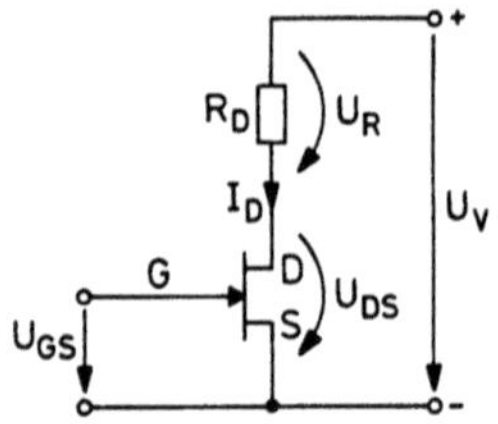

Fig. 141: Die Source-Schaltung

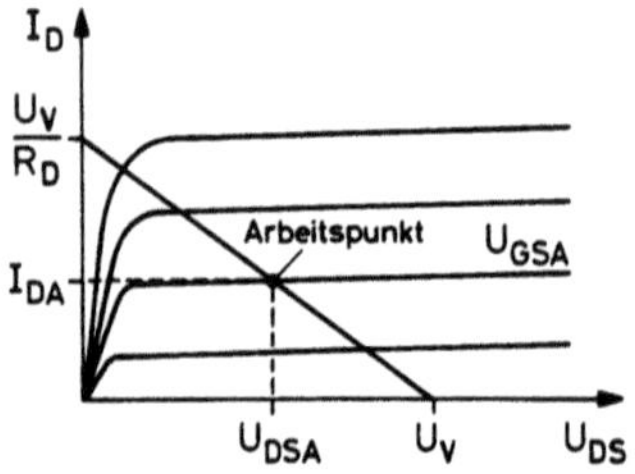

Fig. 142a: Zur Einstellung des Arbeitspunktes

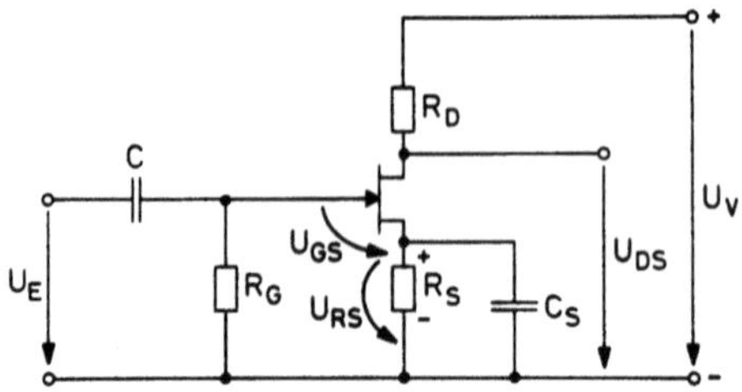

Fig. 142b: Arbeitspunkt-Einstellung durch Widerstand R_S

dabei ist U_{GSA} die Gate-Source-Spannung im Arbeitspunkt. Die Drain-Source-Spannung im Arbeitspunkt ist

$$(2.108) \qquad U_{DSA} = U_V - R_D I_{DA} \ .$$

Bei vorgegebenem Arbeitspunkt (U_{DSA}, I_{DA}) und dem Arbeitswiderstand R_D entnimmt man den Wert U_{GSA} dem Kennlinienfeld (Fig. 142a). Damit ist der Source-Widerstand

$$(2.109) \qquad R_S = - \frac{U_{GSA}}{I_{DA}}$$

bestimmt. Dieser Widerstand R_S bewirkt - ähnlich wie bei der stromgegengekoppelten Emitterschaltung - eine Stromgegenkopplung. Schaltet man parallel zu R_S einen Kondensator C_S, so daß

(2.110) $X_C = \frac{1}{\omega C} << R_S$

ist, so wird eine Wechselstromgegenkopplung für den Frequenzbereich $\nu > 1/2\pi RC$ verhindert, und die Wechselspannungsverstärkung wird

(2.111) $v_u \approx - R_D \cdot S$.

Wird jetzt über den Koppelkondensator C eine Eingangswechselspannung eingespeist, so überlagert sie sich der eingestellten Vorspannung U_{GSA} im Arbeitspunkt. Die Gate-Source-Spannung ist $U_{GS} = U_{GSA} + U_E$. Mit der Glg.(2.98) für die Steilheit folgt für die Spannungsverstärkung

(2.112) $v_u = - SR_D = - \frac{2I_{DS}}{U_P} \left(\frac{U_{GSA} + U_E}{U_P} - 1\right) R_D$.

Hier kann man die Steilheit im Arbeitspunkt

$$S_A = - \frac{2I_{DS}}{U_P} \left(\frac{U_{GSA} - U_P}{U_P}\right)$$

ausklammern und erhält

(2.113) $v_u = R_D S_A \left(1 + \frac{U_E}{U_{GSA} - U_P}\right) = v_{uA} + \Delta v_u$.

Die Verstärkung ist demnach nur dann praktisch unabhängig von U_E und somit linear,

(2.114) $v_u \approx v_{uA} = - R_D \cdot S_A$,

falls die eingangsspannungsabhängige Verstärkungsänderung

(2.115) $\Delta v_u = R_D S_A \frac{U_E}{U_{GSA} - U_P} \to 0$

strebt, bzw. $U_E << U_{GSA} - U_P$ ist. Soll z.B. die relative Abweichung von der Linearität $\Delta v_u / v_u < 5\% = 5 \cdot 10^{-2}$ sein, so gilt für U_E mit $U_{GSA} = - 2$ V, $U_P = - 6$ V:

$$U_E < 5 \cdot 10^{-2} (- 2\,V + 6\,V) = 0{,}2\,V .$$

Bei der Emitterschaltung hatten wir bei einer Linearitätsabweichung <5% für die Eingangsspannung die Bedingung $U_E < 1{,}3$ mV erhalten (Ziff.2.2.1.3). Aufgrund der quadratischen Strom-Spannungsabhängigkeit $I_D \sim U_{GS}^2$ beim FET kann eine Source-Stufe bei gleicher Verzerrung wesentlich weiter ausgesteuert werden als eine vergleichbare Emitterstufe, deren Kollektorstrom eine exponentielle Abhängigkeit von der Eingangsspannung aufweist ($I_C \sim \exp(U_{BE}/U_T)$).

3 Schaltungen mit Operationsverstärkern (OPV)

3.1 Prinzip des Differenzverstärkers

Die bisher besprochenen Verstärkerschaltungen eignen sich nur zur Verstärkung von Wechselspannungen und impulsförmigen Spannungsänderungen, bei denen an die Stabilität der Gleichspannungspotentiale des Verstärkers keine hohen Anforderungen gestellt werden. Gleichspannungsverstärker müssen jedoch u.a. eine temperaturunabhängige Ausgangsspannung abgeben können. Aus physikalischen Gründen sind bei bipolaren Transistoren und FET Eingangsspannungsdriften unvermeidbar. Man kann schaltungstechnisch den Temperatureinfluß auf die Ausgangsspannung eines Gleichspannungsverstärkers dadurch auf ein Minimum reduzieren, daß man den Verstärker symmetrisch auslegt, was im Prinzip auf den Bau zweier exakt gleicher, thermisch eng gekoppelter Verstärker hinausläuft.

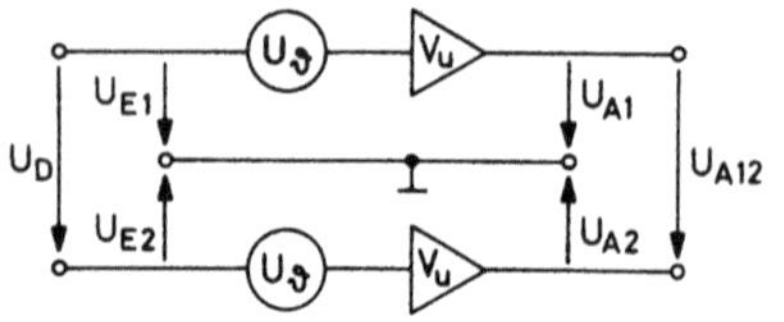

Fig. 143: Zum Prinzip des Differenzverstärkers

In Fig. 143 ist eine solche Anordnung dargestellt. Die Ausgangsspannung U_A ist bei beiden Verstärkern um den Verstärkungsfaktor v_u größer als die Eingangsspannung U_E und die auf den Eingang bezogene (temperaturabhängige) Driftspannung U_ϑ, die wegen der Symmetrie bei beiden Verstärkern gleich sein soll. Es ist

(3.1a) $$U_{A1} = v_u(U_{E1} + U_\vartheta)$$

(3.1b) $$U_{A2} = v_u(U_{E2} + U_\vartheta) \; .$$

Für die Differenz der Ein - und Ausgangsspannungen gilt

(3.2) $$U_{A12} = v_u(U_{E1} - U_{E2}) = v_u U_D \; .$$

D.h. die Eingangsspannungsdifferenz U_D wird driftfrei verstärkt. Von dem skizzierten Schaltungsprinzip machen alle Differenzverstärker Gebrauch. Differenzverstärker mit hoher Verstärkung sind unter der Bezeichnung Operationsverstärker (OPV) vor allem in Form integrierter Mikroschaltungen als universell einsetzbare Verstärker-Bauelemente weit verbreitet. Sie sind sehr preiswert und verdrängen mehr und mehr Verstärkerschaltungen, die mit einzelnen Schaltelementen aufgebaut sind.

3.1.1 Aufbau eines OPV

Ein OPV ist ein mehrstufiger Verstärker, wobei mindestens die Eingangsstufe als Differenzverstärker ausgelegt wird. Der Differenzverstärker wird symmetrisch mit zwei möglichst gleichen und thermisch eng gekoppelten Transistoren T_1 und T_2 aufgebaut (Fig. 144).

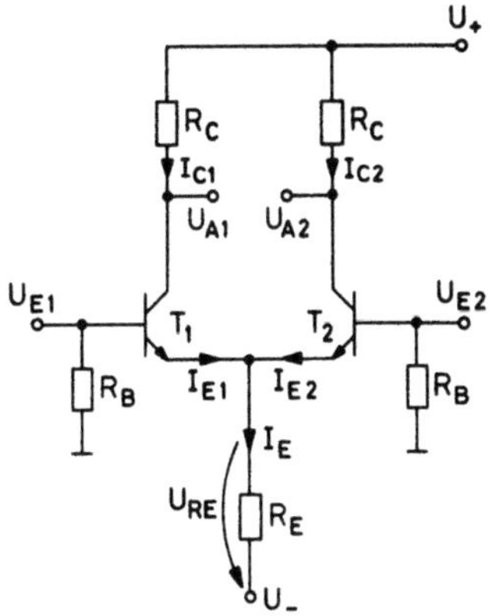

Fig. 144: Differenzverstärker-Stufe mit NPN-Transistoren

Alle Spannungen werden auf das mit ⊥ (Masse) bezeichnete Bezugspotential bezogen, an welchem auch die Widerstände R_B liegen. Die Schaltung wird von zwei Spannungsquellen mit der positiven Spannung U_+ und der negativen Spannung U_- versorgt. An den Eingängen liegen die Spannungen U_{E1} und U_{E2}. Die Ausgangsspannungen sind U_{A1} und U_{A2}.

Ohne Eingangsspannung ($U_{E1} = U_{E2} = 0$) liegt über dem gemeinsamen Emitter-Widerstand R_E die Spannung

(3.3) $U_{RE} = U_{-} - U_{BE}$.

Dabei wird wegen der Symmetrie vorausgesetzt, daß die Basis-Emitterspannung beider Transistoren gleich ist. Durch R_E fließt der Strom

(3.4) $I_E = \frac{U_{RE}}{R_E} = I_{E1} + I_{E2}$.

Aus Symmetriegründen gilt bei $U_{E1} = U_{E2} = 0$, daß

(3.5) $I_{E1} = I_{E2} = \frac{I_E}{2}$.

Wegen $I_E = I_B + I_C \approx I_C$ gilt außerdem $I_{C1} = I_{C2}$.
Aus

(3.6a) $U_{A1} = U_{+} - I_{C1}R_C$

und

(3.6b) $U_{A2} = U_{+} - I_{C2}R_C$

folgt

(3.7) $U_{A1} = U_{A2}$.

D.h.: Bei $U_D = U_{E1} = U_{E2} = 0$ verschwindet auch die Differenz der Ausgangsspannungen, $U_{A12} = U_{A1} - U_{A2} = 0$.

3.1.2 Verstärkung

Wird eine Eingangsspannungsdifferenz durch $\underline{U_{E1} > U_{E2}}$ angelegt, so folgt der Emitter von T_1 der Spannung U_{E1}, und es wird $U_{BE1} > U_{BE2}$. Dadurch wird T_1 stärker leitend als T_2, also

$$I_{E1} > I_{E2} \quad \text{und} \quad I_{C1} > I_{C2} .$$

Infolgedessen fällt U_{A1}, und U_{A2} steigt, so daß $U_{A1} < U_{A2}$ und damit

(3.8) $U_{A12} = U_{A1} - U_{A2} < 0$.

Im Falle $\underline{U_{E1} < I_{E2}}$ wäre $U_{A12} > 0$.

Man sieht, daß die Ausgangsspannungs<u>differenz</u> von der Eingangsspannungs<u>differenz</u> abhängt. Quantitativ ergibt sich

(3.9a) $U_{A1} = U_{+} - R_C\, I_{C1}$

(3.9b) $\Delta U_{A1} = - R_C\, \Delta I_{C1} = - R_C \beta \Delta I_{B1} = - \frac{R_C \beta}{r_{BE}} \Delta U_{BE1}$.

Ebenso wird

(3.10) $\Delta U_{A2} = -\dfrac{R_C\beta}{r_{BE}}\,\Delta U_{BE2}$

und damit

(3.11) $\Delta U_A = \Delta U_{A1} - \Delta U_{A2} = v_D(\Delta U_{BE1} - \Delta U_{BE2})$

mit

(3.12) $v_D = -\dfrac{R_C\beta}{r_{BE}}$.

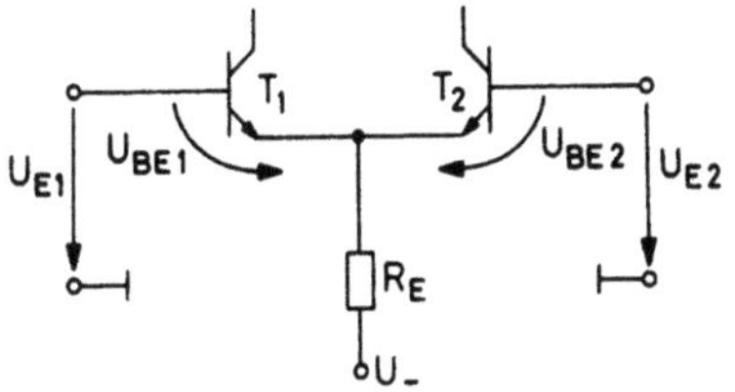

Fig. 145: Einganssspannungen beim Differenzverstärker

Aus Fig. 145 liest man die Beziehung ab

(3.13) $U_{E1} - U_{BE1} = U_{E2} - U_{BE2}$,

oder

(3.14) $U_D = U_{E1} - U_{E2} = U_{BE1} - U_{BE2}$.

Es gilt folglich nach Glg.(3.11)

(3.15) $\Delta U_A = v_D\,\Delta U_D$,

d.h. die Ausgangsspannungsänderung ist um den Faktor v_D, die Differenzverstärkung, größer als die Differenzspannungsänderung am Eingang. Die Differenzverstärkung v_D ist nach Glg.(3.12) ebenso groß wie die Spannungsverstärkung v_u einer Emitterstufe, Ziff. 2.2.1.2.

Bei Änderung der Eingangsspannung U_D sind die Änderungen der einzelnen Ausgangsspannungen U_{A1} und U_{A2} entgegengesetzt gleich. Falls nämlich $I_E = \text{const} = I_{E1} + I_{E2}$, so ist

(3.16) $\Delta I_{E1} = -\Delta I_{E2}$, $\Delta I_{C1} = -\Delta I_{C2}$,

also

$$\Delta U_{A1} = -R_C\,\Delta I_{C1} = R_C\,\Delta I_{C2} = -\Delta U_{A2}$$

und damit

$$\Delta U_A = \Delta U_{A1} - \Delta U_{A2} = 2\Delta U_{A1} \,,$$

$$\Delta U_{A1} = -\Delta U_{A2} = \frac{\Delta U_A}{2} \,,$$

sowie

$$\frac{\Delta U_{A1}}{\Delta U_D} = -\frac{\Delta U_{A2}}{\Delta U_D} = \frac{v_D}{2} \,. \tag{3.17}$$

Die einzelnen Ausgangsspannungsänderungen ΔU_{A1} und ΔU_{A2} sind also halb so groß wie die Gesamtausgangsspannungsänderung ΔU_A.

3.1.3 Gleichtaktverstärkung und -Unterdrückung

Bei der Ableitung der Beziehung (3.17) hatten wir $I_E = \text{const}$ vorausgesetzt. Im allgemeinen ist I_E jedoch von den Eingangsspannungen abhängig. Wir legen eine Gleichtaktspannung

$$U_{gl} = U_{E1} = U_{E2} \tag{3.18}$$

an beide Eingänge des Differenzverstärkers (Fig. 144). Dann ist

$$I_E = I_{E1} + I_{E2} = \frac{U_{RE}}{R_E} = \frac{U_{gl} - U_{BE} + U_-}{R_E} = I_E(U_{gl}) \,. \tag{3.19}$$

Für die Stromänderung gilt mit $U_- = \text{const}$ und $U_{BE} \approx \text{const}$:

$$\Delta I_E = \Delta I_{E1} + \Delta I_{E2} = \frac{\Delta U_{RE}}{R_E} \approx \frac{\Delta U_{gl}}{R_E} \,. \tag{3.20}$$

Wegen der Symmetrie der Schaltung ist

$$\Delta I_{E1} = \Delta I_{E2} = \frac{\Delta I_E}{2} \approx \frac{1}{2}\,\frac{\Delta U_{gl}}{R_E} \,. \tag{3.21}$$

Für die Abhängigkeit der Ausgangsspannungen von der Gleichtaktspannung erhält man, weil $I_{E1} \approx I_{C1}$

$$\Delta U_{A1} = -R_C \Delta I_{E1} = -\frac{R_C}{R_E}\,\frac{\Delta U_{gl}}{2} \,. \tag{3.22}$$

Man definiert als <u>Gleichtaktverstärkung</u>

$$v_{gl} = \frac{\Delta U_{A1}}{\Delta U_{gl}} = \frac{\Delta U_{A2}}{\Delta U_{gl}} = -\frac{R_C}{2R_E} \,. \tag{3.23}$$

Die Ausgangsspannung hängt also nicht nur, wie beabsichtigt, von der Eingangsspannungsdifferenz U_D ab, sondern leider auch von der

Gleichtaktspannung U_{gl} (bei welcher $U_D = 0$).

Da man eine Gleichtaktverstärkung nicht ganz ausschließen kann, sollte die Differenzverstärkung jedenfalls wesentlich größer als die Gleichtaktverstärkung sein. Aus dieser Forderung,

$$v_D \approx -\frac{R_C\beta}{r_{BE}} \gg v_{gl} = -\frac{R_C}{2R_E},$$

folgt

$$R_E \gg \frac{r_{BE}}{\beta} \quad (3.24)$$

Sehr große Werte von R_E lassen sich dadurch erreichen, daß man den ohmschen Widerstand im Emitterstrompfad durch eine Konstantstromquelle mit hohem Ausgangswiderstand ersetzt. In der Schaltung der Fig. 146 gibt der Transistor T_3 den Ausgangsstrom

$$I_E = \frac{U_R}{R} = \frac{U_Z - U_{BE}}{R} = \text{const} \quad (3.25)$$

an den Differenzverstärker T_1, T_2 ab. Auf diese Weise kann man für das Verhältnis $G = \frac{v_D}{v_{gl}}$ Werte $> 10^5$ erreichen. G heißt <u>Gleichtaktunterdrückung</u> ($v_{gl} = \frac{1}{G} v_D$).

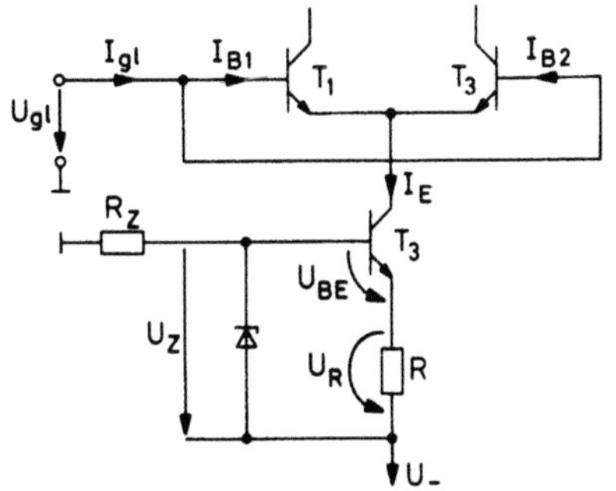

Fig. 146: Differenzverstärker mit Konstantstromquelle

3.1.4 Gleichtakt-Eingangswiderstand

Eine weitere wichtige Größe ist der Gleichtakteingangswiderstand (Fig. 146)

(3.22) $$r_{gl} = \frac{\Delta U_{gl}}{\Delta I_{gl}},$$

wobei der Gleichtakteingangsstrom durch $I_{gl} = I_{B1} + I_{B2}$ gegeben ist. Aus $\Delta I_E = \Delta I_{E1} + \Delta I_{E2}$ folgt mittels der Stromverstärkung, $\Delta I_E = \beta \Delta I_B$, auch

(3.23) $$\Delta I_E = \beta (\Delta I_{B1} + \Delta I_{B2}) = \beta \Delta I_{gl} .$$

Ferner ist bei einem Widerstand R_E im Emitterstrompfad

(3.24) $$\frac{\Delta U_{gl}}{\Delta I_E} = R_E ,$$

so daß man für den Gleichtakteingangswiderstand

(3.25) $$r_{gl} = \frac{\Delta U_{gl}}{\Delta I_{gl}} = \frac{\Delta U_{gl}}{\Delta I_E} \beta = \beta R_E$$

erhält. Falls R_E durch eine Konstantstromquelle ersetzt wird (Fig. 146), lassen sich unter Verwendung bipolarer Transistoren Gleichtakteingangswiderstände $r_{gl} > 10^8 \Omega$ erzielen. Differenzverstärker mit extrem hohen Eingangswiderständen (Ziff. 4.8) $r_{gl} > 1\,G\Omega$ und sehr kleinen Eingangsströmen $I_{gl} < 1\,nA$ werden mit FET aufgebaut. Wenn die Differenzverstärkung einer Stufe nicht ausreicht, schaltet man mehrere Differenzverstärker hintereinander.

3.2 Mehrstufiger Operationsverstärker

Ein universeller OPV soll nicht nur eine große Spannungsverstärkung aufweisen, sondern seine Ausgangsspannung U_A sollte auch beliebige Werte innerhalb eines möglichst großen Spannungsintervalls annehmen können, im Idealfall jeden Wert zwischen den Versorgungsspannungswerten U_- und U_+: $U_- \leq U_A \leq U_+$. Dies erreicht man durch eine nachgeschaltete unsymmetrische Verstärkerstufe, die in einem einfachen Fall von der Ausgangsspannung U_{A1} oder U_{A2} der Differenzverstärkerstufe angesteuert wird (Fig. 147). Die Basis-Emitterspannung des Transistors T_4, der in Emitter-Schaltung arbeitet, ist

(3.26) $\quad -U_{BE} = U_+ - U_{A2}\,, \quad \Delta U_{BE} = \Delta U_{A2}\,.$

An dieser Stelle sei darauf hingewiesen, daß in vielen der nachfolgenden Überlegungen (besonders auch in Ziff.3.3) neben Spannungen auch Spannungsänderungen in die Betrachtungen besonders einbezogen werden, und es werden dann verschiedene Verstärkungsfaktoren eingeführt, die man auseinanderhalten muß.

Falls $|U_{BE}| << 0{,}6\,V$ ist, sperrt T_4, und I_C ist praktisch 0. Dann ist $U_A' = U_- - R_i I_C \approx U_-$. Falls $|U_{BE}| > 0{,}6\,V$ ist, geht T_4 in den Sättigungsbereich, so daß U_A' sich nur sehr wenig vom Emitterpotential U_+ des Transistors T_4 unterscheidet. In diesem Fall ist $U_A' \approx U_+$. Damit kommt man der Forderung nach größtmöglichem Ausgangsspannungshub $U_- \leq U_A' \leq U_+$ sehr nahe. Außerdem werden die Ausgangsspannungsänderungen ΔU_{A1} oder ΔU_{A2} der Differenzverstärkerstufe noch um die Spannungsverstärkung v_u der PNP-Emitterstufe verstärkt (Glg.(3.17))

(3.27) $\quad \Delta U_A' = v_u \Delta U_{A2} = -v_u \frac{v_D}{2} \Delta U_D\,.$

Es ist nicht sinnvoll, die Ausgangsspannung eines vielseitig verwendbaren Verstärkers am (hochohmigen) Arbeitswiderstand R_C einner Emitterstufe abzugreifen. Von der Ausgangsstufe eines Universalverstärkers verlangt man nämlich, daß sie große Ströme I_A an nachgeschaltete Verbraucher R_L abgeben kann, und daß ihre Ausgangsspannung U_A nur wenig vom Laststrom I_A abhängt. Das bedeutet: der Ausgangswiderstand des Verstärkers $r_A = \partial U_A / \partial I_A$ soll möglichst klein sein. Man genügt diesen Forderungen durch eine Emitterfolger-Ausgangsstufe (Ziff. 2.2.2.4).

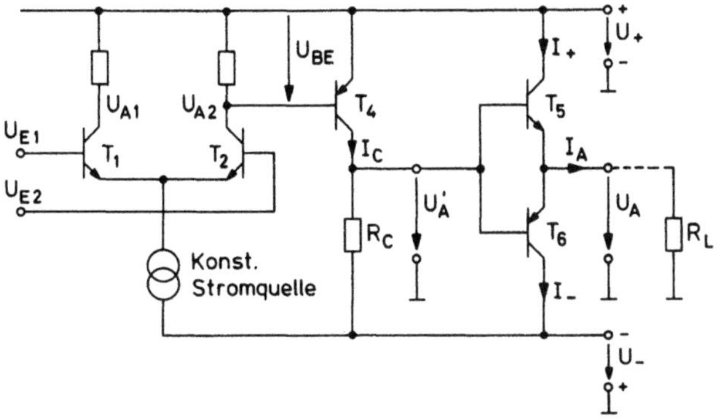

Fig. 147: Dreistufige Operationsverstärker

Die Ausgangsspannung U_A kann sowohl positive als auch negative Werte annehmen. Ebenso der Ausgangsstrom I_A. Daher muß die Ausgangsstufe mit zwei komplementären Transistoren aufgebaut werden. Der NPN-Transistor T_5 (Fig. 147) liefert positive Ausgangsströme I_+. Er leitet, falls $U_A' > 0{,}6\,V$, und dann ist

$$(3.28) \qquad U_A = U_A' - U_{BE}(T_5) \approx U_A' - 0{,}6\,V\,.$$

Weil in diesem Fall die Basisspannung der Transistoren T_5 und T_6 positiver als ihre Emitterspannung ist, sperrt der PNP-Transistor T_6.- Der Transistor T_6 liefert negative Ausgangsströme I_-: er leitet, falls $U_A' < -0{,}6\,V$ ist. Die Ausgangsspannung ist dann um $U_{BE}(T_6)$ positiver als U_A',

$$(3.29) \qquad U_A \approx U_A' + 0{,}6\,V\,.$$

In diesem Fall sperrt der Transistor T_5. Die Transistoren T_5 und T_6 arbeiten also wechselweise oder im Gegentakt. Die eben beschriebene Gegentakt-Endstufe hat infolge der Basis-Emitterspannungen der Transistoren T_5 und T_6 allerdings eine "tote Zone": für $-0{,}6\,V < U_A' < 0{,}6\,V$ ist $U_A \approx 0$. Man spricht von einer Gegentakt-Endstufe im B-Betrieb.

Um den Spannungsbereich $-0{,}6\,V < U_A' < 0{,}6\,V$ ebenfalls unverzerrt übertragen zu können, kann man zwischen die Basen der Transistoren T_5 und T_6 eine Spannungsquelle von ca. 1,2 V Spannung legen, so daß durch beide Transistoren von der Spannungsquelle U_+ nach U_- ein kleiner Ruhestrom I_0 fließt (AB-Betrieb), Fig. 148.

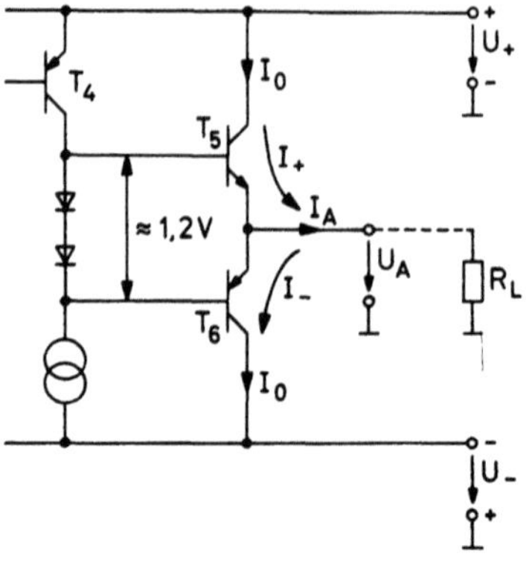

Fig. 148: Zur Arbeitspunkt-Einstellung der Endstufe

Als Vorspannungsquelle dienen im einfachsten Fall zwei Dioden, deren Spannungsabfall in Flußrichtung $U_F = U_{BE} \approx 0{,}6\,V$ ist. Schickt man einen konstanten Strom durch diese Dioden, so bleibt auch die Vorspannung $2U_F$ konstant. Der große Ausgangswiderstand r_A der Konstantstromquelle dient darüberhinaus als dynamischer Arbeitswiderstand im Kollektorkreis der Emitterstufe (T_4), so daß deren Spannungsverstärkung sehr hoch ist. Der Ausgangsspannungshub einer solchen Gegentaktstufe ist mindestens um den Spannungsabfall $2U_{BE} \approx 1{,}2\,V$ der Transistoren T_5 und T_6 kleiner als der der vorhergehenden Stufe,

(3.30) $$U_- + 0{,}6\,V < U_A < U_+ - 0{,}6\,V \;.$$

Zusammenfassend halten wir fest: Ein Operationsverstärker besteht im Prinzip aus drei Stufen,

1) einer symmetrisch gebauten Differenzverstärker-Stufe im Eingang mit hohem Gleichtakt-Eingangswiderstand,
2) einer unsymmetrischen Verstärker-Stufe zur Erzeugung eines maximalen Spannungshubes,
3) einer niederohmigen Ausgangsstufe.

Die Gesamtverstärkung

(3.31) $$v_o = \frac{\Delta U_A}{\Delta U_D}$$

ist gleich dem Produkt der Verstärkungsfaktoren v_1, v_2 ... der einzelnen Verstärkerstufen $v_o = v_1 v_2 \ldots$ und wird als Leerlaufverstärkung bezeichnet.

3.3 Gegenkopplung

Das Schaltsymbol für einen OPV, dessen Aufbau im vorhergehenden Abschnitt beschrieben wurde, weist im einfachsten Fall nur drei Anschlußklemmen auf: Die beiden Differenzverstärker-Eingänge und den Endstufen-Ausgang (Fig. 149). Alle Spannungen werden auf einen gemeinsamen Nullpunkt bezogen, der auch die Bezugsspannung (Masse) für die im allgemeinen nicht eingezeichneten Versorgungsspannungen U_V darstellt.

Der Zusammenhang zwischen den Eingangsspannungen und der Ausgangsspannung am OPV ist gegeben durch

(3.32) $U_A = v_o(U_{E+} - U_E) = v_o \Delta U_E = v_o U_D$,

v_o ist die Leerlaufverstärkung des OPV (s. Glg.(3.31)). Typische Werte sind

(3.33) $10^4 < v_o < 10^6$,

und in jedem Fall gilt $v_o >> 1$.

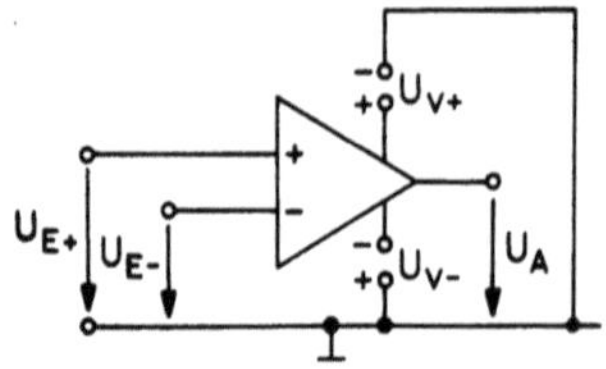

Fig. 149: Schaltsymbol eines OPV mit Spannungen

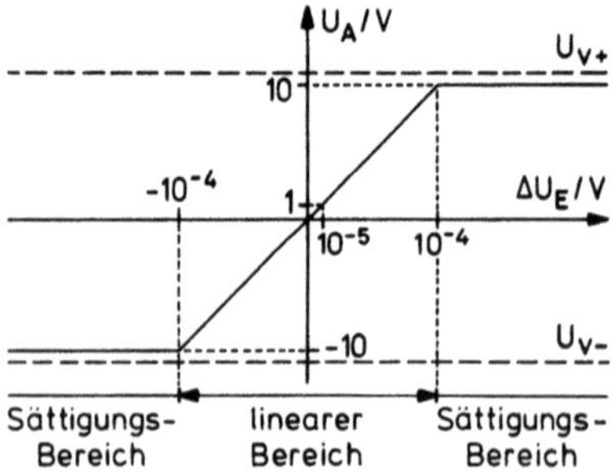

Fig. 150: Ausgangsspannung als Funktion der Eingangsspannung beim OPV

Fig. 150 veranschaulicht den Zusammenhang $U_A = v_o \Delta U_E = v_o U_D$ mit $v_o = 10^5$. Aufgrund der hohen Leerlaufverstärkung erreicht die Ausgangsspannung schon bei einer kleinen Eingangsspannungsdifferenz (hier $\Delta U_E = 10^{-4}$V) die maximale Ausgangsspannung (hier 10 V). Wie schon gezeigt, gilt $U_- < U_A < U_+$. Im Sättigungsbereich ist die Ausgangsspannung konstant. Abhängig vom Aufbau der Endstufe des OPV erreicht die Ausgangsspannung im Sättigungsbereich fast die Werte der Versorgungsspannungen. Durch die Versorgungsspannungen wird also der lineare Bereich begrenzt.

Die Leerlaufverstärkung v_o ist eine von den Transistorparametern abhängige Größe, d.h. sie ist exemplarabhängig (großer Streubereich) und temperaturabhängig (Drift). Aufgrund der Transistor-

Nichtlinearitäten ist zu erwarten, daß im "linearen Bereich" kein streng linearer Zusammenhang zwischen U_A und ΔU_E besteht.

Wie in Ziff. 2.2.2.2 bereits gezeigt, lassen sich Verstärker mit beliebigem Verstärkungsfaktor, guter Linearität und Stabilität aufbauen, wenn man vom Prinzip der Gegenkopplung Gebrauch macht. Man führt die Ausgangsspannung so auf den Eingang zurück, daß die Wirkung der Eingangsspannung abgeschwächt wird: Eingangsspannung und zurückgeführte Ausgangsspannung müssen gegenphasig sein oder am Ausgang entgegengesetzte Wirkung hervorrufen.

Wir betrachten zunächst eine Schaltung, bei der die zu verstärkende Eingangsspannung U_E an den "nicht invertierenden Eingang" des OPV gelegt wird, Fig. 151. U_A und U_E sind dann gleichphasig. Daher heißt diese Schaltung Nichtinvertierender Verstärker.

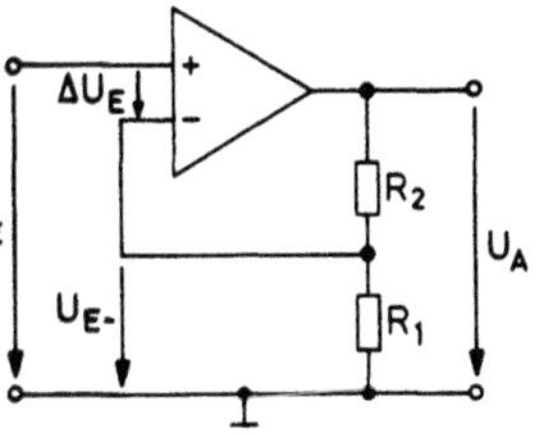

Fig. 151: Nichtinvertierender, gegengekoppelter Verstärker

Ein Teil der Ausgangsspannung wird über den Spannungsteiler R_1, R_2 auf den invertierenden Eingang zurückgeführt und wirkt damit der Eingangsspannung U_E entgegen.- Die Frage ist: Wie groß ist die Verstärkung zwischen der Eingangs- und Ausgangsklemme dieser Schaltung, also die Klemmenverstärkung

(3.34) $$v_{kl} = \frac{U_A}{U_E} \quad .$$

Zur Berechnung gehen wir von Glg.(3.32) aus. In der Schaltung nach Fig. 151 ist die Spannung am nichtinvertierenden Eingang gleich der zu verstärkenden Eingangsspannung, $U_{E+} = U_E$. Der Spannungsteiler liefert für den invertierenden Eingang

(3.35) $$U_{E-} = U_A \frac{R_1}{R_1 + R_2} \quad .$$

Folglich ist nach Glg.(3.32)

$$(3.36)\qquad U_A = v_o(U_E - U_A \frac{R_1}{R_1 + R_2}) = v_o(U_E - kU_A)$$

mit dem Koppelfaktor

$$(3.37)\qquad k = \frac{R_1}{R_1 + R_2} < 1 \ .$$

Damit wird die Klemmenverstärkung

$$(3.38)\qquad v_{kl} = \frac{U_A}{U_E} = \frac{v_o}{1 + kv_o} = \frac{1}{k}\,\frac{1}{1 + \frac{1}{kv_o}} \ .$$

Das Produkt aus Leerlaufverstärkung v_o und Koppelfaktor (Abschwächung) k heißt Schleifenverstärkung,

$$(3.39)\qquad v_S = kv_o \ ;$$

sie ist die Verstärkung zwischen der Eingangsklemme und dem Ausgang des Spannungsteilers ohne Gegenkopplung (offene Schleife, Fig. 152), denn dann ist $U_{E-} = 0$, also nach Glg.(3.32) $U_A = v_o U_{E+} = v_o U_E$.

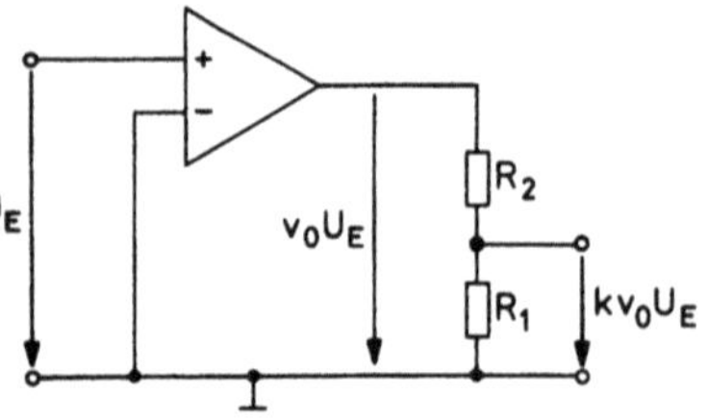

Fig. 152: Zur Schleifenverstärkung $v_S = kv_o$

Wie schon gezeigt, ist die Leerlaufverstärkung $v_o >> 1$. Zwar ist $k \leq 1$, aber wir nehmen an, daß die Schleifenverstärkung $v_S = kv_o$ immer noch groß gegen 1 ist. Aus Glg.(3.38) erhält man

$$(3.40)\qquad v_o/v_{kl} = 1 + v_S \approx v_S \ ,$$

und eine Reihenentwicklung liefert

$$(3.41)\qquad v_{kl} = \frac{1}{k}\,\frac{1}{1 + \frac{1}{v_S}} = \frac{1}{k}\,(1 - \frac{1}{v_S} + \ldots) \ .$$

Bis auf den Ausdruck $1/v_S = 1/kv_o << 1$ gilt also

$$(3.42)\qquad v_{kl} \approx \frac{1}{k} = \frac{R_1 + R_2}{R_1} = 1 + \frac{R_2}{R_1} \ .$$

Damit ist die Klemmenverstärkung v_{kl}, abgesehen von $\Delta v_{kl} = \frac{1}{v_S} \ll 1$, durch das Widerstandsverhältnis R_2/R_1 festgelegt und praktisch unabhängig von der Leerlaufverstärkung v_o des OPV. Die Klemmenverstärkung wird umso exakter durch $v_{kl} = \frac{1}{k}$ beschrieben, je größer v_o ist,

$$\lim_{v_o \to \infty} v_{kl} = \frac{1}{k}\left(1 - \frac{1}{kv_o}\right) = \frac{1}{k} .$$

Bei endlicher Leerlaufverstärkung v_o wirken sich Schwankungen der Leerlaufverstärkung um Δv_o (z.B. durch Temperatureinflüsse) nur noch sehr wenig auf die Klemmenverstärkung aus, wenn $v_{kl} \ll v_o$ ist. Quantitativ gilt für die Änderung der Klemmenverstärkung Δv_{kl} bei Änderung der Leerlaufverstärkung um Δv_o in erster Näherung

$$\frac{dv_{kl}}{dv_o} = \frac{d}{dv_o}\left(\frac{1}{k} - \frac{1}{k^2}\frac{1}{v_o}\right) = \frac{1}{k^2 v_o^2} \approx \frac{v_{kl}^2}{v_o^2}$$

oder

$$(3.43) \qquad \frac{\Delta v_{kl}}{v_{kl}} = \frac{v_{kl}}{v_o}\,\frac{\Delta v_o}{v_o} \approx \frac{1}{kv_o}\,\frac{\Delta v_o}{v_o} = \frac{1}{v_S}\,\frac{\Delta v_o}{v_o} .$$

Das bedeutet: Die relative Änderung der Klemmenverstärkung ist um den Faktor $\frac{1}{v_S} \ll 1$ kleiner als die relative Änderung der Leerlaufverstärkung. Das gilt auch für die Nichtlinearität des OPV selber, die sich nur im Verhältnis $\frac{1}{v_S}$ auf die Klemmenverstärkung auswirkt.

Damit sind wir in der Lage, die Klemmenverstärkung in weiten Grenzen frei zu wählen. Falls nämlich $kv_o = v_S >> 1$, liegt die Klemmenverstärkung $v_{kl} \approx 1/k = 1 + R_1/R_2$ zwischen dem Wert 1 und einem durch das Widerstandsverhältnis R_1/R_2 einstellbaren Wert.

Die Bedeutung der gewonnenen Größen soll an einem Beispiel erläutert werden. Gegeben sei ein OPV mit der Leerlaufverstärkung $v_o = 10^5$. Es soll ein Verstärker mit der Klemmenverstärkung $v_{kl} = 100$ aufgebaut werden.- Aus Glg.(3.42) folgt $R_2 = 99\,R_1$. Die Werte von R_1 und R_2 sind in weiten Grenzen frei wählbar. Diese Grenzen sind durch den technischen Aufbau des OPV bedingt. Der minimale Widerstand für den Spannungsteiler, der ja eine Last $R_L = R_1 + R_2$ für den Ausgang des OPV darstellt, ist begrenzt durch den maximalen Ausgangsstrom I_{Amax} des OPV. Ein typischer Wert ist $I_{Amax} \leq 10\,mA$, so daß bei einer maximalen Ausgangsspannung von $U_{Amax} = 10\,V$ gilt

$$R_L = \frac{U_{Amax}}{I_{Amax}} \geqq \frac{10\,V}{10^{-2}A} = 1\,k\Omega\,.$$

Die Werte für R_1 und R_2 werden nach oben durch die Eingangsströme des OPV begrenzt. Typische Werte sind $I_{E+} \approx I_{E-} < 1\,\mu A$. Der Strom I_{E-} belastet den Spannungsteiler. Er ruft am Innenwiderstand $R_i = \frac{R_1 R_2}{R_1 + R_2}$ des Spannungsteilers (Glg.(1.17)) den Spannungsabfall $U_{E-} = R_i I_{E-}$ hervor (Fig. 153).

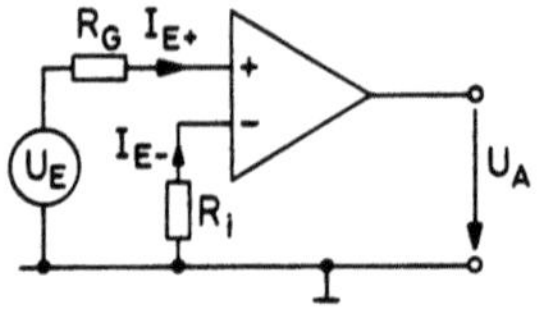

Fig. 153: Zum Einfluß der Eingangsströme auf die Ausgangsspannung

Aufgrund der Eingangsströme entsteht am Eingang des OPV eine unerwünschte Spannungsdifferenz

$$\Delta U_E = R_G I_{E+} - R_i I_{E-} \approx \frac{I_{gl}}{2}(R_G - R_i)\quad .$$

Man kann diese Spannungsdifferenz sehr klein machen, wenn man $R_G = R_i$ wählt. In jedem Fall ist es wünschenswert, den Spannungsabfall, der durch die Eingangsströme bedingt ist, klein gegenüber der zu verstärkenden Eingangsspannung U_E zu machen: $R_i I_{E-} \ll U_E$. Wenn wir für die Eingangsspannung $U_E > 10^{-3}\,V$ ansetzen, so folgt wegen $I_{E-} < 10^{-6}A$, $R_i 10^{-6}\,A < 10^{-3}\,V$, für den Innenwiderstand $R_i < 10^3\Omega$. Wählen wir z.B. $R_1 = 10^2\Omega$ und damit $R_2 = 99 \cdot R_1 = 9{,}9\,k\Omega$, so sind die Bedingungen für R_L und R_i erfüllt. Nach Glg.(3.41) ist der relative Fehler der Klemmenverstärkung $\Delta v_{kl} = \frac{1}{kv_o}$. In unserem Beispiel führt dies auf $\Delta v_{kl} = \frac{1}{10^{-2} \cdot 10^5} = 10^{-3}$.

Dieser Verstärkungsfehler ist durch die endliche Leerlaufverstärkung v_o bedingt, was noch durch folgendes Beispiel verdeutlicht werden soll.

Nehmen wir an, es solle die Spannung $U_E = 10^{-2}V$ verstärkt werden. Dann hat die Ausgangsspannung unter Benutzung der Formel $U_A = v_{kl} U_E$ den Wert $U_A = 10^2 \cdot 10^{-2}V = 1\,V$. Wegen der endlichen Leerlaufverstärkung $v_o = 10^5$ ist zur Erzeugung einer Ausgangsspannung von $U_A = 1\,V$ eine Eingangsspannungs<u>differenz</u> von nur

$$\Delta U_E = \frac{U_A}{v_o} = \frac{1\,V}{10^5} = 10^{-5} V$$

erforderlich (s. Fig. 150). Die Spannung ΔU_E liegt zwischen den Eingangsklemmen des OPV (s. Fig. 151). Aus $\Delta U_E = U_A/v_o$ und

$$U_A = v_{kl} U_E = \frac{1}{k} U_E$$

folgt

$$\Delta U_E = \frac{1}{kv_o} U_E ,$$

d.h.

$$\frac{\Delta U_E}{U_E} = \frac{1}{kv_o} = \frac{1}{v_S} = \frac{10^{-5}\,V}{10^{-2}\,V} = 10^{-3} .$$

Wenn wir in die genauere Formel (3.39) für die Klemmenverstärkung

$$v_{kl} = \frac{U_A}{U_E} = \frac{1}{k}(1 - \frac{1}{v_S})$$

die Größen $\frac{1}{v_S} = \frac{\Delta U_E}{U_E}$ und $\frac{1}{k} = v_{kl}$ einsetzen, so erhalten wir

$$U_A = v_{kl} U_E (1 - \frac{\Delta U_E}{U_E}) = v_{kl} U_E - v_{kl} \Delta U_E .$$

Die Ausgangsspannung U_A ist demnach in Wirklichkeit um

$$\Delta U_A = - v_{kl} \Delta U_E = - 10^2 \cdot 10^{-5} = - 10^{-3} V$$

kleiner, als nach der vereinfachten Formel $U_A = v_{kl} U_E$. Wir machen bei Anwendung dieser Formel also einen Fehler von

$$\frac{\Delta U_A}{U_A} = \frac{\Delta U_E}{U_E} = \frac{1}{v_S} = \frac{v_{kl}}{v_o} .$$

Dieser Fehler beträgt in unserem Beispiel - wie schon gezeigt - $1\,^o/oo$. Das bedeutet u.a: der Einfluß der Leerlaufverstärkung v_o (und darin eingeschlossene Nichtlinearitäten und Temperaturabhängigkeiten) auf die Klemmenverstärkung v_{kl} beträgt ebenfalls $1\,^o/oo$, s. Glg.(3.42) mit $v_S = 10^3$.

<u>3.4 Bandbreite und Kompensation</u>

Die Gegenkopplung bewirkt nicht nur eine Verbesserung der Linearität und Stabilität im Verhältnis $\frac{1}{v_S}$, sondern es wird auch die Bandbreite eines gegengekoppelten Verstärkers um den Faktor v_S vergrößert. Wie jeder Verstärker, so stellt auch ein OPV einen Tiefpaß (Ziff. 1.1.3.1) dar, dessen Grenzfrequenz ν_g durch Schaltkapazitäten und die Frequenzabhängigkeit der Stromverstärkung $\beta = \beta(\nu)$ der Transistoren bedingt ist. Ein OPV ist ein mehrstufiger Verstärker, wobei jede Stufe einen Tiefpaß darstellt.

3.4.1 Bandbreite

Wir betrachten zunächst die Frequenzabhängigkeit der Verstärkung $v_o(\nu)$ eines einstufigen Verstärkers bzw. OPV und gehen dabei ähnlich wie in Ziff. 1.1.3.1 vor. Der OPV wird durch einen idealen Verstärker mit der frequenzunabhängigen Leerlaufverstärkung $v_o = v_o(0)$ (Gleichspannungsverstärkung) beschrieben, dem ein Tiefpaß mit der Übertragungsfunktion $g(\nu)$ nach Fig. 154 vorgeschaltet ist.

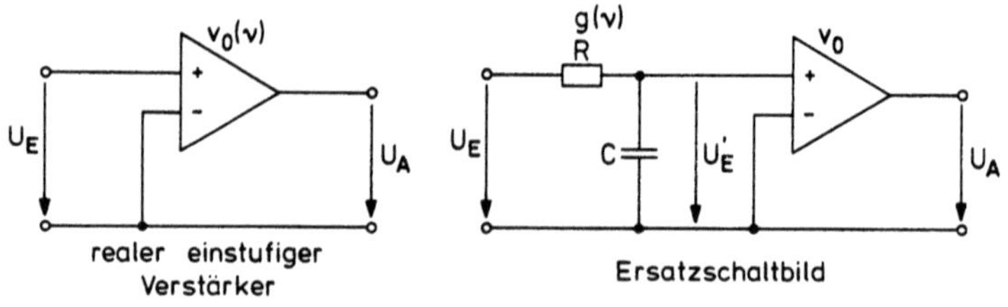

Fig. 154: Einstufiger Operationsverstärker und Ersatzschaltbild

Der Ansatz lautet also

(3.44) $$v_o(\nu) = v_o(0)g(\nu)$$

mit

(3.45) $$g(\nu) = \frac{X_C}{X_C+R} = 1/(1 + j\,\frac{\nu}{\nu_g})$$

und der Grenzfrequenz $\nu_g = 1/2\pi RC$. Für den Betrag der Verstärkung gilt dann

(3.46) $$|v_o(\nu)| = v_o(0)\sqrt{\mathrm{Re}^2(g) + \mathrm{Im}^2(g)} = v_o/\sqrt{1 + (\frac{\nu}{\nu_g})^2}.$$

Der Phasenwinkel φ folgt aus

(3.47) $$\tan\varphi = \frac{\mathrm{Im}(g)}{\mathrm{Re}(g)} = -\frac{\nu}{\nu_g}.$$

Man trägt die Leerlaufverstärkung $v_o(\nu)$ nach Glg.(3.44) doppelt-logarithmisch auf und erhält Fig. 155. Die Grenzfrequenz ν_g ist identisch mit der Bandbreite B_o, und dort ist die Verstärkung

(3.48) $\quad v_o(\nu_g) = \frac{1}{\sqrt{2}}\, v_o(o) \approx 0{,}7\, v_o(0)$.

Sie ist dort um - 3 dB kleiner als v_o, und für $\nu \gg \nu_g$ fällt die Verstärkung weiter mit - 20 dB/ Dekade ab. Sie erreicht bei der Transitfrequenz ν_T den Wert 1,

(3.49) $\quad v_o(\nu_T) = 1$.

Die Phase ist bei $\nu = \nu_g$ $\varphi = -45^\circ$ und geht $\to -90^\circ$ für wachsende Frequenz.

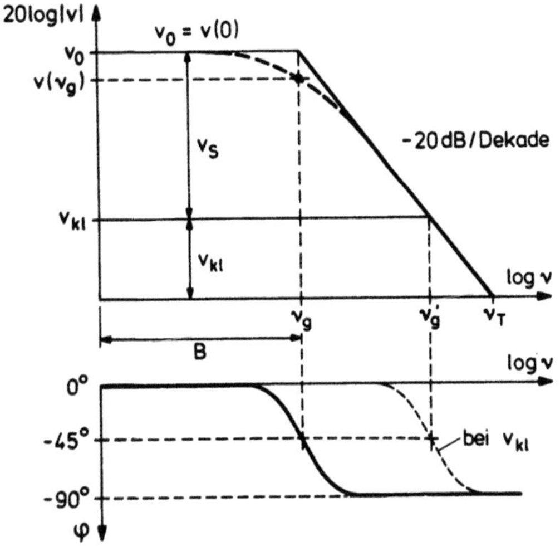

Fig. 155: Abhängigkeit der Verstärkung und der Phasendrehung von der Frequenz bei einem einstufigen Verstärker (Frequenzgang von Verstärkung und Phase)

Wird mit einem solchen OPV ein <u>gegengekoppelter Verstärker</u> mit der Klemmenverstärkung $v_{kl} \ll v_o$ aufgebaut, so fällt, wie aus Fig. 155 ersichtlich, $v_{kl}(\nu)$ erst bei der Frequenz $\nu'_g \gg \nu_g$ ab. Die Bandbreite $B' = \nu'_g$ des gegengekoppelten Verstärkers ist also größer als die Bandbreite B_o. Quantitativ ermittelt man die Beziehung zwischen den Bandbreiten wie folgt. Aus Glg.(3.46) folgt für $\nu \gg \nu_g$

(3.50a) $\quad |v_o(\nu)| \approx v_o(o)\, \frac{\nu_g}{\nu}$, oder

(3.50b) $v_o(\nu)\nu \approx v_o(0)\nu_g$.

Da $\nu_T >> \nu_g$, so gilt auch

(3.50c) $v_o(\nu_T)\nu_T = v_o(0)\nu_g = \nu_T$,

d.h. die Transitfrequenz ist gleich dem Produkt aus Bandbreite $\nu_g = B_o$ und Leerlaufverstärkung $v_o(0)$. Auf der anderen Seite gilt für den gegengekoppelten Verstärker für $\nu >> \nu_g'$,

(3.51) $v_{kl}(0)\nu_g' = \nu_T$,

also

(3.52) $\frac{B'}{B} = \frac{\nu_g'}{\nu_g} = \frac{v_o(0)}{v_{kl}(0)} = v_S(0)$.

Aus der Beziehung (3.38) folgt $v_o(0)/v_{kl}(0) = 1 + v_S(0)$, und da $v_S >> 1$ sein soll, so bleibt

(3.53) $B' = v_S(0) \cdot B >> B$

die Bandbreite des gegengekoppelten Verstärkers ist um die Schleifenverstärkung bei $\nu = 0$ größer als die des unbeschalteten OPV.

In der logarithmischen Darstellung der Fig. 155 lassen sich die Größen $v_o = v_S v_{kl}$, v_S und v_{kl} wegen $\log v_o = \log v_S + \log v_{kl}$ sehr übersichtlich veranschaulichen: Die Schleifenverstärkung v_S, die in unseren Formeln ein Maß für die Güte der Verstärkerschaltung darstellt, erscheint hier als Verstärkungsüberschuß oder -Reserve gegenüber der Klemmenverstärkung v_{kl}.

3.4.2 Phasendrehung

Aus der Tatsache, daß ein OPV ein mehrstufiger Verstärker ist, ergeben sich Probleme, mit denen wir uns besonders zu befassen haben. Wir nehmen an, ein mehrstufiger OPV bestehe aus einzelnen hintereinandergeschalteten Verstärkerstufen, die alle das soeben beschriebene Tiefpaßverhalten haben, Fig. 156. Die Ausgangsspannung U_{A1} der ersten Stufe dieses Verstärkers ist

(3.54) $U_{A1} = g_1(\nu)v_{01}U_E$,

und die Grenzfrequenz des ersten Tiefpasses

(3.55) $\nu_{g1} = \frac{1}{2\pi R_1 C_1}$.

Der zweite Tiefpaß R_2, C_2 ist durch den ersten Verstärker vom ersten Tiefpaß entkoppelt, so daß für U_{A2} gilt

(3.56) $U_{A2} = g_2(\nu) v_{o2} U_{A1} = v_{o1} v_{o2} g_1(\nu) g_2(\nu) U_E$.

Der Frequenzgang der Leerlaufverstärkung $v_o(\nu)$ eines mehrstufigen OPV kann also durch das Produkt der einzelnen frequenzabhängigen Stufenverstärkungen gebildet werden:

(3.57) $v_o(\nu) = \frac{U_A}{U_E} = v_{o1} v_{o2} \ldots v_{on} g_1(\nu) g_2(\nu) \ldots g_n(\nu)$.

Fig. 157 zeigt den Frequenzgang der Verstärkung und der Phase eines dreistufigen OPV.

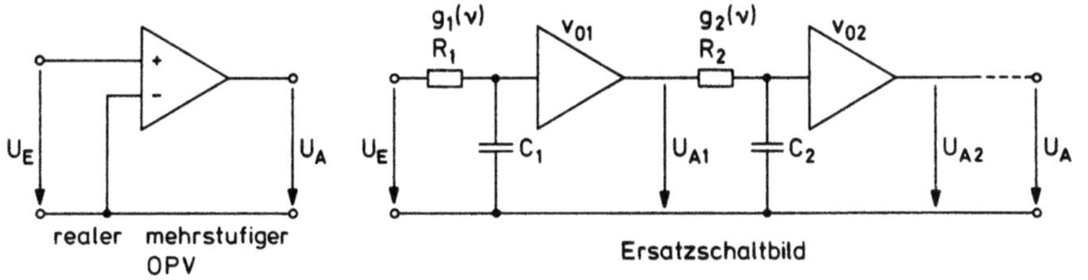

Fig. 156: Mehrstufiger Operationsverstärker und Ersatzschaltbild

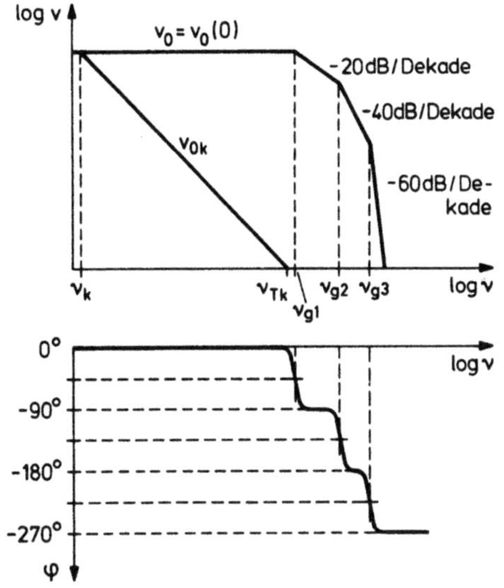

Fig. 157: Frequenzgang der Verstärkung und Phase bei einem mehrstufigen Verstärker

Oberhalb der Frequenz ν_{g1} wird der Tiefpaß mit der kleinsten Grenzfrequenz ν_{g1} wirksam und die Verstärkung fällt mit - 20 dB/Dekade. Damit ist für $\nu > \nu_{g1}$ eine Phasendrehung $\varphi(\nu) \to -90^{\circ}$ verbunden.

Oberhalb ν_{g2} wird ein weiterer Tiefpaß wirksam: Die Gesamtverstärkung fällt mit - 40 dB/Dekade; die Phasenverschiebung zwischen Eingangs- und Ausgangsspannung $\varphi(\nu)$ geht gegen -180°. Mit $\nu > \nu_{g3}$ kommen drei Tiefpässe ins Spiel: Die Verstärkung fällt mit - 60 dB/ Dekade, womit eine Phasenverschiebung $\varphi(\nu) \to -270^{\circ}$ verbunden ist. Infolge der frequenzabhängigen Phasendrehung $\varphi(\nu)$ ist nicht mehr für alle Frequenzen gewährleistet, daß die Ausgangsspannung U_A gegenüber der Spannung am invertierenden Eingang U_E (gemäß $U_A = -v_o U_E$) gegenphasig ist. Mit einem solchen OPV ist es daher nicht ohne weiteres möglich, gegengekoppelte Verstärker aufzubauen, denn das Wesen der Gegenkopplung besteht ja gerade darin, die Ausgangsspannung gegenphasig d.h. mit $\varphi = -180^{\circ}$ auf den Eingang zurückzuführen.

Hat ein mehrstufiger Verstärker eine frequenzabhängige, durch Tiefpässe bedingte Phasendrehung $\varphi(\nu) \to -180^{\circ}$, so ist die Ausgangsspannung U_A bei einer Frequenz ν, die oberhalb der zweiten Grenzfrequenz ν_{g2} liegt, nicht mehr gegenphasig zur Eingangsspannung U_E, sondern sie kann sogar gleichphasig sein. Aus der Gegenkopplung für $\nu < \nu_{g2}$ wird für $\nu > \nu_{g2}$ eine Mitkopplung. Der Verstärker wird instabil werden (er wird schwingen), wenn folgende Bedingungen erfüllt sind:

a) Die <u>Amplitudenbedingung</u>, die besagt, daß die vom Ausgang über ein Koppelglied (Spannungsteiler) zurückgeführte Ausgangsspannung U_A größer sein muß als die Eingangsspannung U_E

$$|U_A| = |kv_o| U_E = |v_S| U_E > U_E \quad ,$$

$$|kv_o| = |v_S| > 1 \quad ,$$

d.h., es muß eine aktive Schleifenverstärkung vorhanden sein.

b) Die <u>Phasenbedingung</u>. Diese besagt, daß die Phasendifferenz $\Delta\varphi = 0$ zwischen Eingangsspannung und zurückgeführter Ausgangsspannung zur Selbsterregung führt.

Nach Glg.(3.38) ist die Klemmenverstärkung des nicht invertierenden Verstärkers

$$(3.58) \qquad v_{kl} = \frac{U_A}{U_E} = \frac{v_o}{1 + kv_o} .$$

Wegen der Frequenzabhängigkeit der Leerlaufverstärkung $v_o(\nu)$ ist auch die Klemmenverstärkung $v_{kl}(\nu)$ frequenzabhängig wie in Ziff. 3.4.1 am Beispiel des einstufigen Verstärkers gezeigt wurde. Aufgrund der Phasendrehung $\varphi(\nu)$ ist der Ausdruck $kv_o(\nu)$ allgemein eine komplexe Größe. Speziell bei der Frequenz ν_p, bei der die Phasendrehung der Tiefpässe $\varphi(\nu_p) = -180^o$ beträgt, ist $kv_o(\nu_p)$ jedoch eine reelle negative Größe. Falls $kv_o(\nu_p) = -1$ ist, nimmt der Nenner des obigen Ausdrucks für v_{kl} den Wert Null an, so daß die Klemmenverstärkung $v_{kl} \to \infty$ geht (Polstelle des Ausdrucks für v_{kl}). Physikalisch bedeutet dies, daß mit $kv_o(\nu_p) = -1$ sowohl die Amplituden- wie die Phasenbedingung für Selbsterregung erfüllt ist.

3.4.3 Kompensation

Die Gleichphasigkeit von Eingangsspannung und zurückgeführter Ausgangsspannung bzw. die unendlich hohe Klemmenverstärkung des gegengekoppelten Verstärkers bei der Frequenz $\nu = \nu_p$ führt dazu, daß kleinste Eingangsspannungen - etwa infolge des Transistorrauschens - ausreichen, um den Verstärker zu Schwingungen mit der Frequenz ν_p anzuregen.

Will man mit einem mehrstufigen OPV stabile Gegenkopplung für alle Frequenzen realisieren, so muß dafür gesorgt werden, daß die frequenzabhängige Phasendrehung $\varphi(\nu) < 180^o$ bleibt. Es sollte möglichst der stabile Phasengang eines einstufigen Verstärkers angestrebt werden, bei dem die Phasensicherheit, das ist der Phasenabstand bis zur Selbsterregung, 90° beträgt. Einen solchen Phasengang erzielt man im einfachsten Fall dadurch, daß man an geeigneter Stelle im Verstärker einen zusätzlichen Tiefpaß R_k, C_k einbaut, dessen Grenzfrequenz $\nu_{gk} = \frac{1}{2\pi R_k C_k}$ so tief liegt, daß dieser zusätzliche "Kompensations-Tiefpaß" den Phasengang des OPV praktisch allein bestimmt (s. Fig. 157).

Ein "frequenzkompensierter" OPV hat dann einen Verstärkungsabfall von - 20 dB/Dekade und dementsprechend eine Phasendrehung $\varphi(\nu)$ von höchstens -90°, wenn die schaltungstechnisch bedingten Tiefpässe erst oberhalb der Transitfrequenz ν_{Tk} wirksam werden, die durch den Kompensationstiefpass bestimmt ist. Die kleinste schaltungstechnisch bedingte Grenzfrequenz sei ν_{g1}. Also muß $\nu_{Tk} < \nu_{g1}$ sein. Aus dem Verstärkungs-Bandbreite-Produkt (Glg.(3.50c))

(3.59) $$v_o(0)\nu_{gk} = \nu_{Tk},\ \nu_{Tk} < \nu_{g1} = B\ ,$$

(B = Bandbreite, $v_o(0)$ = Leerlaufverstärkung, des umkompensierten OPV) folgt für die Grenzfrequenz ν_{gk} des Kompensationstiefpasses und seine Komponenten R_k und C_k:

(3.60) $$\nu_{gk} = \frac{1}{2\pi R_k C_k} < \frac{B}{v_o(0)} << B\ .$$

Die Bandbreite ν_{gk} eines so frequenzkompensierten OPV ist also um den Faktor $\frac{1}{v_o(0)}$ (d.h. erheblich) kleiner als die Bandbreite B des unkompensierten Verstärkers. Wir haben jedoch erreicht, daß der Phasengang $\varphi(\nu) \leq 90^o$ ist und damit einen für stabile Gegenkopplungen geeigneten Verstärker geschaffen.

Es gibt sogenannte "intern frequenzkompensierte" OPV, um deren Kompensation man sich nicht zu kümmern braucht, weil der Hersteller bereits einen Kompensationstiefpaß eingebaut hat. Die Bandbreite $\nu_g = B$ solcher Verstärker kann nach den obigen Ausführungen nicht sehr groß sein. Typische Werte für den Standard OPV vom Typ µA741: $\nu_g = 10\,Hz$, $v_o(0) = 10^5$ und folglich $\nu_g v_o(0) = \nu_T = 10^6 Hz$.

Operationsverstärker mit hoher Bandbreite müssen vom Anwender durch RC-Beschaltung an speziell dafür vorgesehenen Anschlußpunkten kompensiert werden, wobei vom Hersteller RC-Glieder vorgeschlagen werden, die - abhängig von der gewünschten Klemmenverstärkung - hinsichtlich Bandbreite und Phasensicherheit optimiert sind.

3.4.4 Eingangs- und Ausgangswiderstand

Wir haben festgestellt, daß durch Gegenkopplung Linearitäts- und Driftfehler eines Verstärkers um den Faktor $\frac{1}{v_S} = \frac{v_{kl}}{v_O}$ kleiner sind als ohne Gegenkopplung, und daß die Bandbreite um den Faktor $v_S = \frac{v_O}{v_{kl}}$ größer wird. Die erzielbaren Verbesserungen hängen vom Verhältnis v_o/v_{kl} ab. Daher wünscht man OPV mit möglichst hoher Leerlaufverstärkung. Ein fehlerfreier, d.h. idealer OPV müßte sich durch eine unendlich hohe Leerlaufverstärkung $v_o \to \infty$ und außerdem durch unendlich kleine Eingangsströme $I_{E+} = I_{E-} \to 0$ auszeichnen.

Wegen $U_A = v_o \Delta U_E$ (Glg.(3.32)) genügen bei einem OPV mit $v_o \to \infty$ bereits kleinste Eingangsspannungsdifferenzen ΔU_E, um eine große Ausgangsspannung zu erzeugen. D.h. mit $v_o \to \infty$ kann $\Delta U_E = U_{E+} - U_{E-} \to 0$ gehen, so daß bei einem idealen OPV im linearen Bereich praktisch $U_{E+} = U_{E-}$ ist.

Unter dieser Voraussetzung läßt sich die Klemmenverstärkung des <u>nicht-invertierenden Verstärkers</u> (Fig. 158) einfach berechnen: Es ist

$$U_{E-} = U_A \frac{R_1}{R_1 + R_2} .$$

Wegen $U_{E+} = U_{E-} = U_E$, gilt demnach auch

(3.61) $$U_E = U_A \frac{R_1}{R_1 + R_2} ,$$

also ist die Ausgangsspannung

(3.62) $$U_A = U_E \left(1 + \frac{R_2}{R_1}\right)$$

und die Klemmenverstärkung,

(3.63) $$v_{kl} = \frac{U_A}{U_E} = 1 + \frac{R_2}{R_1} .$$

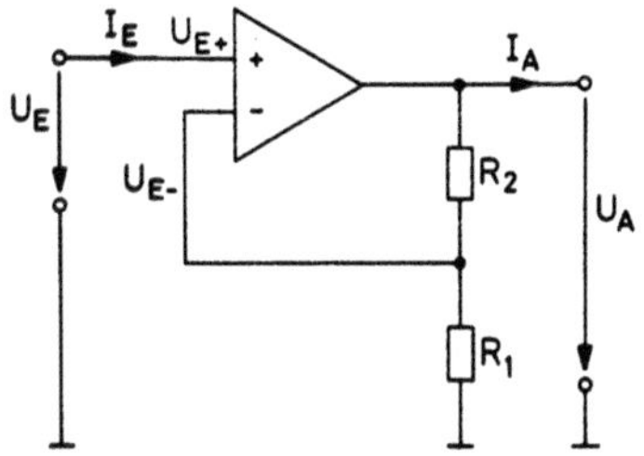

Fig. 158: Nichtinvertierender Verstärker

Eine wichtige Kenngröße ist der <u>dynamische Eingangswiderstand</u> $r_E = \frac{\partial U_E}{\partial I_E}$ des Verstärkers. Weil im linearen Bereich $U_{E+} \approx U_{E-}$ ist, wird der OPV in dieser Schaltung praktisch mit der Gleichtaktspannung $U_{gl} = U_{E+} = U_{E-}$ betrieben (vgl. Ziff. 3.1.4). Daher ist der Eingangswiderstand gegeben durch

(3.64) $$r_E = \frac{\partial U_E}{\partial I_E} = \frac{\partial U_{gl}}{\partial I_E} .$$

Der Eingangsstrom I_E fließt in den nichtinvertierenden Eingang, $I_E = I_{E+}$. Wegen $I_{gl} = I_{E+} + I_{E-}$ und $I_{E+} \approx I_{E-}$ ist $I_E = I_{gl}/2$ und folglich

$$(3.65) \qquad r_E = \frac{\partial U_E}{\partial I_E} = \frac{\partial U_{gl}}{\partial I_{gl}} \cdot 2 = 2\,r_{gl}\,;$$

der Eingangswiderstand ist also doppelt so groß wie der (sehr hohe) Gleichtaktwiderstand r_{gl} (Glg.(3.24)). Zu beachten ist, daß die Spannungsquelle U_E den Eingangsstrom I_E aufbringen muß.

Der Ausgangswiderstand eines realen OPV ohne Gegenkopplung ist durch den Ausgangswiderstand der Endstufe, die meist eine Emitterfolger-Stufe ist, bestimmt. Er ist von der Größenordnung $r_{AO} < 100\Omega$. Fig. 159 zeigt das Ersatzschaltbild eines OPV, der über seinen Ausgangswiderstand r_{AO}, der als diskreter Widerstand außerhalb des Verstärkers veranschaulicht ist, einen Ausgangsstrom I_A an den Lastwiderstand R_L abgibt. An der Ausgangsklemme liegt die Ausgangsspannung U_A.

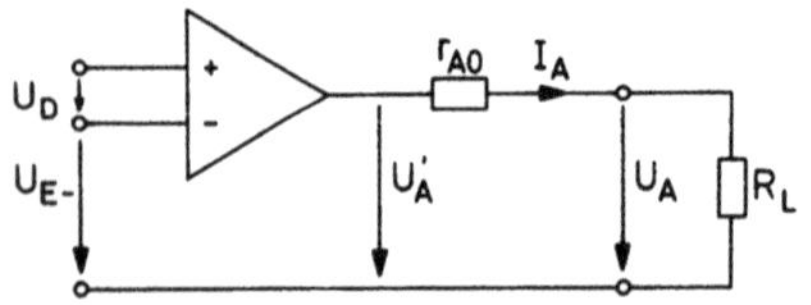

Fig. 159: Zum Ausgangswiderstand eines OPV

Der Ausgangswiderstand ist definiert durch

$$(3.66) \qquad r_A = \left.\frac{\partial U_A}{\partial I_A}\right|_{U_D = \text{const}}$$

Für die Ausgangsspannung gilt (Fig. 159)

$$(3.67) \qquad U_A = U_A' - I_A r_{AO}\ .$$

Mit $U_D = \text{const.}$ ist auch $U_A' = v_o U_D = \text{const.}$, so daß eine Ausgangsstromänderung ΔI_A eine Ausgangsspannungsänderung $\Delta U_A = -\,r_{AO}\,\Delta I_A$ hervorruft.

Bei einer gegengekoppelten Verstärkerschaltung gemäß Fig.160 wird die Ausgangsspannungsänderung ΔU_A auf den invertierenden Eingang zurückgeführt. Hier ist der Ausgangswiderstand

$$(3.68) \qquad r_A = \left.\frac{\partial U_A}{\partial I_A}\right|_{U_E = \text{const}}$$

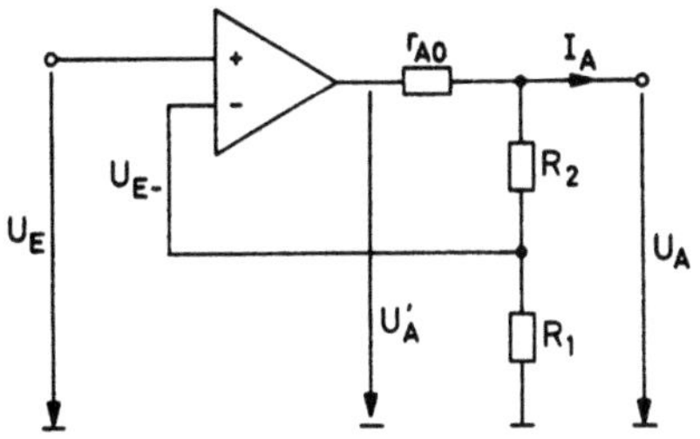

Fig. 160: Zum Ausgangswiderstand eines gegengekoppelten Verstärkers

Eine Ausgangsspannungsänderung U_A bewirkt bei $U_E = U_{E+} = \text{const.}$ eine Änderung der Spannung U_{E-} am invertierenden Eingang um

$$(3.69) \qquad \Delta U_{E-} = \frac{R_1}{R_2 + R_1}\,\Delta U_A = k\Delta U_A \approx \frac{1}{v_{kl}}\,\Delta U_A \ .$$

Die Spannungsänderung ΔU_{E-} hat eine Ausgangsspannungsänderung zur Folge, die vor dem Ausgangswiderstand r_{AO} den Wert

$$(3.70) \qquad \Delta U_A' = v_o \Delta U_{E-} = \frac{v_o}{v_{kl}}\,\Delta U_A = v_S \Delta U_A$$

haben müßte (Fig. 1.60). Nun ist (mit Glg.(3.70))

$$(3.71) \qquad U_A = U_A' - I_A\, r_{AO}$$

und damit

$$(3.72) \qquad r_A = \left.\frac{\Delta U_A}{\Delta I_A}\right|_{U_E} = \frac{\Delta U_A'}{\Delta I_A} - r_{AO} = \frac{\Delta U_A}{\Delta I_A}\, v_S - r_{AO}$$

$$= r_A\, v_S - r_{AO} \ .$$

Daraus folgt

$$(3.73) \qquad r_A = \frac{r_{AO}}{v_S - 1} \ ,$$

oder wegen $v_S >> 1$

$$(3.74) \qquad r_A = \frac{r_{AO}}{v_S} \ .$$

Der Ausgangswiderstand r_A eines gegengekoppelten Verstärkers ist also um den Faktor $\frac{1}{v_S} = \frac{v_{kl}}{v_o} << 1$ kleiner als der Ausgangswiderstand r_{AO} des nicht gegengekoppelten Verstärkers.

<u>Beispiel:</u> Es sei $r_{AO} = 100\,\Omega$, $v_o = 10^5$ und $v_{kl} = 100$, folglich $v_S = \frac{v_o}{v_{kl}}\ 10^3$.

Dann ist der Ausgangswiderstand $r_A = r_{AO}/v_S = 0,1\,\Omega$. Der Forderung nach einem niederohmigen Ausgang für Spannungsverstärker kann man demnach durch Gegenkopplung eines Verstärkers mit hoher Leerlaufverstärkung v_o nachkommen. Ein Maß für die Verringerung des Ausgangswiderstandes ist der Kehrwert der Schleifenverstärkung v_S.

4 Anwendungen

Wegen ihres hohen Eingangswiderstandes und ihres geringen Ausgangswiderstandes werden nichtinvertierende Verstärker zur Anpassung hochohmiger Signalquellen an niederohmige Verbraucher eingesetzt. Fig. 161a zeigt als Beispiel eine Schaltung, bei der die Mikrophonspannung U_E um den Faktor $v_{kl} = 1 + \frac{R_2}{R_1}$ verstärkt einem Lautsprecher zugeführt wird.

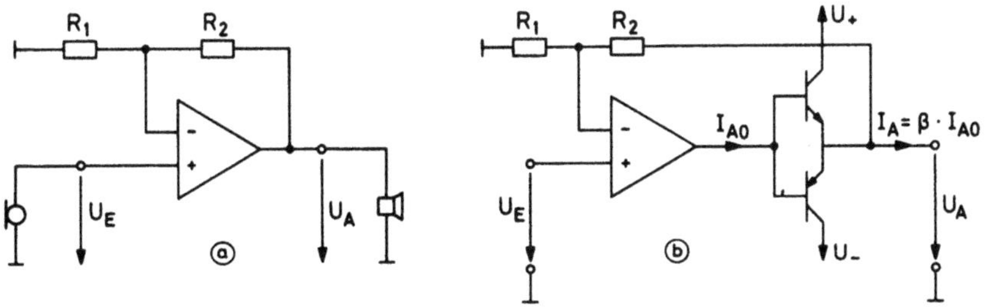

Fig. 161: Nichtinvertierender Mikrophon-Verstärker (a) und Verstärker mit nachgeschalteter Gegentakt-Endstufe (b)

Normale OPV können nur Leistungen von wenigen 100 mW abgeben. Sollen größere Leistungen $P_A = U_A I_A$ abgegeben werden, so muß dem OPV eine Stufe nachgeschaltet werden, die vor allem eine größere Stromabgabe ermöglicht. Im einfachsten Fall leistet dies eine Gegentakt-Endstufe im B-Betrieb, Fig. 161b. Führt man wie dort die Ausgangsspannung der nachgeschalteten Endstufe auf den invertierenden Eingang zurück, so werden infolge der hohen Leerlaufverstärkung v_o des OPV auch die Nichtlinearitäten der Endstufe weitgehend eliminiert.

4.1 Spannungsfolger

Für konstante Eingangsspannungen $U_E = \text{const}$ stellt der Verstärker nach Fig. 161 eine hochwertige Spannungsquelle mit extrem kleinem Ausgangswiderstand $r_A = \frac{dU_A}{dI_A}$ dar. Nach Glg.(3.74) ist der Ausgangswiderstand

$$r_A = \frac{r_{AO}}{v_S} = \frac{v_{kl}}{v_O} r_{AO}$$

und hat den kleinsten möglichen Wert, wenn $v_{kl} = 1 + \frac{R_2}{R_1}$ den Wert 1 hat. Dies ist der Fall für $R_2 = 0$, bzw. $R_1 \to \infty$. Klemmenverstärkung $v_{kl} = 1$ bedeutet, daß die Ausgangsspannung der Eingangsspannung folgt. Daher nennt man nichtinvertierende Verstärker mit $v_{kl} = 1$ "Spannungsfolger".

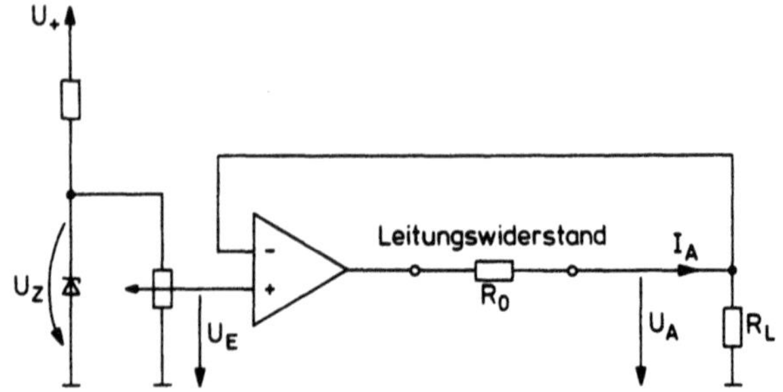

Fig. 162: Spannungsfolger als Konstantspannungsquelle

Fig. 162 zeigt einen Spannungsfolger, der als Spannungsquelle mit $U_A = U_E$ betrieben wird. Führt man den Ausgangsstrom I_A über eine Leitung mit dem Leitungswiderstand R_O einem Verbraucher R_L zu, so ist der Spannungsabfall auf der Leitung $I_A R_O$ praktisch ohne Einfluß auf die Ausgangsspannung U_A, wenn die Ausgangsspannung direkt über dem Verbraucher gemessen wird. Der Ausgangswiderstand der Spannungsquelle einschließlich Zuleitung ist bei $v_{kl} = 1$

$$(4.1) \quad r_A' = \frac{r_{AO} + R_O}{v_O} \ .$$

Bei $r_{AO} = 10\,\Omega$, $R_O = 10\,\Omega$, $v_O = 10^5$ ergibt sich der extrem kleine Ausgangswiderstand $r_A' = 2 \cdot 10^{-4}\,\Omega$ der durch die Zenerdiode gegebenen Spannungsquelle. Der Spannungsfolger arbeitet hier als Regler, der die Ausgangsspannung weitgehend unabhängig von der Belastung I_A und dem Leitungswiderstand R_O auf dem Wert $U_A = U_E$ hält. Dies umso besser, je größer die Differenzverstärkung v_O ist. Solche Schaltungen finden als Konstantspannungsquellen in Netzgeräten Verwendung.

4.2 Spitzenspannungsdetektor

In der Meßtechnik werden Spannungsfolger als Impedanzwandler eingesetzt. Fig. 163 zeigt einen mit zwei Spannungsfolgern aufgebauten Spitzenspannungsdetektor. Dies ist eine Schaltung, die den Höchst- oder Spitzenwert einer veränderlichen Spannung $U_E = U_E(t)$ speichert. Die in Fig. 163 dargestellte Schaltung verarbeitet nur positive Eingangsspannungen: Wenn U_E von Null in Richtung positiver Spannungswerte ansteigt, wird die Ausgangsspannung U_A' des OPV positiv. Der Kondensator C wird über die Diode D wegen $U_E = U_{E+} = U_{E-} = U_C$ auf die Eingangsspannung U_E aufgeladen. Sobald U_E auf kleinere Spannungswerte abfällt, sperrt die Diode D, weil $U_E = U_{E+} < U_C = U_{Spitze} = U_{E-}$ und damit $U_A' = v_o(U_{E+} - U_{E-}) < 0 < U_C$ wird. Der Kondensator C bleibt aufgeladen auf den höchsten Spannungswert $U_{E\,max}$, den U_E im Beobachtungszeitraum hatte. Die Kondensatorspannung U_C kann am Ausgang des zweiten Spannungsfolgers mit einem niederohmigen Instrument gemessen werden und es ist $U_A = U_C = U_{E\,max}$.

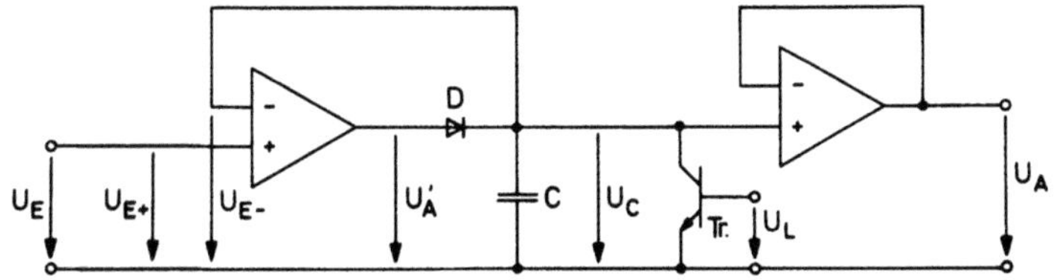

Fig. 163: Spitzenspannungsdetektor

Der Kondensator wird nur durch die Eingangsströme des OPV und Diodenleckströme entladen. Durch eine positive Löschspannung U_L an der Basis des Transistors Tr kann der Kondensator C über Tr entladen und der Meßwert $U_A = U_{E\,max}$ "gelöscht" werden.

4.3 Stretcher (Dehner)

In der Kernphysik werden Spitzenspannungsdetektoren speziell zur Impulsdehnung als "Stretcher" eingesetzt. Dort wird häufig die Aufgabe gestellt, die Impulshöhe sehr kurzer Spannungsimpulse zu messen. Da zur genauen Spannungsmessung meist längere Zeiten erforderlich sind, muß der Wert des Spannungsmaximums für die Dauer der Meßzeit gespeichert werden. Fig. 164 zeigt die Spannungsverläufe, die man an einem Stretcher gemäß Fig. 163 beobachten würde.

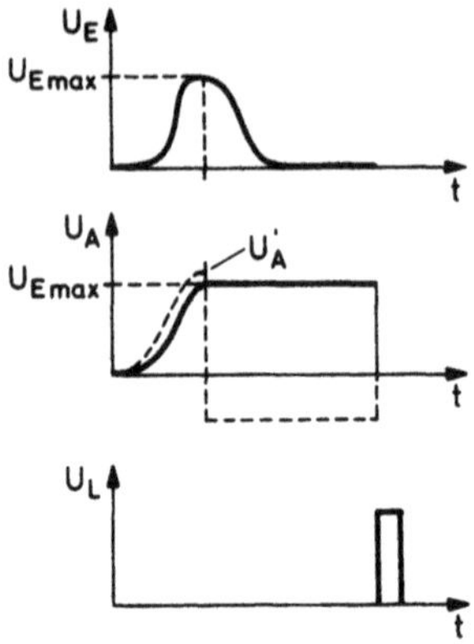

Fig. 164: Spannungsverläufe beim Stretcher

Durch den Eingangsimpuls $U_E(t)$ wird der Kondensator auf den Spitzenwert $U_C = U_{E\,max} = U_A$ aufgeladen. Nach Überschreiten des Maximums ist $U_E = U_{E+} < U_{E\,max} = U_C$, so daß die Ausgangsspannung U_A' des OPV in Richtung negativer Werte (bis zur Sättigungsspannung) läuft. Da die Diode D jetzt sperrt, wird die Ausgangsspannung U_A' nicht mehr zurückgeführt. Es besteht keine Gegenkopplung mehr. Für $U_E < U_C$ ist $U_A' = v_o(U_{E+} - U_{E-}) < 0$. Mit U_A' ist nebenbei ein Signal für die Überschreitung des Impulsmaximums gewonnen. Durch den Löschimpuls U_L wird die "Impulsdehnung" beendet.

4.4 Sample-Hold-Schaltung

Eine Schaltung, mit der man Spannungswerte einer zeitlich veränderlichen Spannung $U_E(t)$ zu beliebigen Zeitpunkten speichern kann, ist die Sample-Hold-Schaltung (Fig. 165). Sie unterscheidet sich von dem eben besprochenen Spitzenspannungsdetektor dadurch, daß die Diode D durch einen Schalter S ersetzt ist. Solange der Schalter S geschlossen ist, folgt die Spannung U_C der Eingangsspannung U_E, und es ist $U_A = U_C = U_E$. Wird zum Zeitpunkt t_{off} der Schalter S geöffnet, so bleibt in C der Spannungswert gespeichert, der zum Zeitpunkt t_{off} anliegt, $U_A = U_E(t_{off})$ (Hold- oder Halte-Phase). Schließt man S wieder, so springt U_A nach kurzer Einschwingzeit auf den Wert $U_A = U_E(t)$ (Sample-Phase).

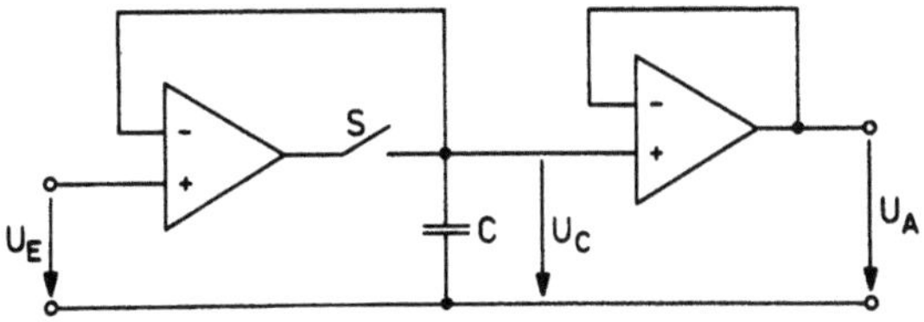

Fig. 165: Zur Sample-Hold-Schaltung

Wenn Spannungswerte sehr schnell veränderlicher Spannungen zu beliebigen Zeitpunkten gespeichert werden sollen, muß S ein elektronischer Schalter sein, z.B. ein FET, dessen Kanalwiderstand durch eine Steuerspannung zwischen $R_{on} \approx 100\,\Omega$ und $R_{off} \approx 100\,M\Omega$ geschaltet wird (s. Ziff. 2.2.8.1).

4.5 Invertierende Verstärker

Fig. 166 zeigt die Schaltung eines invertierenden Verstärkers. Die Eingangsspannung U_E wird über einen Widerstand R_1 dem invertierenden Eingang zugeführt, der auch über R_2 mit dem Ausgang verbunden ist (Gegenkopplung). Es soll zunächst die Klemmenverstärkung $v_{kl} = \frac{U_A}{U_E}$ dieser Schaltung berechnet werden. Die endliche Leerlaufverstärkung des OPV sei v_o.

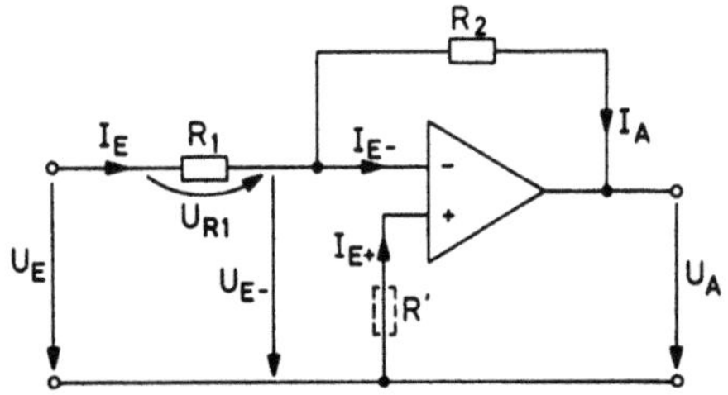

Fig. 166: Invertierender Verstärker

Es gilt stets

(4.2) $U_A = v_o(U_{E+} - U_{E-})$.

Der nichtinvertierende Eingang liegt hier auf Bezugspotential, so daß $U_{E+} = 0$ ist. Die Spannung am invertierenden Eingang U_{E-} ist um den Spannungsabfall U_{R1} am Widerstand R_1 kleiner als die Eingangsspannung U_E:

(4.3) $U_{E-} = U_E - U_{R1} = U_E - I_E R_1$.

In den invertierenden Eingang soll ein vernachlässigbar kleiner Strom fließen, so daß

(4.4) $I_E = \frac{U_E - U_A}{R_1 + R_2}$.

Eingetragen in Glg.(4.3) ergibt sich

(4.5) $U_{E-} = U_E - (U_E - U_A) \frac{R_1}{R_1 + R_2}$.

Dies wird, mit $U_{E+} = 0$, in Glg.(4.2) eingesetzt. Man erhält

(4.6) $U_A = v_o U_E \frac{1-k}{1-v_o k}$

mit dem Koppelfaktor $k = R_1/(R_1 + R_2)$. Damit wird die Klemmenverstärkung

(4.7) $v_{kl} = \frac{U_A}{U_E} = v_o \frac{1-k}{1-v_o k} = \frac{1-k}{k} \frac{v_o k}{1-v_o k} = -\frac{R_2}{R_1} \frac{1}{1-\frac{1}{v_o k}}$

$$\approx -\frac{R_2}{R_1} \left(1 + \frac{1}{v_o k}\right) = -\frac{R_2}{R_1} \left(1 + \frac{1}{v_S}\right) .$$

Bis auf den Ausdruck $1/v_S = 1/v_o k << 1$ ist die Klemmenverstärkung des invertierenden Verstärkers nur durch äußere Schaltmittel gegeben,

(4.8) $v_{kl} = -\frac{R_2}{R_1}$

(vgl. damit Ziff. 3.3, Glg(3.42) für den nichtinvertierenden Verstärker und Glg.(3.63)). Alle Überlegungen bezüglich des Fehlergliedes $\frac{1}{kv_o} = \frac{1}{v_S}$, die beim nichtinvertierenden Verstärker angestellt wurden, gelten auch hier (Ziff. 3.3).

Wie in Ziff. 3.4.4 läßt sich die Formel für die Klemmenverstärkung unter der Annahme eines idealen OPV leicht ableiten. Ideal bedeutet: $v_o \to \infty$, $U_{E+} \approx U_{E-}$ und $I_{E+} = I_{E-} = 0$. Aus $U_{E+} = U_{E-}$ folgt, daß mit $U_{E+} = 0$ auch der invertierende Eingang auf Nullpotential liegen muß (sogenannte virtuelle Erde). Die Eingangsspannung U_E fällt daher ganz am Widerstand R_1 ab, und es fließt durch R_1 der Eingangsstrom

(4.9) $I_E = \frac{U_E}{R_1}$.

Ebenso fällt U_A ganz an R_2 ab. Durch R_2 fließt der Strom $I_A = \frac{U_A}{R_2}$. Für den Summenpunkt am invertierenden Eingang gilt nach dem 2. Kirchhoffschen Gesetz,

(4.10) $\quad I_E + I_A + I_{E-} = 0.$

Wegen $I_{E-} = 0$ gilt $I_E = -I_A$, d.h. der Eingangsstrom fließt zum Ausgang hin ab. Aus der Gleichheit der Ströme folgt

(4.11) $\quad I_E = \frac{U_E}{R_1} = -I_A = \frac{U_A}{R_2}$ bzw. $U_A = -U_E \frac{R_2}{R_1}$.

Dies Ergebnis gilt nach der vorher durchgeführten exakten Rechnung nur, falls

$$\frac{1}{kv_o} << 1, \text{ d.h. } v_o >> \frac{1}{k} = 1 + \frac{R_2}{R_1} = 1 + |v_{kl}| ,$$

wenn also die Leerlaufverstärkung v_o viel größer als die Klemmenverstärkung v_{kl} ist, was wir hier vorausgesetzt haben.

Der Eingangswiderstand des invertierenden Verstärkers ist

(4.12) $\quad r_E = \frac{dU_E}{dI_E} = R_1$.

Hinsichtlich Ausgangswiderstand, Bandbreite, Linearität usw. gilt dasselbe wie beim nichtinvertierenden Verstärker: je größer die Schleifenverstärkung $v_S = kv_o >> 1$, desto bessere Eigenschaften hat der Verstärker.

Bei einem realen OPV sind die Eingangsströme I_{E-} und I_{E+} zwar sehr klein, aber ihr Einfluß ist nicht zu vernachlässigen. Der Strom I_{E-}, der in den invertierenden Eingang fließt, ruft an den Widerständen R_1 und R_2, die einen Spannungsteiler mit dem Innenwiderstand

$$R_i = \frac{R_1 R_2}{R_1 + R_2}$$

bilden, den Spannungsabfall $U'_{E-} = I_{E-} R_i$ hervor. Diese Spannung liegt am invertierenden Eingang und ruft am Ausgang des OPV eine unerwünschte Ausgangsspannungsänderung hervor. Man kann dies verhindern, indem man den nichtinvertierenden Eingang über einen Widerstand der Größe

$$R' = \frac{R_1 R_2}{R_1 + R_2} = R_i$$

an Masse legt. Dieser Widerstand wird dann vom Strom I_{E+} durchflossen, wodurch am nichtinvertierenden Eingang die Spannung $U'_{E+}=I_{E+}R_i$ liegt.

Nun ist die Eingangsstromdifferenz $I_{E+} - I_{E-}$, die auch als Offset-Strom bezeichnet wird, viel kleiner als die Eingangsströme selbst (z.B. Offset-Strom ≈ 10 nA, Eingangsstrom ≈ 1 µA), so daß praktisch $I_{E+} = I_{E-}$ gesetzt werden kann. Damit sind aber auch die von I_{E+} und I_{E-} hervorgerufenen Spannungsabfälle gleich: $U'_{E+} = U'_{E-}$. Damit fällt der Einfluß der Eingangsströme auf die Ausgangsspannung nicht mehr ins Gewicht. Es bleibt jedoch der Einfluß des Offsetstromes übrig.

4.6 Summierer

Ein invertierender Verstärker mit mehreren Eingängen liefert eine Ausgangsspannung U_A, die gleich der algebraischen Summe der Eingangsspannungen ist (Fig. 167).

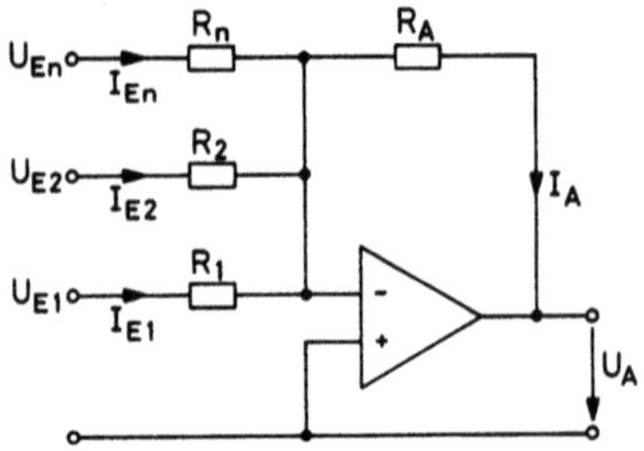

Fig. 167: Summierer

In die Eingänge fließen die Eingangsströme:

$$I_{E1} = \frac{U_1}{R_1}, \quad I_{E2} = \frac{U_2}{R_2}, \ldots, I_{En} = \frac{U_n}{R_n}.$$

Durch R_A fließt der Strom $I_A = U_A/R_A$.
Für den Summenpunkt gilt

$$I_{E1} + I_{E2} + \ldots + I_{En} + I_A + I_{E-} = 0.$$

Mit $I_{E-} \approx 0$ folgt für die Ausgangsspannung

$$(4.13) \qquad U_A = - R_A\left(\frac{U_1}{R_1} + \frac{U_2}{R_2} + \ldots + \frac{U_n}{R_n}\right).$$

Die Ausgangsspannung ist also gleich der mit den Faktoren $\frac{R_A}{R_1}$, usw. gewichteten Summe der Eingangsspannungen. Im speziellen Fall $R_1 = R_2 \ldots R_n = R_E$ folgt

$$(4.14) \qquad U_A = -\frac{R_A}{R_E}(U_1 + U_2 + \ldots U_n) \; .$$

D.h. die Ausgangsspannung ist der Summe der Eingangsspannungen proportional.

4.7 Differenzverstärker

In Fig. 168 ist ein Differenzverstärker dargestellt, dessen Ausgangsspannung U_A der Differenz der Eingangsspannungen $U_1 - U_2$ proportional ist.

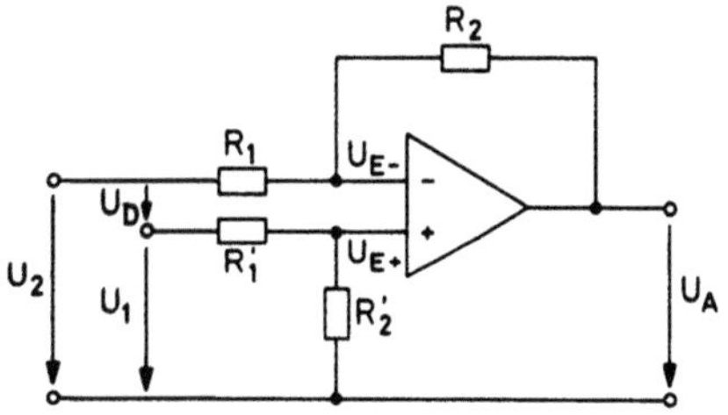

Fig. 168: Differenzverstärker

Die Spannung am nichtinvertierenden Eingang ist nach der Spannungsteilerformel:

$$(4.15) \qquad U_{E+} = U_1 \frac{R_2'}{R_1' + R_2'} \; .$$

Die Spannung am invertierenden Eingang ist um den Spannungsabfall U_{R1} am Widerstand R_1 kleiner als die Eingangsspannung U_2:

$$(4.16) \qquad U_{E-} = U_2 - U_{R1} \text{ mit } U_{R1} = \frac{U_2 - U_A}{R_1 + R_2} R_1 \; .$$

Im linearen Bereich des OPV ist $U_{E+} = U_{E-}$ und daher

$$U_1 \frac{R_2'}{R_1' + R_2'} = U_2 - \frac{U_2 - U_A}{R_1 + R_2} R_1 \; .$$

Wählt man $R_1 = R_1'$ und $R_2 = R_2'$, so folgt

$$(4.17) \qquad U_A = \frac{R_2}{R_1}(U_1 - U_2) = \frac{R_2}{R_1} U_D \; .$$

Die Ausgangsspannung U_A ist umso exakter der Differenz der Eingangsspannung U_D proportional und damit auch unabhängig von der Gleichtaktspannung $U_1 = U_2 = U_{gl}$, je genauer die Bedingung $R_1 = R_1'$ und $R_2 = R_2'$ erfüllt ist. U_A ist dann weitgehend unabhängig von der absoluten Größe der Spannungen U_1 und U_2, es kann damit die Differenzspannung U_D unabhängig vom Bezugspotential, d.h. potential- oder erdfrei gemessen werden.

4.8 Meßverstärker

Differenzverstärker mit hochohmigem Eingang und umschaltbarer Verstärkung werden als universelle Meßverstärker eingesetzt. Fig. 169 zeigt die Schaltung eines Meßverstärkers. Beiden Eingängen des Differenzverstärkers (OPV 3) sind nichtinvertierende Verstärker als Impedenzwandler vorgeschaltet. Mit dem Widerstand R_1 wird die Spannungsverstärkung des Meßverstärkers festgelegt.

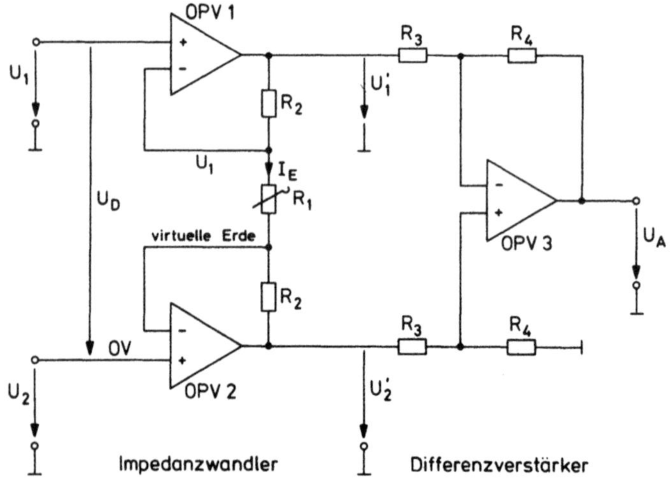

Fig. 169: Meßverstärker mit variabler Verstärkung

OPV 3 stellt mit den Widerständen R_3 und R_4 den Differenzverstärker dar. Für ihn ist die Ausgangsspannung nach Glg.(4.17)

$$U_A = \frac{R_4}{R_3} (U_2' - U_1') \quad (4.18)$$

Die Ausgangsspannungen U_1' und U_2' der Impedanzwandler hängen von den Eingangsspannungen U_1 und U_2 ab. Der Übersichtlichkeit halber unterscheiden wir zwei Fälle:

Erstens sei $U_2 = 0$ und $U_1 \neq 0$ (dieser Fall ist in Fig. 169 eingezeichnet). OPV 1 arbeitet als nichtinvertierender Verstärker. Seine Ausgangsspannung ist nach Glg.(3.63)

$$(4.19) \qquad U_1' = U_1\left(1 + \frac{R_2}{R_1}\right) .$$

Die mit dem invertierenden Eingang des OPV 2 verbundene Seite des Widerstandes R_1 liegt wegen $U_2 = 0$ an virtueller Erde (Ziff. 4.5).

Über R_1 wird ein Eingangsstrom I_E in den OPV 2 eingespeist, der als invertierender Verstärker arbeitet. Die Spannung am invertierenden Eingang von OPV 1 ist gleich der Eingangsspannung U_1 (wegen $U_{E+} = U_{E-}$), so daß für OPV 2 gilt $I_E = \frac{U_1}{R_1}$. Dieser Strom fließt durch den Gegenkopplungswiderstand R_2 des OPV 2 und ruft dort die Ausgangsspannung $U_2' = -U_1 \frac{R_2}{R_1}$ hervor. Der Differenzverstärker liefert damit die Ausgangsspannung

$$U_A = \frac{R_4}{R_3}(U_2' - U_1') = -\frac{R_4}{R_3}\left(1 + 2\frac{R_2}{R_1}\right)U_1 .$$

Der zweite Fall mit $U_1 = 0$, $U_2 \neq 0$ liefert bis auf das Vorzeichen die gleiche Abhängigkeit der Ausgangsspannung von U_2, so daß allgemein gilt:

$$(4.20) \qquad U_A = \frac{R_4}{R_3}\left(1 + 2\frac{R_2}{R_1}\right)(U_2 - U_1) = \frac{R_4}{R_3}\left(1 + 2\frac{R_2}{R_1}\right)U_D .$$

Die Differenzverstärkung kann damit allein durch den Widerstand R_1 in weiten Grenzen verändert werden,

$$(4.21) \qquad v_D = \frac{U_A}{U_D} = v_D(R_1) .$$

4.9 Differenzverstärker als elektronischer Schalter und Inverter

Die in Fig. 170 dargestellte Differenzverstärker-Schaltung ermöglicht es, die Eingangsspannung U_E je nach Schalterstellung nichtinvertiert oder invertiert zum Ausgang zu übertragen oder U_A unabhängig von U_E zu Null zu machen.

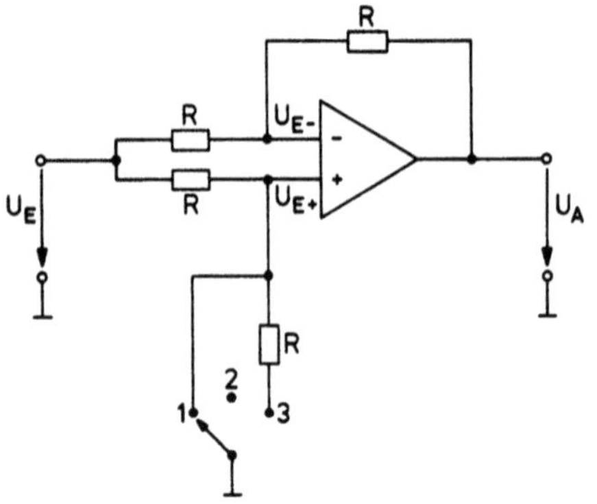

Fig. 170: Differenzverstärker als Inverter
und elektronischer Schalter

Schalterstellung 1: Es ist $U_{E+} = 0$. Die Schaltung arbeitet als invertierender Verstärker: $U_A = -U_E$ (Glg.(4.11) mit $R_1 = R_2$).

Schalterstellung 2: Es ist $U_{E+} = U_E$ (kein Spannungsabfall an R), und im linearen Bereich ist $U_{E+} = U_{E-}$. Folglich ist auch $U_{E-} = U_E$. Das bedeutet: Über keinem der Widerstände R liegt ein Spannungsabfall. Daher ist $U_A = U_E$. Die Schaltung arbeitet als Spannungsfolger.

Schalterstellung 3: Jetzt arbeitet die Schaltung als Differenzverstärker mit der Gleichtaktspannung $U_{gl} = U_E$, daher ist $U_A = 0$.

Die Schalterstellungen 1 und 2 ermöglichen eine Polaritätsumschaltung (Vorzeichenänderung, Phasendrehung um 180°). Die Schalterstellungen 2 und 3 realisieren einen elektronischen Ein-Aus-Schalter (Analogschalter, lineares Gate), denn es ist

$$U_A = \begin{cases} U_E & \text{in Stellung 2, Analogschalter geschlossen(ein)} \\ 0 & \text{in Stellung 3, Analogschalter geöffnet (aus).} \end{cases}$$

Bei einem schnellen Analogschalter ist der mechanische Schalter in Stellung 3 durch einen FET zu ersetzen, der von einer Steuerspannung geschaltet wird.

4.10 Strom-Spannungswandler (I/U-Wandler)

Bisher haben wir vorwiegend Schaltungen kennengelernt, die sich durch hohen Eingangswiderstand auszeichnen und daher unter anderem zur Spannungsmessung geeignet sind.

Im Gegensatz zu Spannungsmeßgeräten sollen Strommeßgeräte einen möglichst kleinen Innenwiderstand und kleinen Spannungsabfall aufweisen. Solche Strommeßgeräte lassen sich mit invertierenden Verstärkern realisieren. Bei dem in Fig. 171 dargestellten Strom-Spannungswandler fließt der zu messende Strom I_x über den Gegenkopplungswiderstand R zum Ausgang hin ab: es ist $I_x = -I_A$. Am Widerstand R entsteht der Spannungsabfall

(4.22) $$U_A = I_A R = -I_x R \; .$$

Die Ausgangsspannung U_A ist damit dem Eingangsstrom I_x proportional. (Beispiel: $I_E = 1\,\mu A$; $R = 1\,M\Omega$. Das ergibt die Meßspannung $U_A = -10^{-6} A \cdot 10^6 \Omega = -1\,V$). Der <u>Eingangswiderstand</u> des Strom-Spannungswandlers ist

(4.23) $$r_E = \frac{\partial U_E}{\partial I_E} \; .$$

Mit $I_E = -\frac{U_A}{R}$ ist $r_E = \frac{\Delta U_E}{\Delta U_A} R$. Es ist ferner nach Glg.(3.38)

$$\frac{\Delta U_A}{\Delta U_E} = v_{kl} = \frac{v_o}{1 + k v_o} \text{ mit } k = \frac{R_1}{R_1 + R_2} \; .$$

Hier ist $R_1 = 0$ und daher $v_{kl} = v_o$. So erhält man für den Eingangswiderstand:

(4.24) $$r_E = \frac{R}{v_o} << R \; .$$

Der Gegenkopplungswiderstand R wirkt also wie ein Widerstand der Größe $\frac{R}{v_o}$ parallel zum Eingang.

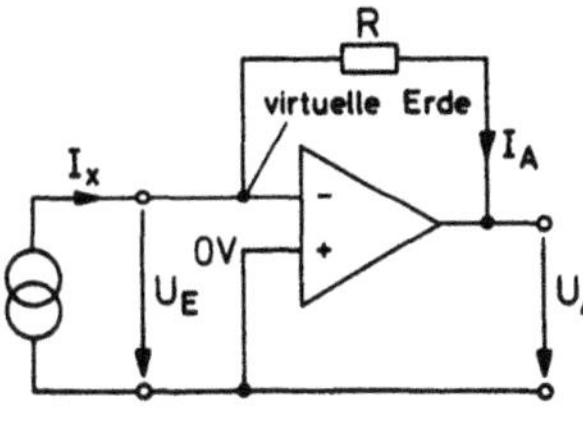

Fig. 171: Zum Strom-Spannungswandler

(Beispiel: $R = 1\,M\Omega$; $v_O = 10^5$ ergibt $r_E = 10\,\Omega$). Der Spannungsabfall am Eingang ist damit $U_E = I_x r_E = \frac{U_A}{v_O}$ (hier 10^{-5}V). Der Eingangsstrom I_E-des OPV muß natürlich viel kleiner sein als der Meßstrom I_x. Daher werden Strom-Spannungswandler zur Messung sehr kleiner Ströme (bis 1 pA) mit Verstärkern aufgebaut, deren Eingangsstufen mit FET bestückt sind.

Falls der Innenwiderstand der Stromquelle $R_i << R$ ist, macht sich u.U. die hohe Spannungsverstärkung $v_{kl} = \frac{R}{R_i}$ störend bemerkbar, so daß ein Widerstand $R' > R_i$ in die Eingangsstromzuführung gelegt werden muß. Dadurch verliert man allerdings den Vorteil des geringen Eingangswiderstandes.

4.11 Gleichrichter-Schaltungen

Bei den bisher besprochenen Schaltungen ist das Vorzeichen der Ausgangsspannung von der Polarität der Eingangsspannung abhängig. Zur Messung von Wechselströmen und Wechselspannungen benötigt man dagegen eine vorzeichenunabhängige Anzeige.

Der Wechselstrom-Gleichstrom-Wandler (AC-DC-Wandler) ist im Prinzip ein invertierender Verstärker, in dessen Gegenkopplungspfad eine Gleichrichterbrücke liegt (Fig. 172).

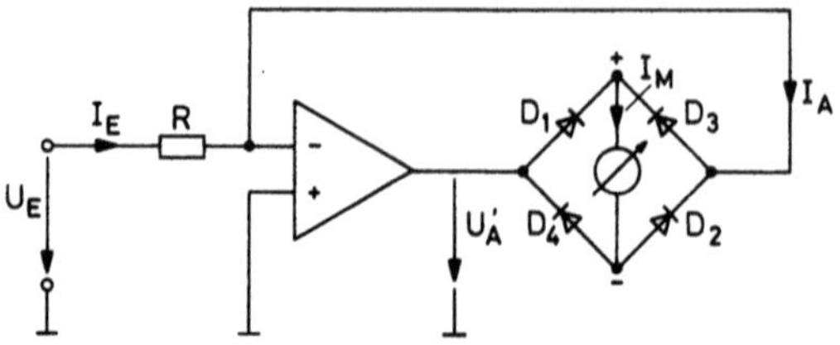

Fig. 172: Wechselstrom-Gleichstrom-Wandler

Der Eingangsstrom $I_E = \frac{U_E}{R}$ fließt über die Gleichrichterbrücke zum Ausgang des OPV. Falls $U'_A > 0$ ist, fließt $I_E = -I_A$ über die Diode D_1, das Instrument und die Diode D_2. Falls $U'_A < 0$ ist, fließt der Strom I_A über D_4, das Instrument und D_3. Die Richtung des Stromes I_M, der durch das Meßinstrument fließt, ist unabhängig von der Polarität des Eingangsstromes $I_M = |I_A| = |I_E|$. Die Nichtlinearitäten der Dioden haben infolge der hohen Leerlaufverstärkung des OPV keinen Einfluß auf die Anzeige des Instruments. (Falls $v_0 \to \infty$ und $I_{E-} = 0$ ist, gilt stets $I_E = -I_A$). Um Meßfehler durch die Sperrströme I_S der Dioden klein zu halten, sollte $I_S \ll I_E$ sein.

Eine Gleichrichterschaltung, deren Ausgangsspannung frei von Verzerrungen durch nichtlineare Diodenkennlinien ist, zeigt Fig.173 (Ultralinear-Gleichrichter).

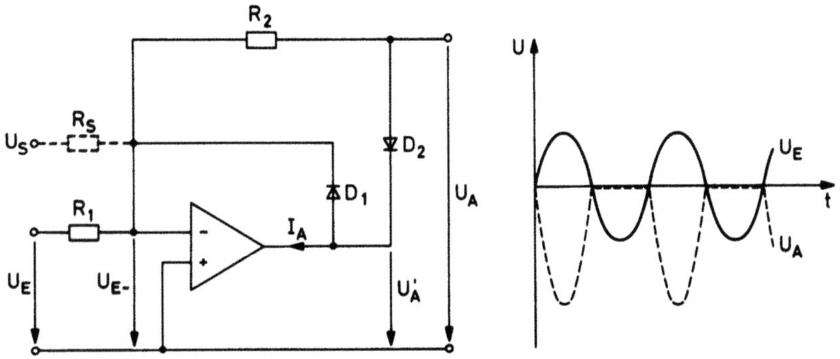

Fig. 173: Zum Ultralinear-Gleichrichter

Wir unterscheiden hier zwei Fälle:

1) Positive Eingangsspannung, $U_E > 0$. Dann ist die Ausgangsspannung U_A' des OPV negativ und die Diode D_2 leitet. Der Ausgangsstrom I_A fließt durch D_2 und R_2, so daß

$$I_E = \frac{U_E}{R_1} = -I_A = -\frac{U_A}{R_2}$$

wird. In diesem Fall ist die Ausgangsspannung U_A des Ultralinear-Gleichrichters gegeben durch (invertierender Verstärker)

$$(4.25) \qquad U_A = -\frac{R_2}{R_1} U_E \ .$$

Die Nichtlinearität der Diode D_2 kann mit zur Nichtlinearität des OPV gerechnet werden. Sie wird, falls $v_{kl} = -\frac{R_2}{R_1} \ll v_0$ ist, infolge der Gegenkopplung um den Faktor $\frac{1}{v_S} = \frac{v_{kl}}{v_0} \ll 1$ reduziert.

2) Negative Eingangsspannung, $U_E < 0$. Dann ist $U_A' > 0$ und D_1 leitet. Durch D_1 fließt der Strom $I_E = -I_A$, so daß $U_{E-} \approx 0$ bleibt (virtuel-

le Erde). Da $U_A' > 0$ und $U_{E-} = 0$ ist, sperrt D_2, und der Ausgang liegt über dem Widerstand R_2 an virtueller Erde: $U_A = 0$.

Es liegt also ideale Gleichrichtung vor: Positive Eingangsspannungen werden um den Faktor $v_{kl} = -\frac{R_2}{R_1}$ linear verstärkt; negative liefern die Ausgangsspannung Null.

Neben der Gleichrichtung bietet diese Schaltung noch zwei weitere interessante Anwendungsmöglichkeiten. Ähnlich wie der modifizierte Differenzverstärker (Ziff. 4.9) läßt sich der Ultralinear-Gleichrichter als schneller Analogschalter (lineares Gate) betreiben. Zu dem Zweck wird über den Widerstand R_S eine Steuerspannung U_S an den Eingang gelegt, so daß im Prinzip ein Summenverstärker mit den Eingangsspannungen U_E und U_S entsteht.

Falls $U_S = 0$ ist, arbeitet die Schaltung wie besprochen als Ultralinear-Gleichrichter. Dabei sollen Eingangsspannungen im Bereich $0 < U_E < U_{E\,max}$ zugelassen werden. Wählt man nun die Steuerspannung U_S negativer als $-U_{E\,max}$, also $-U_S > U_{E\,max}$, so fließt für alle Eingangsspannungen U_E ein negativer Eingangsstrom

$$I_E = \frac{U_E}{R} - \frac{|U_S|}{R} < 0$$

(mit $R_S = R_1 = R$), und die Gleichrichterschaltung liefert $U_A = 0$. Das bedeutet für die Ausgangsspannung:

$$U_A = \begin{cases} -U_E \frac{R_2}{R_1} & \text{falls } U_S = 0 \text{ (Analogschalter geschlossen)} \\ 0 & \text{falls } -U_S > U_{E\,max} \text{ (Analogschalter offen)} \end{cases}$$

Daneben läßt sich der Ultralinear-Gleichrichter als <u>Fensterverstärker</u> einsetzen. Ein Fensterverstärker verstärkt alle Eingangsspannungen U_E, die eine bestimmte Schwelle U_S überschreiten und liefert die Ausgangsspannung Null falls die Eingangsspannung unter der Schwelle bleibt.

Legt man eine negative Spannung U_S an den zweiten Eingang des Ultralineargleichrichters (Fig. 173), die dem Betrag nach kleiner als die maximale Eingangsspannung $U_{E\,max}$ ist, also $-U_{E\,max} < U_S < 0$, so rufen positive Eingangsspannungen mit $0 < U_E < U_{E\,max}$ den Eingangsstrom

$$I_E = \frac{U_E}{R} - \frac{|U_S|}{R}$$

hervor (mit $R_1 = R_S = R$). Falls $U_E > |U_S|$ ist, fließt ein positiver Eingangsstrom, und der Ultralinear-Gleichrichter arbeitet in Durchlaßrichtung. Er liefert wegen $I_E = -I_A = \frac{U_A}{R2}$ die Ausgangsspannung

$$U_A = -\frac{R_2}{R_1}(U_E - U_S) .$$

Falls $U_E < |U_S|$ ist, fließt ein negativer Eingangsstrom und der Ultralinear-Gleichrichter sperrt. Er liefert $U_A = 0$ (Fig. 174). Es werden also nur solche Eingangsspannungen verstärkt, für die $U_E > |U_S|$ gilt.

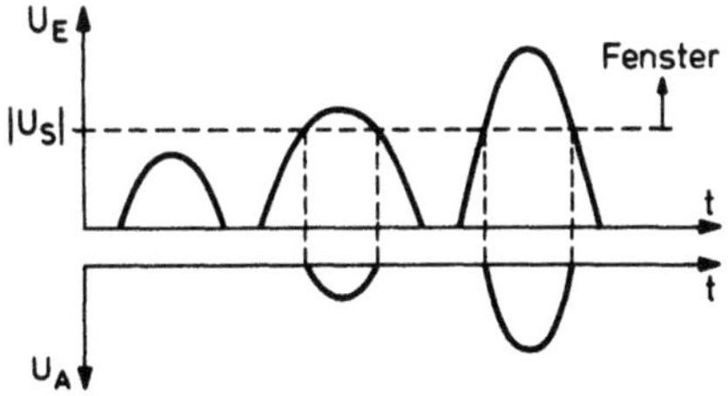

Fig. 174: Zum Fensterverstärker

4.12 Differentiator

Operationsverstärker verdanken ihren Namen der Fähigkeit, mathematische Rechenoperationen nachbilden zu können. Dies ist mit sehr geringem Aufwand möglich, wie z.B. die Schaltung eines Differentiators (Fig. 175) zeigt, dessen Ausgangsspannung dem Differentialquotienten der Eingangsspannung nach der Zeit proportional ist.

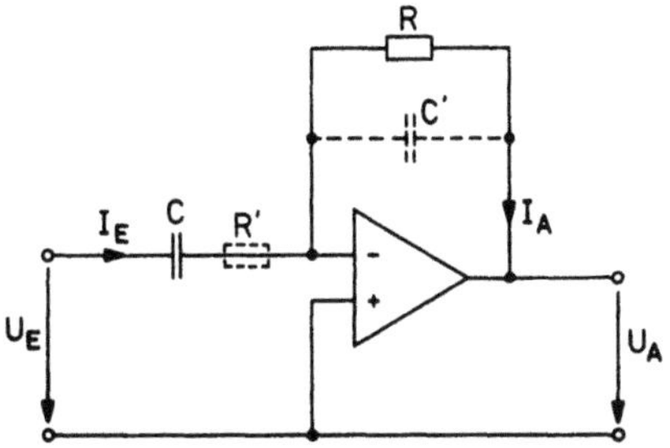

Fig. 175: Differentiator

Der Eingangsstrom I_E lädt den Kondensator C auf, wobei

(4.26) $$I_E = C\,\frac{dU_E}{dt}\,.$$

Dieser Strom fließt über R zum Ausgang, so daß

(4.27) $$I_E = -I_A = -\,\frac{U_A}{R}\,.$$

Die Ausgangsspannung ist daher

(4.28) $$U_A = -R_C\,\frac{dU_E}{dt}\,.$$

Bei sinusförmiger Eingangsspannung $u_E = U_{EO}\cdot \sin\omega t$ ist

(4.29) $$u_A = -RC\cdot U_{EO}\cdot\omega\cos\omega t = RC\,U_{EO}\,\omega\sin(\omega t - 90^o),$$

d.h. die Ausgangsspannung eilt der Eingangsspannung um -90° nach. Die Amplitude ist proportional der Frequenz, und die Klemmenverstärkung frequenzabhängig, wie sich aus Glg.(4.29) ergibt,

(4.30) $$|v_{kl}| = \frac{|U_A|}{|U_E|} = \omega RC\,.$$

Der Differentiator zeigt demnach Hochpaßverhalten (Ziff.1.1.3.3).- Große Klemmenverstärkung für hohe Frequenzen hat den Nachteil, daß hochfrequente Rauschanteile der Eingangsspannung U_E erheblich verstärkt am Ausgang auftreten. Um dies zu vermeiden, legt man in der Praxis einen Kondensator C' parallel zu R und einen Widerstand R' in Reihe mit C, wodurch ein Tiefpaß entsteht, der oberhalb der Grenzfrequenz

$$\omega' = \frac{1}{R'C'}$$

die Verstärkung absenkt. Exakte Differentiation der Eingangsspannung ist dann nur noch für $\omega << \omega'$ möglich.

4.13 Integrator

Die Integration von Spannungen ist von größerer praktischer Bedeutung als die Differentiation. Durch Vertauschen von R und C erhält man aus dem Differentiator einen Integrator (Fig. 176). Der Eingangsstrom ist $I_E = U_E/R$. Der Ausgangsstrom I_A lädt den Kondensator C auf,

(4.31) $$I_A = C\,\frac{dU_A}{dt}\,.$$

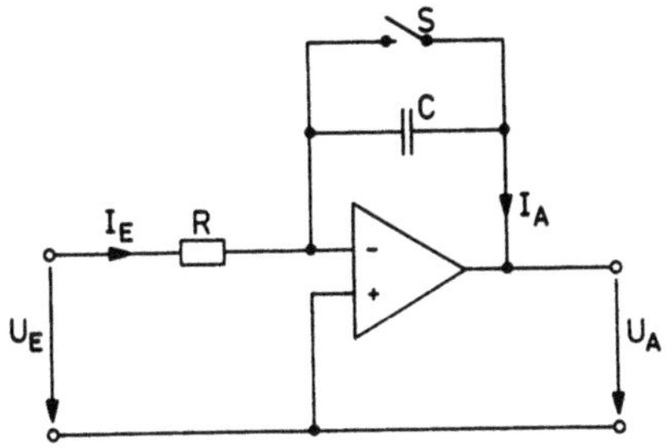

Fig. 176: Integrator

Aus $I_E = -I_A$ folgt

$$\frac{U_E}{R} = -C\,\frac{dU_A}{dt}\,.$$

Nach Integration erhält man für die Ausgangsspannung $U_A(t)$:

$$\int_{U_A(0)}^{U_A(t)} dU_A = -\frac{1}{RC}\int_0^t U_E\,dt$$

oder

(4.32) $$U_A(t) = U_A(0) - \frac{1}{RC}\int_0^t U_E\,dt\,.$$

Bis auf die additive Konstante $U_A(0)$, welche die Ausgangsspannung U_A zum Zeitpunkt $t=0$ des Integrationsbeginns darstellt, ist die Ausgangsspannung U_A dem zeitlichen Integral der Eingangsspannung proportional.

Die additive Konstante $U_A(0)$ kann z.B. durch Schließen des Schalters S vor Beginn der Integration zu Null gemacht werden ($U_A = U_{E-} = U_{E+} = 0$).

Gibt man für die Dauer der Zeit t eine konstante Spannung U_o auf den Eingang des Integrators, so ist

(4.33) $$U_A(t) = -\frac{1}{RC}\int_0^t U_o\,dt = -\frac{U_o}{RC}\,t\,.$$

Die Ausgangsspannung steigt also linear mit der Zeit an (Rampenspannung). Wird U_o zur Zeit t wieder Null (Impuls der Höhe U_o und der Impulsdauer t), so bleibt die Ausgangsspannung auf dem Wert $U_A(t)$ stehen. In der Praxis tritt jedoch eine langsame Entladung des Integrationskondensators C durch Eingangsströme des OPV ein, so daß die Ausgangsspannung driftet. Integratoren mit großer Integrationszeit müssen daher mit FET-Verstärkern ausgeführt werden.

Bei sinusförmiger Eingangsspannung $u_E = U_{EO} \sin \omega t$ ist

(4.34)
$$u_A = -\frac{1}{RC} U_{EO} \int_0^t \sin \omega t \, dt = \frac{1}{\omega RC} U_{EO} \cos \omega t = \frac{1}{\omega RC} U_{EO} \sin(\omega t + 90^o) \; .$$

Die Ausgangsspannung ist um $+90^o$ phasenverschoben gegenüber u_E, und die Amplitude der Ausgangsspannung wächst umgekehrt proportional zur Frequenz. Ein Integrator zeigt Tiefpaßverhalten: die Klemmenverstärkung steigt mit $\omega \to o$ gegen Unendlich (in Wirklichkeit geht $v_{kl} \to v_o$),

(4.35)
$$|v_{kl}| = \frac{|U_A|}{|U_E|} = \frac{1}{\omega RC} \; .$$

Das Verhalten eines Integrators bei sinusförmiger Eingangsspannung läßt sich sehr einfach berechnen, wenn man den Kondensator C als einen Blindwiderstand der Größe $X_C = \frac{1}{j\omega C}$ ansieht. So gesehen stellt nämlich der Integrator einen invertierenden Verstärker mit der Klemmenverstärkung

(4.36)
$$v_{kl} = \frac{U_A}{U_E} = -\frac{X_C}{R} = -\frac{1}{j\omega RC} = \frac{j}{\omega RC}$$

dar. Hier beschreibt $j = \sqrt{-1}$ die Phasenverschiebung um $+90^o$.

4.14 Anwendung eines Integrators

Der Eingangsstrom I_E eines Integrators fließt zum Ausgang hin ab: $I_E = -I_A = -C\frac{dU_A}{dt}$. Daraus folgt für U_A (bis auf eine additive Konstante)

(4.37)
$$U_A(t) = -\frac{1}{C} \int_0^t I_E \, dt = -\frac{Q(t)}{C} \; .$$

Das Zeitsignal über dem Eingangsstrom ist gleich der Ladung Q(t), die in der Zeit t in den Eingang des Integrators fließt. Weil die Ausgangsspannung eines Stromintegrators (bei dem auf den Eingangswiderstand R verzichtet werden kann), proportional der Ladung Q(t) ist, dienen Integratoren auch als ladungsempfindliche Verstärker.

Ladungsempfindliche Verstärker finden z.B. Anwendung bei der Energiemessung von α-, β- und γ-Strahlung in der Kernphysik:

Als Strahlungsdetektoren werden vorzugsweise spezielle Halbleiterdioden eingesetzt, die aus einer stark dotierten N-Zone und einer schwach dotierten P-Zone bestehen. Bei Anlegen einer Sperrspannung entsteht eine ladungsträgerfreie Zone, die sich tief in die P-Zone erstreckt. Bei Absorption eines ionisierenden Teilchens oder γ-Quants in der ladungsträgerfreien P-Zone der Diode wird ein Ionisationsprozeß ausgelöst: Das absorbierte Teilchen oder Quant überträgt die Energie W_Q auf die Valenzelektronen des Halbleiterkristalls, wodurch freie Ladungsträger in der Sperrschicht der Diode gebildet werden. In vielen sekundären Stoßprozessen entstehen Elektronen-Lochpaare bis die Energie der Sekundärelektronen kleiner ist als eine mittlere Bindungsenergie W_B. Die Anzahl N der so erzeugten Ladungsträger ist proportional dem Verhältnis der Teilchenenergie W_Q zur Bindungsenergie W_B: $N \sim \frac{W_Q}{W_B}$.

Die durch Absorptionsprozeß freigesetzte Ladung folgt daraus zu

$$(4.38) \qquad Q = Ne \sim e\,\frac{W_Q}{W_B} \;.$$

Unter dem Einfluß der anliegenden Sperrspannung fließt diese Ladung während der Sammelzeit t_s über die Elektroden der Diode zur Spannungsquelle ab: Man beobachtet einen Stromimpuls i(t) mit steilem Anstieg und flachem Abfall (Fig. 177 und 178). Zwischen dem Strom und der Ladung besteht die Relation

$$(4.39) \qquad Q = \int_0^{t_s} i(t)\,dt \sim e\,\frac{W_Q}{W_B} \;.$$

Das Zeitintegral über dem Stromimpuls ist proportional der Ladung Q und damit der Energie W_Q des ionisierenden Teilchens oder Quants. Bildet man dieses Integral mit einem ladungsempfindlichen Verstärker, so ist dessen Ausgangsspannung $U_A(t_s)$ proportional der absorbierten Teilchen- oder Quantenenergie W_Q:

$$(4.40)\qquad U_A(t_s) = -\frac{1}{C}\int_0^{t_s} i(t)\,dt \sim \frac{1}{C}\,e\,\frac{W_Q}{W_B}\,.$$

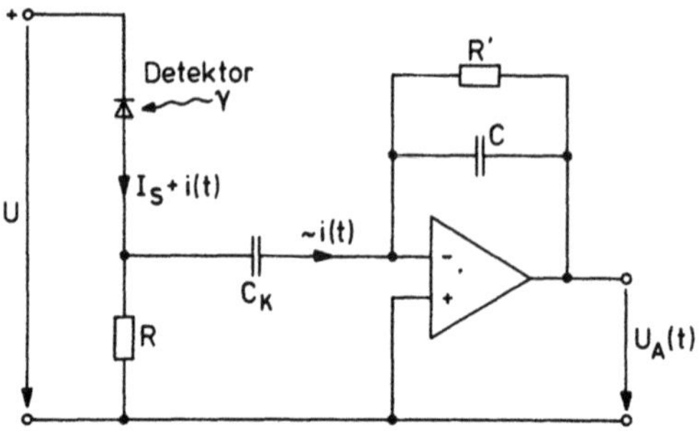

Fig. 177: Zur Energiemessung mittels Halbleiterdiode und ladungsempfindlichem Verstärker

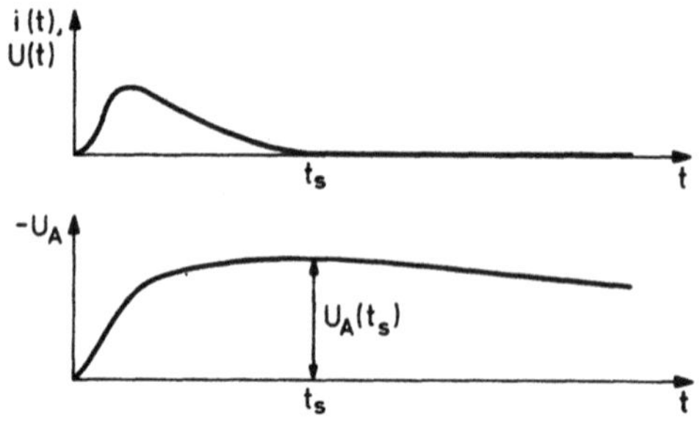

Fig. 178: Strom- und Spannungsverläufe am ladungsempfindlichen Verstärker

Wegen des unvermeidlichen Sperrstromes I_S der Detektordiode kann der Strom i(t), dem I_S als Gleichstromkomponente überlagert ist, nicht direkt von einem ladungsempfindlichen Verstärker aufintegriert werden. Man läßt daher den Strom $I_S + i(t)$ durch einen möglichst großen Widerstand R fließen und dimensioniert den Koppelkondensator C_K so, daß eine schnelle Stromänderung, wie sie i(t) darstellt, als Ladestrom über C_K dem ladungsempfindlichen Vorverstärker zufließt.

Um in schneller Folge Energien von Teilchen oder Quanten beobachten zu können, muß der Integrationskondensator C nach jedem Integrationsvorgang wieder entladen werden. Dies geschieht durch einen Widerstand R' parallel zu C. Dadurch fällt die Ausgangsspannung $U_A(t)$ nach der Sammelzeit t_s mit der Zeitkonstante R'C exponentiell ab. Wählt man $R'C \gg t_s$, so bleibt die Impulshöhe der Ausgangsspannung am Ende der Sammelzeit $U_A(t_s)$ proportional zur Energie W_Q. Folgen die Absorptionsprozesse im Detektor sehr schnell aufeinander, so ist u.U. der Kondensator C noch nicht ganz entladen, wenn der nächste Impuls i(t) auftritt und die Ausgangsimpulse $U_A(t)$ schieben sich aufeinander (Pile-up-Effekt) Fig. 179. Eine eindeutige Information über die Teilchenenergie W_Q steckt in den steilen Sprüngen der Ausgangsspannung des landungsempfindlichen Verstärkers, deren Höhe ΔU_A unabhängig von der Ausgangs- bzw. Kondensatorspannung $U_A(0)$ zu Beginn des Integrationsvorganges ist (additive Integrationskonstante).

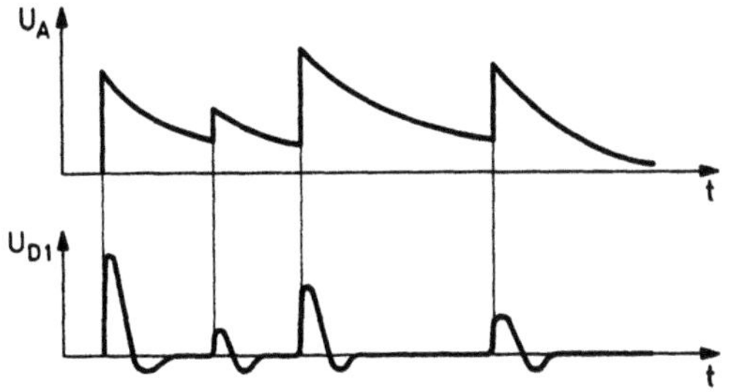

Fig. 179: Zur Ausgangsspannung des landungsempfindlichen Verstärkers

Durch Differentiation von $U_A(t)$ mittels eines RC-Hochpasses, dessen Zeitkonstante R_DC_D viel kleiner ist als die Zeitkonstante des exponentiellen Abfalls der Ausgangsspannung R'C, erhält man kurze Impulse $U_{D1}(t)$, deren Höhe proportional der Sprunghöhe ΔU_A ist (Fig. 179). Nach den Ausführungen in Ziff. 1.1.8 gewinnt man durch RC-Differentiation von Spannungen mit exponentiellem Abfall Impulse mit negativer Unterschwingung (bipolare Impulse). Durch geeignete Wahl der Zeitkonstanten R_DC_D können die bipolaren Impulse so kurz gemacht werden, daß sie sich auch bei hoher Impulsfolge nicht aufeinanderschieben. Die Verstärkung dieser nur wenige mV hohen Impulse erfolgt in sogenannten Hauptverstärkern, wobei sie so geformt werden, daß ihre energieproportionale Impulshöhe vom Impulshöhenanalysator optimal gemessen werden kann. Bei einer für den Analysator günstigen Impulsform muß der Hauptverstärker ein gutes Signal-Rausch-Verhältnis aufweisen. Durch die Differentiation werden jedoch hochfrequente Rauschanteile verstärkt übertragen und damit das Signal-Rauschverhältnis verschlechtert. Daher muß der Differentiation eine "glättende" Integration - im einfachsten Fall mit einem RC-Tiefpaß - folgen (Fig. 180). Durch mehrfache RC-Differentiation und -Integration lassen sich die Ausgangsspannungsänderungen des ladungsempfindlichen Vorverstärkers in symmetrische bipolare Impulse umformen, deren Höhe energieproportional ist. Bei n-facher Differentiation und Integration mit gleicher Zeitkonstante RC erfolgt außerdem der Nulldurchgang der bipolaren Impulse unabhängig von der Impulshöhe zur Zeit $t_o = (n+1)RC$ nach Auftreten des Detektorsignals i(t), wodurch eine gute Zeitmarke gewonnen ist. Durch die positive Halbphase des bipolaren Impulses werden Koppelkondensatoren zwischen den Verstärkerstufen aufgeladen und durch die negative Halbphase in definierter, kurzer Zeit wieder entladen. Daher können symmetrische bipolare Impulse im Gegensatz zu unipolaren ohne Null-Niveau-Verschiebung über Koppelkondensatoren übertragen werden.

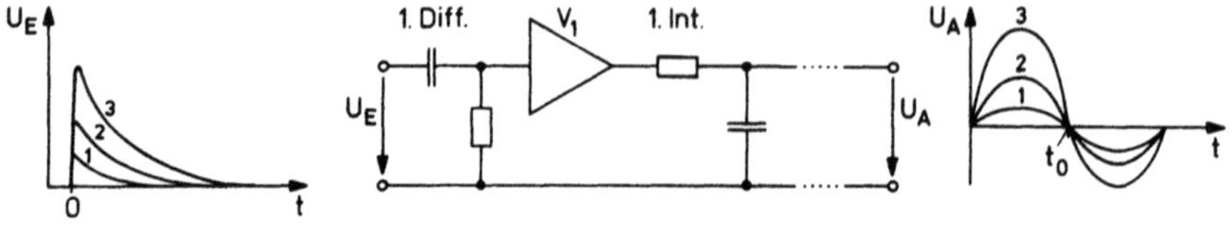

Fig. 180: Zur Impulsformung von Detektorimpulsen

4.15 Komparator, Diskriminator

Komparatoren oder Diskriminatoren sind Schaltungen, die nur dann ein genau definiertes Ausgangssignal abgeben, wenn ihre Eingangsspannung U_E eine bestimmte Schwelle U_S überschreitet. Mit Diskriminatoren wäre u.a. eine schnelle Impulshöhenanalyse der Hauptverstärkerimpulse und damit eine Energieanalyse der im Detektor absorbierten Strahlung möglich.

Im einfachsten Fall besteht ein Komparator aus einem Differenzverstärker. Auf einen Eingang gibt man die Eingangsspannung U_E, auf den anderen die Vergleichsspannung U_S, Fig. 181.

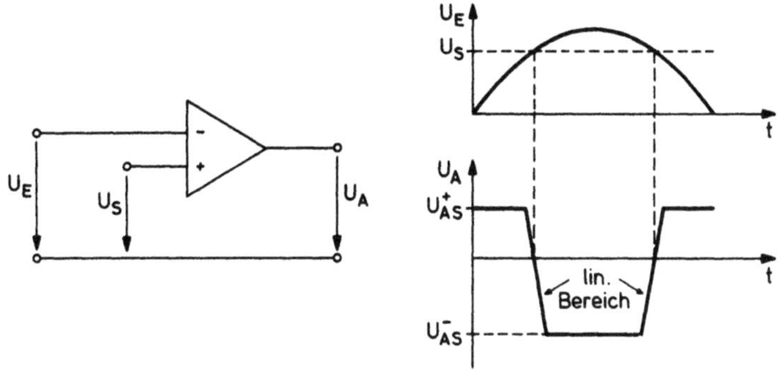

Fig. 181: Komparator

Die Ausgangsspannung des Differenzverstärkers ist

(4.41) $U_A = v_o(U_S - U_E)$.

Ihre Polarität liefert ein Kriterium dafür,ob die Eingangsspannung größer oder kleiner als die Vergleichs- oder Referenzspannung U_S ist:

$$U_A \begin{cases} >0, \text{ falls } U_E < U_S \\ <0, \text{ falls } U_E > U_S \end{cases} .$$

Falls sich U_E und U_S nur sehr wenig voneinander unterscheiden, arbeitet der Differenzverstärker in seinem linearen Bereich. Mit zunehmender Spannungsdifferenz $U_E - U_S$ strebt U_A der positiven bzw. negativen Sättigungsspannung U_{AS} zu.

Oft ist es wünschenswert, daß nicht nur das Vorzeichen, sondern die Größe der Ausgangsspannung selbst ein eindeutiges Vergleichskriterium darstellt. Dies kann man durch eine Mitkopplung erreichen, wodurch ein Teil der Ausgangsspannung auf den nichtinvertierenden Eingang zurückgeführt wird (Fig. 182). Bei dieser Schaltung wird die Eingangsspannung U_E nicht direkt mit der Referenzspannung U_S verglichen, sondern wegen

(4.42) $\quad U_A = v_0(U_{E+} - U_E)$

mit der Spannung U_{E+} am nichtinvertierenden Eingang. Diese hängt wegen der Mitkopplung auch von U_A ab. Falls $U_E = 0$ und $U_S > 0$ ist, liegt am Ausgang die positive Sättigungsspannung U_{AS}^+. Die Spannung U_{E+} ist um den Spannungsabfall U_{R1} am Widerstand R_1 positiver als U_S:

(4.43) $\quad U_{E+} = U_{S1} = U_S + U_{R1} = U_S + \dfrac{U_{AS}^+ - U_S}{R_1 + R_2} R_1$.

$\mathcal{U}_A^+ = \mathcal{U}_S \left(1 - \dfrac{R_1 + R_2}{R_1}\right) + \mathcal{U}_E^+$

Wenn die Eingangsspannung ansteigt und sich von U_{S1} nur noch so wenig unterscheidet, daß der OPV in seinen linearen Bereich kommt, fällt wegen $U_A = v_0(U_{S1} - U_E)$ die Ausgangsspannung ($U_A < U_{AS}^+$) und wegen der Mitkopplung auch die Spannung am nichtinvertierenden Eingang ($U_{E+} < U_{S1}$). Die Schaltung kommt in einen instabilen Zustand: U_A nimmt so lange ab, bis der kleinstmögliche Wert, nämlich die negative Sättigungsspannung U_{AS}^- erreicht ist. Jetzt beträgt die Spannung am nichtinvertierenden Eingang

(4.44) $\quad U_{E+} = U_{S2} = U_S - U_{R1} = U_S - \dfrac{U_{AS}^- + U_S}{R_1 + R_2} R_1$.

Fig. 182: Schmitt-Trigger

$\mathcal{U}_{G+} = \mathcal{U}_{G} = \mathcal{U}_S + R_1 I_1$
$\quad = \mathcal{U}_S + R_1 \cdot \dfrac{\mathcal{U}_A - \mathcal{U}_S}{R_1}$

$\mathcal{U}_{G+} = V_{\text{aus}} - R_2 \cdot I_1$
$\quad = V_{\text{aus}} - R_2 \cdot \dfrac{\mathcal{U}_S - \mathcal{U}_G}{R_1}$
$\quad = V_A - \dfrac{R_2}{R_1}\mathcal{U}_S + \dfrac{R_2}{R_1}\mathcal{U}_G$

$\mathcal{U}_G\left(1 - \dfrac{R_2}{R_1}\right) \ll V_A - \dfrac{R_2}{R_1}\mathcal{U}_G$

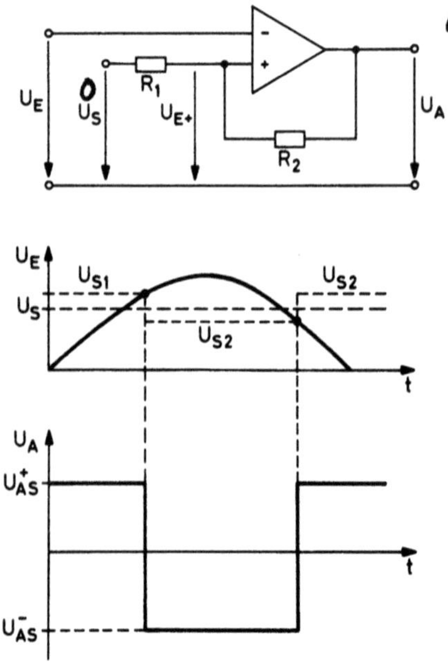

Die Ausgangsspannung ändert sich bei fallender Eingangsspannung U_E erst dann wieder, wenn $U_E - U_{S2}$ so klein wird, daß der OPV im linearen Bereich arbeitet: U_A durchläuft den linearen Bereich in steigender Richtung bis die positive Sättigungsspannung U_{AS}^+ wieder erreicht ist.

Diese Schaltung ist unter dem Namen Schmitt-Trigger bekannt. Sie zeichnet sich ausgangsseitig durch zwei stabile Zustände mit der positiven und negativen Sättigungsspannung aus, während der lineare Bereich in einem instabilen Kippvorgang sehr schnell durchlaufen wird. Die Ausgangsspannung ist also ein eindeutiges Kriterium dafür, ob die Eingangsspannung die Vergleichsspannungen U_{S1} und U_{S2} über- oder unterschritten hat oder nicht. Schmitt-Trigger werden daher oft als Koppelglieder zwischen analogen und digitalen Schaltkreisen eingesetzt, welche nur mit zwei definierten Spannungswerten arbeiten, die z.B. als Ja-Nein interpretiert werden können.

Typisch für einen Schmitt-Trigger ist seine Schalthysterese U_H. Darunter versteht man den Unterschied zwischen seiner oberen Schaltschwelle oder Vergleichsspannung U_{S1} und seiner unteren Schwelle U_{S2}:

(4.45) $$U_H = U_{S1} - U_{S2} = \frac{U_{AS}^+ - U_{AS}^-}{R_1 + R_2} R_1 \ .$$

Ein Schmitt-Trigger arbeitet einwandfrei, solange die Schleifenverstärkung

$$v_S = \frac{R_1}{R_1 + R_2} v_o > 1$$

ist. Dementsprechend kann die Schalthysterese bis auf den Wert

(4.46) $$U_{H\,min} = \frac{U_{AS}^+ - U_{AS}^-}{v_o}$$

reduziert werden. Oft ist eine sehr kleine Schalthysterese nicht sinnvoll, weil im Falle $U_E \approx U_S$ kleinste Rauschspannungen, die der Eingangsspannung überlagert sind, Ausgangssignale auslösen oder zu Instabilitäten führen können.

Schmitt-Trigger werden z.B. als Diskriminatoren bei der Energieanalyse von Kernstrahlung eingesetzt. Gibt man energieproportionale Ausgangsimpulse $U_A(W)$ einer aus Detektor, ladungsempfindlichen

Vorverstärker und Hauptverstärker bestehenden Meßanordnung auf einen Diskriminator mit der Schwelle U_S, so treten nur dann Diskriminatorausgangsimpulse auf, wenn $U_A(W) > U_S$ ist. Führt man diese Ausgangsimpulse einem Digitalzähler zu, so registriert dieser nur solche Ereignisse, deren Energie W größer als die Referenzenergie $W(U_S)$ ist, die der Spannung U_S entspricht. Registriert der Zähler N_1 Ereignisse/Zeiteinheit bei der Schwelle U_{S1} und N_2 Ereignisse bei der Schwelle $U_{S2} > U_{S1}$, so gibt die Differenz $\Delta N = N_1 - N_2$ die Anzahl der Ereignisse an, deren Energie im Bereich $W(U_{S1}) < W < W(U_{S2})$ liegt. So läßt sich die Häufigkeit des Auftretens bestimmter Energien ermitteln (Energiespektrum).

4.16 Mittelwertbildung

Eine meßtechnisch wichtige Schaltung dient der Mittelwertbildung mit Hilfe eines modifizierten Integrators (Fig. 183). Es soll der Spannungs-Mittelwert unipolarer Eingangsimpulse gemessen werden (Fig. 184).

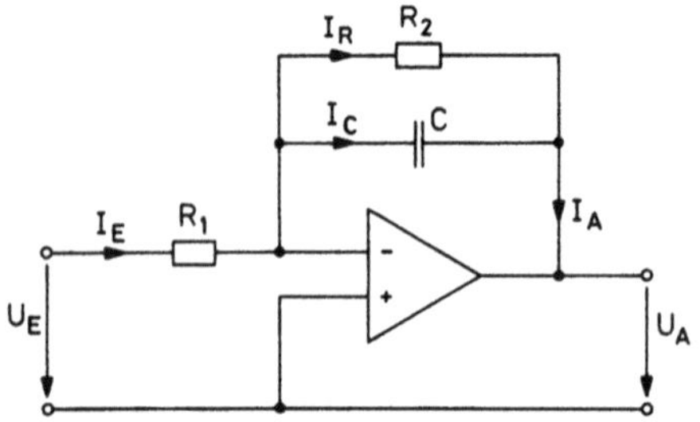

Fig. 183: Integrator zur Mittelwertbildung

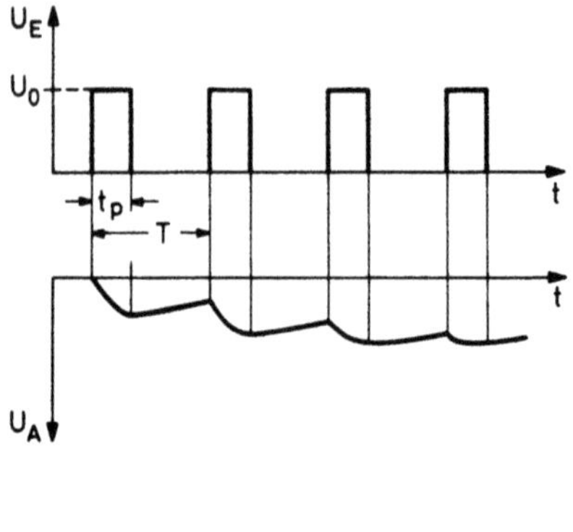

Fig. 184: Impulsformen beim Mittelwertbildner

Wir wählen $R_1C > t_p$ und $R_2C \gg T$. Während ein Eingangsimpuls anliegt, fließt in den Eingang die Ladung

$$(4.47) \qquad Q_E = \int_0^{t_p} I_E \, dt = \frac{1}{R_1} \int_0^{t_p} U_E \, dt \quad .$$

Diese Ladung fließt über den Gegenkopplungspfad bestehend aus R_2 und C zum Ausgang hin ab. Dabei wird der Kondensator C aufgeladen. Zwischen den Impulsen entlädt sich C zum Teil wieder über R_2. Es stellt sich nach einer Zeit $t > R_1C$ eine mittlere Ausgangsspannung $\bar{U}_A$ ein. Dann ist die Ladung Q_E, die während der Impulsdauer t_p dem Kondensator C zugeführt wird, gleich der Ladung Q_A, die in den Impulspausen über R_2 abfließt.

Wegen $-I_E = I_A = I_C + I_R$ fließt während eines Eingangsimpulses der Strom $I_C = -I_E - I_R$ in den Kondensator, der die Ladung

$$(4.48) \qquad Q_E = -\int_0^{t_p} I_E \, dt - \int_0^{t_p} I_R \, dt \approx -\frac{1}{R_1} \int_0^{t_p} U_E \, dt - \frac{\bar{U}_A}{R_2} t_p$$

speichert. In der Pause zwischen zwei Impulsen fließt die Ladung

$$(4.49) \qquad Q_A = -\int_{t_p}^{T} I_R \, dt \approx \frac{\bar{U}_A}{R_2}(T - t_p)$$

aus C über R_2 wieder ab. Im Gleichgewichtszustand ist $Q_E = Q_A$, so daß die mittlere Ausgangsspannung gegeben ist durch

$$\bar{U}_A = -\frac{R_2}{R_1} \frac{1}{T} \int_0^{t_p} U_E \, dt \quad .$$

Die Ausgangsspannung, deren Welligkeit durch die Zeitkonstante R_2C bestimmt wird, ist dem Mittelwert der Eingangsspannung

$$(4.50) \qquad \bar{U}_E = \frac{1}{T} \int_0^{t_p} U_E \, dt$$

proportional:

$$(4.51) \qquad \bar{U}_A = -\frac{R_2}{R_1} \bar{U}_E \quad .$$

Gibt man normierte, unipolare Rechteckimpulse mit der Höhe U_o und der Impulsbreite t_p auf den Eingang, so ist

$$(4.52) \qquad \bar{U}_A = -\frac{R_2}{R_1} \cdot \frac{t_p}{T} \cdot U_o = -\frac{R_2}{R_1} t_p U_o \nu \quad .$$

D.h., bei konstanter Eingangsimpulsform ist die Ausgangsspannung der Frequenz ν der Eingangsimpuls proportional.- Anwendung: Analoge Frequenzmessung, Zählratenmessung, Drehzahlmessung.

5 Regler und Rechenschaltungen

5.1 Regler

Regler haben die Aufgabe, eine elektrische oder andere physikalische Größe unabhängig von störenden Umwelteinflüssen auf einem bestimmten vorwählbaren Wert zu halten.

In Ziff. 4.1 wurde eine Konstantspannungsquelle beschrieben, die als Regler für eine elektrische Größe, nämlich die Ausgangsspannung U_A gelten kann.

Der prinzipielle Aufbau eines Regelkreises ist in Fig. 185 dargestellt. Die zu regelnde Größe, kurz Regelgröße x*, soll auf einen Wert gebracht werden, der dem Sollwert U_W entspricht. (Bei der Konstantspannungsquelle ist $x^* \mathrel{\hat{=}} U_A$ und $U_W \mathrel{\hat{=}} U_E$). Der Meßwertumformer wandelt die Regelgröße x* in die analoge Spannung U_x um, die dem tatsächlichen Wert der Regelgröße x* entspricht und daher Istwert heißt. In dem Beispiel der Ziff. 4.1 entfiel der Umformer, weil x* schon als Spannung vorlag, $U_x = U_A$.

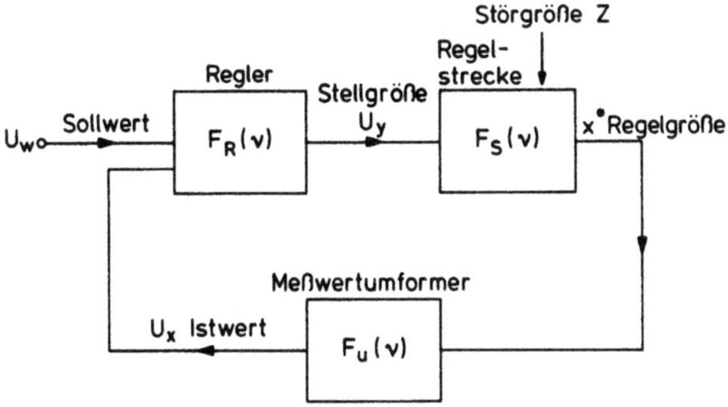

Fig. 185: Regelkreis

Der Regler vergleicht Sollwert und Istwert, indem er die Differenz $U_w - U_x$ bildet und diese in geeigneter Weise verstärkt. Im einfachsten Fall besteht der Regler aus einem Differenzverstärker, der die Ausgangsspannung $U_y = v_o(U_w - U_x)$ abgibt. (So auch bei der Konstantspannungsquelle). Im allgemeinen wird die Ausgangsspannung U_y des Reglers als Stellgröße auf die Regelstrecke gegeben und dort in die u.U. nichtelektrische Regelgröße $x^*(U_y)$ umgeformt. Auch diese Umformung entfällt bei der Konstantspannungsquelle. Hier ist also $U_y = U_A$, und der Istwert U_x ist ebenfalls U_A. Damit entsteht aus $U_y = v_o(U_w - U_x)$ für U_A als Regelgröße der Konstantspannungsquelle der Ausdruck

$$U_A = \frac{v_o U_w}{1 + v_o} \quad . \tag{5.1}$$

Mit $v_o \to \infty$ ist die Regelgröße U_A gleich dem Sollwert U_w. Damit ist U_A auch weitgehend unabhängig von äußeren Störgrößen wie Belastung und Zuleitungswiderständen.

Auch der allgemeine Regelkreis nach Fig. 185 stellt eine Gegenkopplungsschleife dar, bei der die Regelgröße x^* umso exakter durch den Sollwert U_w bestimmt wird, je größer die Schleifenverstärkung ist. Der Verstärker, die Komponenten der Regelstrecke und der Meßumformer zeigen Tiefpaßverhalten, weil die Umwandlung $U_y \to x^*$ und $x^* \to U_x$ nicht mit beliebiger Geschwindigkeit erfolgen kann. Am Beispiel eines Thermostaten soll dies verdeutlicht werden, Fig. 186. Die Regelstrecke besteht hier aus einem Heizwiderstand R, der die Stellgröße U_y in die Verlustleistung $P_v = \frac{U_y^2}{R}$ umformt. Die Masse des Thermostaten stellt eine Wärmekapazität C_{th} dar. Die thermische Kopplung zwischen C_{th} und dem Heizelement R beschreibt der thermische Widerstand R_{th}. Bei der Umgebungstemperatur ϑ_u wird mit der Heizleistung P_v die Temperatur $\vartheta_T = \vartheta_u + R_{th}P_v$ erreicht. Die dafür benötigte Zeit ist proportional zu C_{th} und R_{th}, d.h. zum Produkt $C_{th}R_{th}$. Die Regelgröße ϑ_T wird von einem Thermoelement, das als Meßumformer dient, in die Thermospannung U_{th} und damit in den Istwert $U_{th} = U_x$ umgeformt. Auch das Thermoelement hat eine Wärmekapazität, so daß U_x auch der Temperatur ϑ_T nicht trägheitslos folgt.

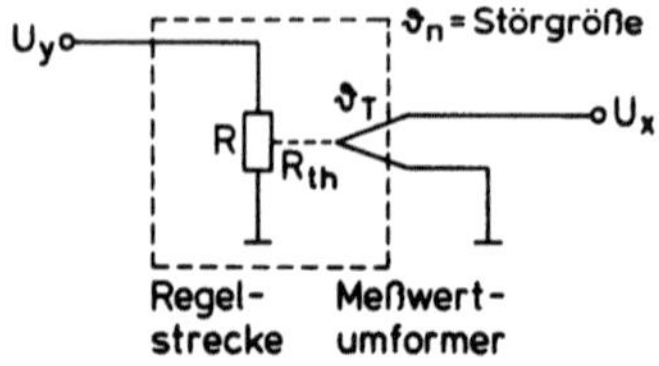

Fig. 186: Schema zur Thermostat-Regelung

5.2 Frequenzgang, Proportional-Regler

Das dynamische Verhalten der Komponenten eines Regelkreises wird durch deren Frequenzgänge beschrieben. Darunter versteht man die Frequenzabhängigkeit des Verhältnisses von Ausgangsgröße zur Eingangsgröße bei sinusförmiger Änderung der Eingangsgröße, also die Frequenzabhängigkeit der (komplexen) Verstärkung. Sie beschreibt die frequenzabhängige Übertragung von Amplitude und Phase (Amplituden- bzw. Phasengang). Der Frequenzgang des Reglers ist

(5.2) $$F_R(\nu) = \frac{U_Y(\nu)}{U_D(\nu)} \quad \text{mit } U_D = U_w - U_x \ ,$$

und die Ausgangsspannung des Reglers ist demnach

(5.3) $$U_Y = U_Y(\nu) = F_R(\nu)(U_w - U_x) \ .$$

Analog ist der Frequenzgang der Regelstrecke gegeben durch

(5.4) $$F_s(\nu) = \frac{x^*(\nu)}{U_Y(\nu)} \ , \quad x^*(\nu) = F_s(\nu)U_Y(\nu) \ ,$$

und der Frequenzgang des Meßumformers

(5.5) $$F_U(\nu) = \frac{U_x(\nu)}{x^*(\nu)} \ , \quad U_x(\nu) = F_U(\nu)x^*(\nu) \ .$$

Wie bei einem gegengekoppelten Verstärker läßt sich auch beim Regelkreis eine <u>Schleifenverstärkung</u> als das Verhältnis von Ausgangsgröße U_x des Meßwertumformers zur Eingangsgröße U_w des Reglers bei <u>offener Schleife</u> definieren, wo der U_x-Eingang des Reglers an Masse liegt. Die Kombination der Glgn.(5.3) bis (5.5) führt auf

(5.6) $$U_x(\nu) = F_U x^*(\nu) = F_U F_s U_Y(\nu) = F_U F_s F_R U_w(\nu) \ .$$

Die Schleifenverstärkung

(5.7) $$F_o = \frac{U_x}{U_w} = F_U F_s F_R$$

ist also gleich dem Produkt aller im Regelkreis vorhandenen Frequenzgänge (Verstärkungsfaktoren).

Bei einem offenen Regelkreis ist die Regelgröße x^* einmal von der Differenz $U_w - U_x$ abhängig,

(5.8) $$x^* = F_s U_Y = F_s F_R (U_w - U_x) \ ,$$

zum anderen kann sich der Regelgröße eine Störgröße Z überlagern (bei einem Thermostaten ist dies z.B. die Umgebungstemperatur ϑ_U), so daß allgemein gilt

$$(5.9)\qquad x^* = Z + F_s F_R (U_w - U_x)\ .$$

Der Meßwertumformer liefert $U_x = F_U x^*$. Setzen wir dies in Glg.(5.9) ein und lösen nach x^* auf, so erhalten wir für die Regelgröße im <u>geschlossenen</u> Regelkreis den Ausdruck

$$(5.10)\qquad x^* = \frac{Z}{1+F_o} + \frac{F_s F_R}{1+F_o} U_w\ .$$

Lassen wir nun die Reglerverstärkung $F_R \to \infty$ gehen (und damit wegen (5.7) auch die Schleifenverstärkung F_o), so wird

$$(5.11)\qquad x^* = \frac{F_s F_R}{F_o} U_w = \frac{1}{F_U} U_w\ .$$

Damit ist die Regelgröße x^* unabhängig von der Störgröße Z und nur vom Sollwert U_w abhängig. Außerdem ist $U_x = F_U x^*$, also

$$(5.12)\qquad U_x = U_w\ ,$$

d.h. Sollwert=Istwert.

In der Praxis kann die Schleifenverstärkung $F_o = F_s F_R F_U$ jedoch nicht beliebig groß gemacht werden, weil sie eine frequenzabhängige Phasendrehung $\varphi(\nu)$ bewirkt: F_o ist im allgemeinen eine komplexe Größe. Gibt es eine Frequenz ν_p, bei der die Phasendrehung der Schleifenverstärkung $\varphi(\nu_p) = -180^o$ beträgt, so ist $F_o < 0$. Falls mit $\varphi(\nu_p) = -180^o$ auch $|F_o(\nu_p)| \geq 1$ ist, wird aus der Gegenkopplung im Regelkreis eine Mitkopplung (Phasen- und Amplitudenbedingung für Selbsterregung sind erfüllt, Ziff. 3.4.2). Als Folge davon treten Instabilitäten auf, der Regler schwingt. Dies kann man sich anhand des Frequenzganges $F_s' = F_s F_U$ der Regelstrecke und des Umformers klarmachen (Fig. 187). Dabei ist angenommen, daß der Frequenzgang $F_s'(\nu)$ durch Tiefpässe mit der Grenzfrequenz ν_{g1}, ν_{g2} und ν_{g3} bestimmt wird. Jeder Tiefpaß bewirkt oberhalb seiner Grenzfrequenz einen Abfall der Ausgangsspannung der Regelstrecke

$$(5.13)\qquad U_x = F_s(\nu) F_U(\nu) U_y = F_s'(\nu) U_y$$

um -20 dB/Dekade und eine Phasendrehung von -90°. Da die Regelstrecke über keine aktive Verstärkung verfügt, ist $|F_s'| < 1$ ($\log |F_s'| < 0$). Die aktive Verstärkung des Reglers $F_R(\nu)$ muß dann im Interesse einer exakten Regelung so gewählt werden, daß die Schleifenverstärkung

$$(5.14)\qquad |F_o| = |F_s'| \cdot |F_R| >> 1$$

ist. Dabei muß die Phasendrehung der Schleifenverstärkung kleiner als -180° bleiben.

Wir nehmen zunächst an, daß der Regler die Ausgangsspannung $U_y = v_p(U_w - U_x)$ liefert. U_y ist dann der Regelabweichung $U_w - U_x$ proportional. Die Phasendrehung bezüglich der Istspannung U_x beträgt $+180^\circ$. Ein solcher Regler mit proportionaler Verstärkung der Regelabweichung heißt Proportional-Regler, kurz P-Regler. Bei der zweiten Grenzfrequenz $\nu = \nu_{g2} >> \nu_{g1}$ beträgt die Phasenverschiebung des Frequenzganges $F_s'(\nu)$ der Regelstrecke $\varphi_s(\nu_{g2}) = -90^\circ - 45^\circ = -135^\circ$. (Der Tiefpaß mit ν_{g1} liefert bei ν_{g2} die Phasenverschiebung von -90°, und der zweite Tiefpaß hat bei seiner eigenen Grenzfrequenz ν_{g2} eine Phasenverschiebung von -45°). Die auf U_x bezogene Phasendrehung $\varphi(\nu_{g2})$ des gesamten Regelkreises setzt sich zusammen aus der des P-Reglers von 180° und der Phasendrehung der Regelstrecke $\varphi(\nu_{g2}) = -135^\circ$, so daß $\varphi(\nu_{g2}) = 180^\circ - 135^\circ = 45^\circ$ beträgt. Bei der Frequenz ν_{g2} weist der Regelkreis damit noch eine ausreichende Phasensicherheit von 45° auf, und es kann eine Gegenkopplungsschleife realisiert werden, die für $\nu < \nu_{g2}$ stabil ist, wenn die Schleifenverstärkung bei ν_{g2} den Wert $|F_o(\nu_{g2})| = 1$ hat und für $\nu > \nu_{g2}$ kleiner als 1 ist. Wegen

(5.15) $$|F_o(\nu_{g2})| = |F_s'(\nu_{g2})| \cdot |F_R(\nu_{g2})| = 1$$

ergibt sich für die Größe der Proportionalverstärkung des Reglers bei der Grenzfrequenz ν_{g2}

(5.16) $$v_p = |F_R(\nu_{g2})| = \frac{1}{|F_s'(\nu_{g2})|} \quad .$$

In der logarithmischen Darstellung (Fig. 187) erscheint der Frequenzgang der Schleifenverstärkung $F_o(\nu)$ wegen $F_o = F_s'F_R$ und $\log|F_o| = \log|F_s'| + \log|F_R|$ infolge der aktiven Verstärkung des Reglers gegenüber dem Frequenzgang $F_s'(\nu)$ der Regelstrecke um den Betrag

(5.17) $$\log|v_p| = \log \frac{1}{|F_s'(\nu_{g2})|} = -\log|F_s'(\nu_{g2})| > 0$$

angehoben. Wegen der endlichen Größe der Proportionalverstärkung v_p, die sich aus der Forderung einer Phasensicherheit von mindestens 45° ergibt, läßt sich mit einem P-Regler offenbar keine hohe Regelgenauigkeit erzielen.

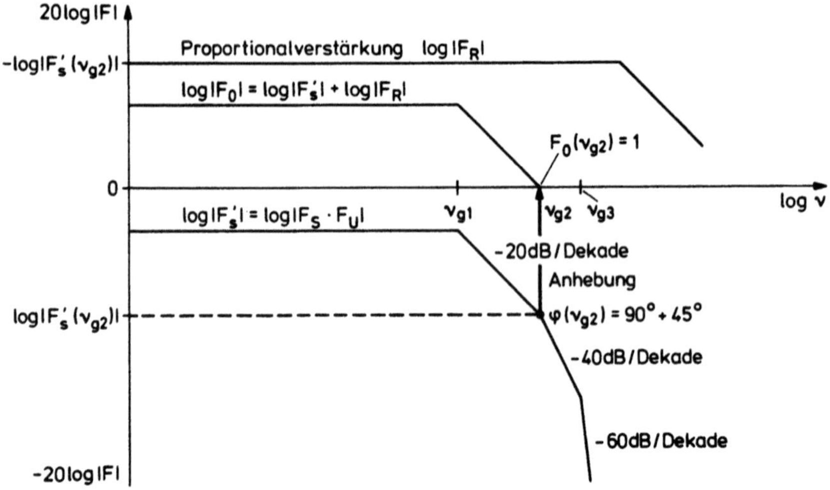

Fig. 187: Zum Frequenzgang eines Regelkreises

5.2 Proportional-Integral-Regler

Man kann die Regel- oder Abgleichgenauigkeit dadurch verbessern, daß man den Frequenzgang $F_R(\nu)$ des Reglers nach niedrigen Frequenzen hin anhebt. Zu dem Zweck gibt man dem Regelverstärker Tiefpaßeigenschaften derart, daß - wie bei einem Integrator - die Verstärkung des Reglers für $\nu < \nu_{g1}$ stetig zunimmt (Ziff. 4.13). Technisch läßt sich das etwa durch einen invertierenden Verstärker mit der frequenzabhängigen Verstärkung $v_{kl}(\nu)$ gemäß Fig. 188 erreichen, der einem Differenzverstärker mit der Ausgangsspannung $-U_D=U_x-U_w$ (Verstärkung=-1) nachgeschaltet wird. Die Ausgangsspannung des Reglers ist $U_y= (U_x-U_w)\cdot v_{kl}(\nu)$ und $F_R(\nu) = -1\cdot v_{kl}(\nu)$ in Übereinstimmung mit Glg. (5.2).

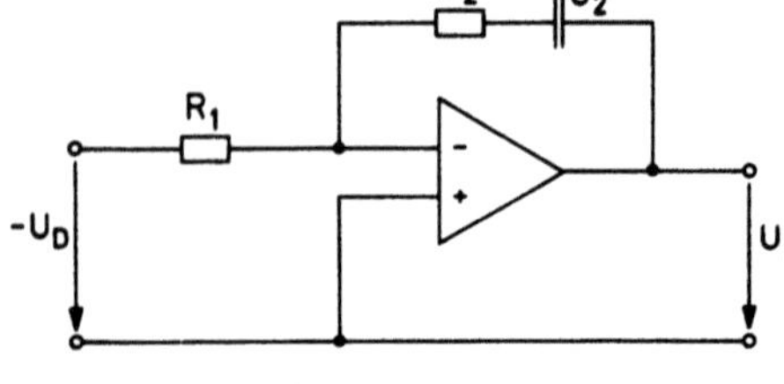

Fig. 188: Zum PI-Regler

Die Klemmenverstärkung $v_{kl}(\nu)$ ist hier gegeben durch

$$v_{kl} = \frac{U_A}{U_D} = -\frac{R_2 + X_{C2}}{R_1} = -\left(\frac{R_2}{R_1} + \frac{1}{j\omega C_2 R_1}\right)$$

(5.18)
$$= -\frac{R_2}{R_1}\left(1 + \frac{1}{j\omega R_2 C_2}\right) = -\frac{R_2}{R_1}\left(1 - j\frac{\nu_{gi}}{\nu}\right)$$

mit $\nu_{gi} = \frac{1}{2\pi R_2 C_2}$. Oberhalb der Grenzfrequenz ν_{gi} geht mit $\nu \gg \nu_{gi}$ die Klemmenverstärkung gegen

(5.19) $v_{kl} = -\frac{R_2}{R_1}$; $F_R = -1 \cdot v_{kl} = \frac{R_2}{R_1} = v_p$,

v_p ist der Proportionalanteil der Verstärkung F_R. Für $\nu \ll \nu_{gi}$ strebt die Klemmenverstärkung gegen

(5.20) $v_{kl} = j\frac{R_2}{R_1}\frac{\nu_{gi}}{\nu}$; $F_R(\nu) = -v_{kl}(\nu) = -j\frac{R_2}{R_1}\frac{\nu_{gi}}{\nu} = v_i(\nu)$

$$v_i(\nu) = -jv_p \cdot \nu_{gi}/\nu ,$$

$v_i(\nu)$ ist der Integralanteil der Verstärkung $F_R(\nu)$. v_{kl} nimmt also wie bei einem Integrator mit fallender Frequenz ν zu, wobei die Phase um $+90^\circ$ voreilt ($j \mathrel{\hat{=}} 90^\circ$). Die Phasendrehung des Regelverstärkers beträgt dann $+90^\circ$ bezüglich der Eingangsspannung U_x bzw. -90° bezüglich der Eingangsspannung U_w. Solche Verstärker mit Proportional-Integral-Verhalten nennt man PI-Regler.

Wählt man die Grenzfrequenz ν_{gi} bei einem PI-Regler kleiner als die kleinste Grenzfrequenz ν_{g1} der Regelstrecke, so beträgt für $\nu < \nu_{g1}$ die Phasendrehung der Schleifenverstärkung (bezüglich U_x) $\varphi(\nu) = +90^\circ$. (Für $\nu < \nu_{g1}$ dreht die Regelstrecke die Phase nicht, der Regler wegen seines Integralverhaltens jedoch um $+90^\circ$.

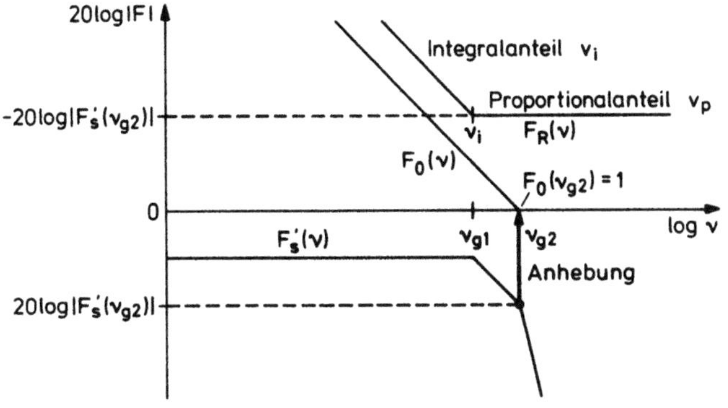

Fig. 189: Zum Frequenzgang eines PI-Reglers

Fig. 189 zeigt den Frequenzgang $F_R(\nu)$ eines PI-Reglers mit $\nu_{gi} = \nu_{g1}$ und den Frequenzgang der Schleifenverstärkung $F_o = F_R F_s'$ für $\nu < \nu_{g2}$. Die Schleifenverstärkung $F_o(\nu)$ nimmt mit $\nu \to 0$ sehr große Werte an (sie strebt gegen die Leerlaufverstärkung des PI-Reglers). Dadurch wird eine hohe Regel- oder Abgleichgenauigkeit erzielt, die allerdings nur für niedrige Frequenzen bzw. nach längerer Einstellzeit voll wirksam wird. Man kann auch sagen: Aufgrund der Integrator-Eigenschaften des PI-Reglers wird die Regelabweichung $U_w - U_x$, die infolge der endlichen Proportionalverstärkung $v_p = \frac{1}{F_s'(\nu_{g2})}$ vorhanden wäre, aufintegriert. Dabei ändert sich die Ausgangsspannung des Reglers bzw. die Stellgröße U_y so lange, bis das Integral $U_y \sim \int^t (U_w - U_x)dt$ konstant, d.h. bis $U_w = U_x$ ist.

5.4 Proportional-Integral-Differential-Regler

Man kann die Geschwindigkeit, mit der der Regler den Abgleich $U_x = U_w$ vornimmt, dadurch erhöhen, daß man zur Stellgröße U_y einen Spannungsanteil hinzufügt, welcher der zeitlichen Änderung der Regelabweichung, also dem Differentialquotienten $\frac{d}{dt}(U_w - U_x)$ proportional ist. Dies kann durch einen Differentiator geschehen, der für Frequenzen $\nu > \nu_{g2}$ wirksam wird. Ein Differentiator (Ziff. 4.12) wirkt wie ein Hochpaß. Seine Klemmenverstärkung steigt mit + 20 dB/Dekade. Erweitert man den oben beschriebenen PI-Regler gemäß Fig. 190, so läßt sich ein Frequenzgang $F_R(\nu)$ konstruieren, der für $\nu < \nu_{g2}$ das bekannte PI-Verhalten zeigt. Durch geeignete Wahl der Zeitkonstanten R_1C_1 kann man erreichen, daß sich der Verstärker für $\nu > \nu_{g2}$ wie ein Differentiator verhält.

Um den gewünschten Frequenzgang $F_R(\nu)$ zu bekommen, wird der Kondensator C_1 so gewählt, daß für $\nu < \nu_{g2}$ der Blindwiderstand $|X_{C1}| > R_1$ ist, womit C_1 in diesem Frequenzbereich praktisch keinen Einfluß auf das PI-Verhalten des Reglers hat.

Für $\nu > \nu_{g2}$ wird $|X_{C1}|$ vergleichbar mit R_1 während der Blindwiderstand X_{C2} des Kondensator C_2 zunehmend kleiner gegenüber R_2 wird, so daß in diesem Frequenzbereich der Widerstand R_2 im Gegenkopplungspfad allein für die Klemmenverstärkung bestimmend ist. Sie beträgt für $\nu > \nu_{g2}$

$$v_{kl} \approx - \frac{R_2}{R_1 \| X_{C1}} = - \frac{R_2}{R_1} \quad (1 + j\omega R_1 C_1) \quad ,$$

oder

(5.21) $$v_{kl} = - \frac{R_2}{R_1} \left(1 + j \frac{\nu}{\nu_{gd}}\right)$$

mit der Grenzfrequenz $\nu_{gd} = \frac{1}{2\pi R_1 C_1}$.

Wählen wir $\nu_{gd} = \nu_{g2}$, so überwiegt für $\nu < \nu_{g2}$ die Proportionalverstärkung,

(5.22) $$v_{kl} = - \frac{R_2}{R_1} \; ; \; F_R = -1 \cdot v_{kl} = \frac{R_2}{R_1} = v_p \; ,$$

und für $\nu > \nu_{g2}$ steigt die Klemmenverstärkung gemäß

(5.23) $$v_{kl}(\nu) = -j \frac{R_2}{R_1} \frac{\nu}{\nu_{g2}} \; ; \; F_R(\nu) = - v_{kl}(\nu) = j \frac{R_2}{R_1} \frac{\nu}{\nu_{g2}} = v_d(\nu)$$

$$v_d = jv_p \cdot \nu / \nu_{g2}$$

wie bei einem Differentiator proportional zur Frequenz ν an, mit einer Phasendrehung von -90° bzw. 270°. Die Phasendrehung des Regelverstärkers beträgt dann -90° bezüglich der Eingangsspannung U_x bzw. $+90^\circ$ bezüglich U_w. $v_d(\nu)$ ist der Differentialanteil der Verstärkung $F_R(\nu)$.

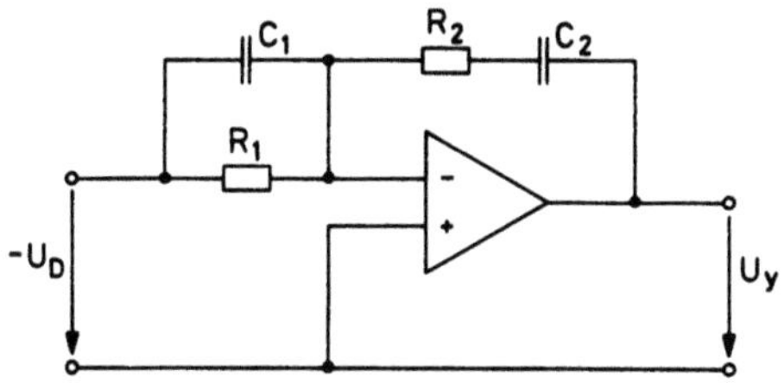

Fig. 190: Zum PID-Regler

Dieser Regler mit Proportional-Integral-Differential-Verhalten (kurz PID-Regler) erzeugt also im Integralbereich $\nu < \nu_{g1}$ eine Phasendrehung bezüglich U_x von $+90^\circ$, die im Proportionalbereich für $\nu < \nu_{g2}$ gegen 180° geht. Bei der dritten Grenzfrequenz ν_{g3} beträgt die Phasendrehung des Reglers infolge des Differentialverhaltens 270°. Die Phasenverschiebung der Regelstrecke setzt sich bei ν_{g3} zusammen aus einer Drehung von -90° vom ersten Tiefpaß, -90° vom zweiten und -45° vom dritten, insgesamt also -225°. Die Phasenverschiebung des gesamten Regelkreises beträgt bei ν_{g3} also $\varphi_s = 270^\circ - 225^\circ = 45^\circ$. Damit besteht im gesamten Frequenzbereich $\nu < \nu_{g3}$ eine Phasensicherheit von mindestens 45°. Der Regelkreis ist stabil, wenn die Schleifenverstärkung F_o bei der Frequenz ν_{g3} den Wert 1 hat, und für $\nu > \nu_{g3}$ kleiner als 1 ist. Es muß also

(5.24) $|F_o(\nu_{g3})| = |F_s'(\nu_{g3})| \cdot |F_R(\nu_{g3})| = 1$

sein. Die Verstärkung des Reglers $F_R(\nu)$ ist für $\nu > \nu_{g2}$ gegeben durch Glg. (5.23):

$$F_R(\nu) = v_d(\nu) = j \cdot v_p \cdot \nu / \nu_{g2}$$

Aus Glg. (5.24) folgt dann für die Proportionalverstärkung

(5.25) $v_p = \dfrac{1}{|F_s'(\nu_{g3})| \cdot \nu_{g3}/\nu_{g2}}$

Das Produkt $F_s'(\nu) \cdot \nu/\nu_{g2}$ beschreibt eine Anhebung des -40 dB-Abfalls des Frequenzganges $F_s'(\nu)$ in einen -20 dB-Abfall (Fig. 191).

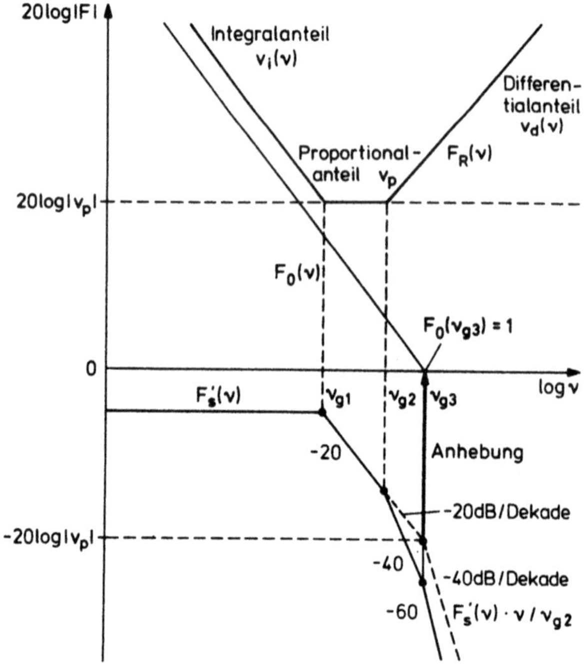

Fig. 191: Zum Frequenzgang eines PID-Reglers

Der Wert $|F_s'(\nu_{g3})| \cdot \nu_{g3}/\nu_{g2}$ ist größer als der Wert $|F_s'(\nu_{g2})|$, so daß die Proportionalverstärkung v_p bei einem Regler mit D-Verhalten größer als bei einem PI-Regler gemacht werden kann. Durch die + 20 dB-Anhebung des Frequenzganges der Regelstrecke $F_s'(\nu)$, die das D-Glied bewirkt, steigt auch der Frequenzgang der Schleifenverstärkung $F_o(\nu) = F_R(\nu) \cdot F_s'(\nu)$ von der Frequenz ν_{g3} mit + 20 dB/Dekade mit fallender Frequenz an. Der Einbau eines Differenziergliedes bringt also eine Vergrößerung der Bandbreite und eine höhere Proportionalverstärkung. PID-Regler mit einstellbarer Proportional-Verstärkung und variablen RC-Zeitkonstanten für Integration und Differentiation ermöglichen eine optimale Anpassung an eine gegebene Regelstrecke hinsichtlich Genauigkeit, Regelgeschwindigkeit und Stabilität.

5.5 Rechenschaltungen

Die analoge Nachbildung nichtlinearer mathematischer Funktionen wie $\ln x$ und e^x läßt sich mit Operationsverstärkern leicht realisieren, wenn eine Diode zur Verfügung steht, deren Kennlinie durch

$$(5.26) \qquad I_D = I_S\left(e^{\frac{U_{AK}}{U_T}} - 1\right)$$

beschrieben wird. Dabei ist I_D = Diodenstrom, I_S = Sperrstrom, U_{AK} = Spannung zwischen Anode und Kathode und $U_T = \frac{kT}{e} \approx 25\,\text{mV}$ die Temperaturspannung. Für $U_{AK} \gg U_T = 25\,\text{mV}$ gilt

$$(5.27) \quad I_D \approx I_S\, e^{\frac{U_{AK}}{U_T}} = I_S \exp\left(\frac{U_{AK}}{U_T}\right) .$$

Legt man eine solche Diode in den Gegenkopplungspfad eines OPV (Fig. 192), so erhält man einen Logarithmierer, dessen Ausgangsspannung U_A dem Logarithmus der Eingangsspannung U_E proportional ist.

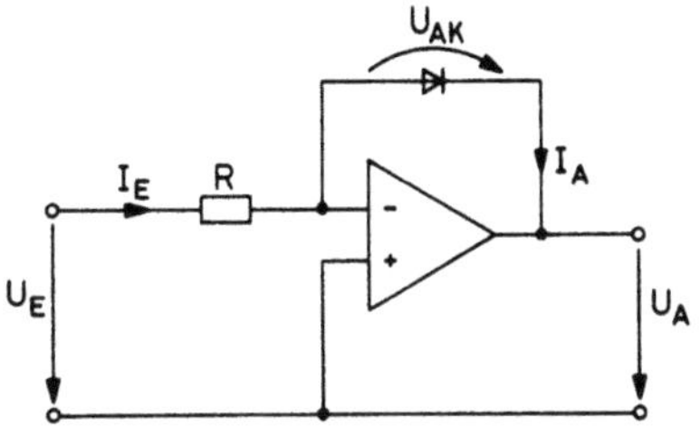

Fig. 192: Zum Logarithmierer

In den Eingang des Logarithmierers fließt der Strom

$$(5.28)\qquad I_E = \frac{U_E}{R} = -I_A = I_D = I_S \exp\left(\frac{U_{AK}}{U_T}\right).$$

Er fließt über die Diode zum Ausgang des OPV ab. Die Spannung U_{AK} über der Diode, deren Anode an virtueller Erde liegt, ist wegen $U_{AK} + U_A = 0$ der Ausgangsspannung $U_A = -U_{AK}$ entgegengesetzt gleich. Ersetzt man U_{AK} durch U_A in obiger Gleichung, so erhält man, aufgelöst man U_A:

$$(5.29)\qquad U_A = -U_T \ln\frac{U_E}{R\cdot I_S} = -60\,\mathrm{mV}\log\frac{U_E}{R\cdot I_S}\ .$$

Die Ausgangsspannung des Logarithmierers vergrößert sich um 60 mV bei einer Verzehnfachung der Eingangsspannung U_E.

Wegen der Temperaturabhängigkeit der Temperaturspannung U_T und des Sperrstromes I_S driftet ein solcher Logarithmierer. Brauchbare Schaltungen zur Logarithmierung von Spannungen baut man mit zwei exakt gleichen, thermisch eng gekoppelten Logarithmierern auf, deren Ausgangsspannungen von einem Differenzverstärker gemessen werden. Nur einem Logarithmierer wird die Eingangsspannung U_E zugeführt, der Eingang des anderen liegt an Masse. Wenn beide die gleiche Ausgangsspannungsdrift zeigen, ist die Ausgangsspannung des Differenzverstärkers driftfrei und proportional dem Logarithmus der Eingangsspannung U_E.

5.5.1 Potenzierer

Durch Vertauschung von Diode und Widerstand wird aus einem Logarithmierer ein Potenzierer (Fig. 193).

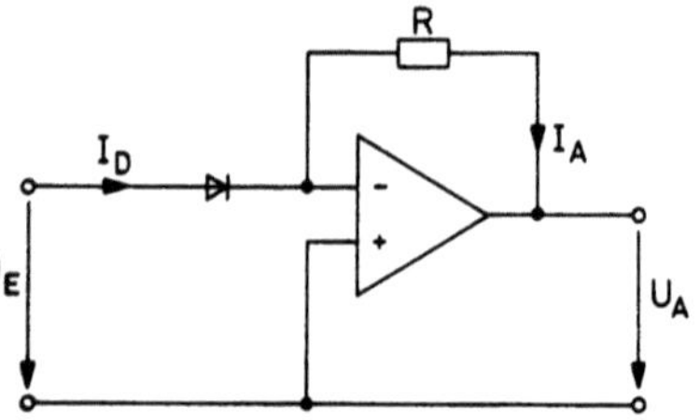

Fig. 193: Potenzierer

Hier gilt

(5.30) $$I_E = I_D = I_S \cdot \exp \frac{U_{AK}}{U_T}$$

mit $U_{AK} = U_E$ und $I_A = \frac{U_A}{R}$. Wegen $I_E = - I_A$ ist

$$U_A = - RI_S \left(\exp \frac{U_E}{U_T} - 1\right) ,$$

und für $U_E > 25\,mV$

(5.31) $$U_A = - RI_S \cdot \exp \frac{U_E}{U_T} .$$

Die Ausgangsspannung U_A hängt also exponentiell von der Eingangsspannung U_E ab.

5.5.2 Multiplizierer

Mit zwei Logarithmierern, einem Summierer und einem Potenzierer läßt sich das Produkt zweier Spannungen U_1 und U_2 bilden. Die in Fig. 194 wiedergegebene Schaltung stellt einen kleinen Analogrechner dar, der die Produktbildung auf die Addition zweier Logarithmen zurückführt.

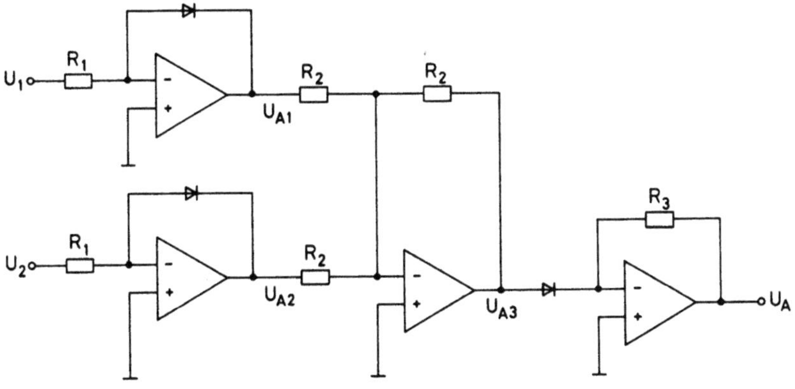

Fig. 194: Zum Multiplizierer

Die Logarithmierer liefern nach Glg. (5.29)

(5.32) $$U_{A1} = - U_T \ln \frac{U_1}{R_1 I_S} ,$$

(5.33) $U_{A2} = -U_T \ln \frac{U_2}{R_1 I_S}$.

Die Ausgangsspannung des Summierers ist

(5.34) $U_{A3} = -(U_{A1} + U_{A2}) = U_T \ln \frac{U_1 U_2}{(R_1 \cdot I_S)^2}$.

Der Potenzierer liefert nach Glg. (5.31) die Ausgangsspannung

$$U_A = -R \cdot I_S \exp \frac{U_{A3}}{U_T} = -R \cdot I_S \exp \left(\ln \frac{U_1 U_2}{(R_1 \cdot I_S)^2} \right),$$

also

(5.35) $U_A = -\frac{U_1 U_2}{R_1 I_S}$.

Analogmultiplizierer lassen sich auch mit einer modifizierten Differenzverstärkerschaltung realisieren. Bei dem Differenzverstärker von Ziff. 3.1 ist die Ausgangsspannungsdifferenz $\Delta U_A = U_{A1} - U_{A2}$ proportional der Eingangsspannungsdifferenz $U_{E1} - U_{E2}$. Für $\Delta U_E < U_T = 25\,mV$ gilt:

(5.36) $\Delta U_A = \frac{R_C \cdot \beta}{r_{BE}} (\Delta U_{E1} - \Delta U_{E2})$.

Mit $r_{BE} = U_T/I_B$ und $I_B = I_E/\beta$ folgt

(5.37) $\Delta U_A = \frac{R_C I_E}{U_T} (\Delta U_{E1} - \Delta U_{E2})$,

so daß ΔU_A auch dem Emitterstrom I_E proportional ist. Wird der Strom I_E von einer Konstantstromquelle (Fig. 121) geliefert, deren Ausgangsstrom $I_A = I_E \approx \frac{U_R}{R}$ proportional der Eingangsspannung U_E der Stromquelle ist, so wird die Ausgangsspannungsdifferenz

(5.38) $\Delta U_A \sim U_E \Delta U_{E1}$

des Differenzverstärkers damit dem Produkt zweier Spannungen proportional. Nach diesem Prinzip arbeiten die meisten in integrierter Schaltungstechnik aufgebauten Multiplizierer.

Mit Analogmultiplizierern, deren Schaltsymbol Fig. 195 zeigt, lassen sich viele meßtechnische Probleme lösen.

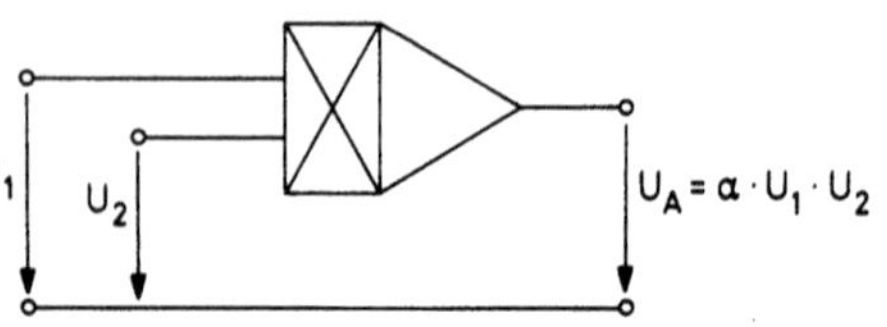

Fig. 195: Schaltsymbol eines Multiplizierers

5.5.2.1 Regelbare Verstärker

Es sei $U_1 = U_1(t)$ die Spannung des zu verstärkenden Signals und U_2 die Steuer- oder Regelspannung. Gibt man $U_1(t)$ und U_2 auf die Eingänge eines Multiplizierers, so ist dessen Ausgangsspannung $U_A = U_A(t) = \alpha U_2 U_1(t)$. Das Verhältnis von $U_A(t)$ zu $U_1(t)$ ergibt die Klemmenverstärkung

$$(5.39)\qquad v_{kl} = \frac{U_A(t)}{U_1(t)} = \alpha U_2 = v_{kl}(U_2)\ .$$

Die Klemmenverstärkung $v_{kl}(U_2)$ ist proportional zur Regelspannung U_2 und damit über einen großen Bereich veränderlich.

5.5.2.2 Lineares Gate

Der regelbare Verstärker liefert die Ausgangsspannung

$$U_A = \begin{cases} 0 \text{ falls } U_2 = 0 \text{ (Gate gesperrt)} \\ \alpha U_2 U_1 \text{ falls } U_2 = \text{const} \neq 0 \text{ (Gate offen)}\ . \end{cases}$$

Der Multiplizierer kann daher als schneller elektronisch gesteuerter Analogschalter dienen.

5.5.2.3 Multiplikative Mischung

Es sei

$$(5.40)\qquad U_1 = U_{10} \cos \omega_1 t \text{ und } U_2 = U_{20} \cos \omega_2 t\ .$$

Am Ausgang des Multiplizierers erscheint das Produkt

$$(5.41)\qquad U_A = \alpha U_1 U_2 = U_{10} U_{20} \cos \omega_1 t \cos \omega_2 t\ .$$

Dies läßt sich nach dem Additionstheorem für trigonometrische Funktionen umformen:

$$\cos(\alpha_1 + \alpha_2) = \cos \alpha_1 \cos \alpha_2 - \sin \alpha_1 \sin \alpha_2\ ,$$

$$\cos(\alpha_1 - \alpha_2) = \cos \alpha_1 \cos \alpha_2 + \sin \alpha_1 \sin \alpha_2\ ,$$

also

$$(5.42)\qquad \cos(\alpha_1 + \alpha_2) + \cos(\alpha_1 - \alpha_2) = 2 \cos \alpha_1 \cos \alpha_2\ .$$

Folglich ist

(5.43) $$U_A = U_1 U_2 = \frac{U_{10}U_{20}}{2}\,[\cos(\omega_1 - \omega_2)t + \cos(\omega_1 + \omega_2)t].$$

In der Ausgangsspannung des Multiplizierers sind also zwei Frequenzen enthalten: einmal die Summenfrequenz $\omega_S = \omega_1 + \omega_2$ und zum anderen die Differenzfrequenz $\omega_D = \omega_1 - \omega_2$. Dies Phänomen spielt in der Nachrichtentechnik eine Rolle, wenn eine hochfrequente Wechselspannung (HF) der Frequenz ω_1 mit einem Signal der Frequenz $\omega_2 \ll \omega_1$ (Niederfrequenz = NF) amplitudenmoduliert wird. Die amplitudenmodulierte Ausgangsspannung eines Senders kann beschrieben werden durch

(5.44) $$U_S = U_{To}\left(1 + \frac{U_N}{U_T}\cos\omega_2 t\right)\cos\omega_1 t = U_T(t)\cos\omega_1 t\ ,$$

mit U_{To} = Amplitude des Trägers ohne Modulation, U_N = Amplitude des NF-Signals, $U_T(t)$ = modulierte Amplitude. In der Ausgangsspannung sind neben der Trägerfrequenz ω_1 wegen der multiplikativen Mischung $\cos\omega_2 t\cos\omega_1 t$ auch die Frequenzen $\omega_S = \omega_1 + \omega_2$ und $\omega_D = \omega_1 - \omega_2$ enthalten, die man als oberes und unteres Seitenband bezeichnet.

Auch auf der Empfängerseite wird vom Prinzip der multiplikativen Mischung Gebrauch gemacht, indem man die Empfangsfrequenz ω_E mit der Frequenz ω_o eines Oszillators mischt(Fig. 196). Die dabei entstehende Differenzfrequenz wird als Zwischenfrequenz $\omega_Z = \omega_E - \omega_o$ weiter verstärkt. Der ZF-Verstärker ist mit Resonanzkreisen bestückt, die alle auf ω_Z abgestimmt sind (selektive Verstärker). Am Ausgang des ZF-Verstärkers erscheinen nur solche Empfangsfrequenzen ω_E verstärkt als amplitudenmodulierte Zwischenfrequenz

(5.45) $$U_Z = U_Z(t)\cos(\omega_E - \omega_o),$$

die sich von der Oszillatorfrequenz ω_o um $\omega_Z = \omega_E - \omega_o$ unterscheiden. Man kann auf diese Weise trennscharfe, mehrkreisige ZF-Verstärker bauen. Zur Abstimmung des Empfängers auf den Sender muß lediglich die Oszillatorfrequenz ω_o verändert werden.

Auch die Demodulation der amplitudenmodulierten ZF läßt sich in idealer Weise durch multiplikative Mischung durchführen. Dazu multipliziert man die Ausgangsspannung U_Z des ZF-Verstärkers mit einer Hilfsspannung $U_H = U_{HO}\cos\omega_Z t$, deren Amplitude U_{HO} konstant ist. Diese Hilfsspannung U_H gewinnt man aus der Spannung U_Z durch

Amplitudenbegrenzung. Eine einfache Begrenzerschaltung, bei der die Amplitude $U_{HO} = U_D \approx 0{,}7\,V$ gleich der Durchflußspannung der Begrenzerdioden ist, zeigt Fig. 196.

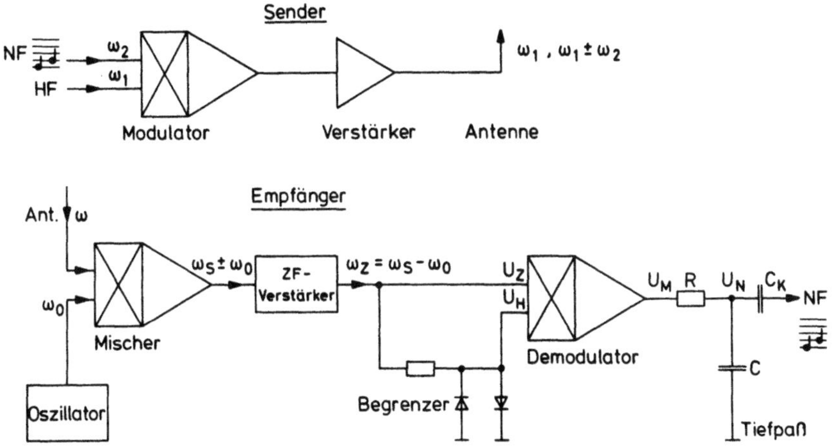

Fig. 196: Multiplizierer als Modulator, Mischer und Demodulator in der Nachrichtentechnik

Durch multiplikative Mischung entsteht die Spannung

(5.46) $$U_M = U_Z U_H = U_Z(t) U_{HO} \cos^2 \omega t \; .$$

Nach dem Additionstheorem ist wegen $\omega_1 = \omega_2 = \omega$

(5.47) $$U_M = U_Z(t) \cdot \frac{U_{HO}}{2} (1 + \cos 2\omega_Z t) \; .$$

Diese Spannung gibt man auf einen Tiefpaß mit der Grenzfrequenz $\omega_g = \frac{1}{RC} << 2\omega_Z$ und erhält an seinem Ausgang das ZF-freie demodulierte Signal

(5.48) $$U_N = U_Z(t) \cdot \frac{U_{HO}}{2} \; .$$

Die Größe dieses demodulierten ZF-Signals U_N ist dem amplitudenmodulierten Sendersignal proportional

(5.49) $$U_Z(t) \sim U_T \left(1 + \frac{U_N}{U_T} \cos \omega_2 t\right)$$

und enthält neben dem Gleichspannungsanteil $\sim U_T$ die niederfrequente

Modulationsspannung $U_N \cos \omega_2 t$, welches über einen Kondensator C_K ausgekoppelt und einem NF-Verstärker zugeführt werden kann.

Auch die eben beschriebene Demodulation findet als phasenabhängige Gleichrichtung in der Meßtechnik Anwendung. Meßverstärker mit phasenabhängiger Gleichrichtung ermöglichen die Messung extrem kleiner Wechselspannungen, denen sehr große Stör- oder Rauschspannungen überlagert sein können (Lock-In-Verstärker).

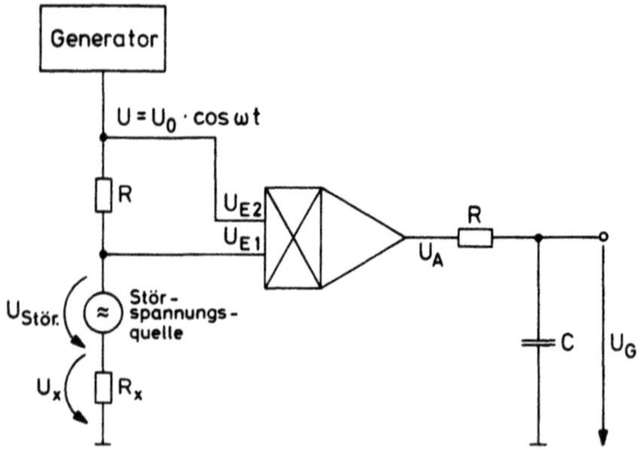

Fig. 197: Zur phasenabhängigen Gleichrichtung

Das Prinzip eines phasenabhängigen Gleichrichters soll anhand der Fig. 197 verdeutlicht werden. Ein Wechselspannungsgenerator mit der Ausgangsspannung

(5.50) $u_1 = U_o \cos \omega t$

gibt über einen Widerstand R Strom an einen Widerstand R_x ab, wo die Spannung U_x entsteht, die gemessen werden soll. Es sei

$$R_x \ll R \text{ und folglich } U_x \approx U_o \frac{R_x}{R} \cos \omega t \ .$$

Der kleinen Meßspannung U_x sei nun eine Stör- oder Rauschspannung U_{St} überlagert. Am Multiplizierer steht die Spannung

$$U_{E1} = U_x + U_{St} \ .$$

Er liefert die Ausgangsspannung

$$u_A = \alpha U_{E1} U_{E2} = \alpha (U_x + U_{St}) U_o \cos \omega t$$

$$= \alpha (U_o \frac{R_x}{R} \cos \omega t + U_{St}) U_o \cos \omega t$$

$$= \alpha U_o^2 \frac{R_x}{2R} (1 + \cos 2\,\omega t) + \alpha U_{St} \cdot U_o \cos \omega t \quad .$$

Wählt man die Grenzfrequenz $\omega_g = \frac{1}{RC}$ des nachgeschalteten Tiefpasses viel kleiner als ω, so steht an dessen Ausgang nur noch die Gleichspannungskomponente

$$U_G = \alpha U_o^2 \frac{R_x}{2R} = \alpha \cdot \frac{U_o}{2} U_x \quad .$$

Darin ist die Störspannung U_{St} nicht mehr enthalten. In der Praxis verstärkt man die Meßspannung $U_x + U_{St}$ mit einem auf ω abgeglichenen selektiven Verstärker, bevor man sie dem Multiplizierer zuführt. Dadurch wird das Signal/Rauschverhältnis verbessert und die Gefahr der Übersteuerung des Multiplizierers durch zu große Rauschspannungsanteile verringert. Falls die Meßspannung U_x nicht, wie hier angenommen, in Phase mit der Generatorwechselspannung U ist, sondern um den Phasenwinkel α verschoben, gilt $U_G = \alpha \cdot \frac{U_o}{2} \cdot U_x \cos \alpha$. Mittels eines Phasenschiebers muß die Phasenverschiebung wieder zu Null und U_G damit auf Maximalwert gebracht werden.

5.5.2.4 Quadrierer

Gibt man auf beide Eingänge eines Multiplizierers die gleiche Spannung $U_E = U_1 = U_2$, so ist seine Ausgangsspannung $U_A = \alpha U_1 \cdot U_2 = \alpha U_E^2$ dem Quadrat der Eingangsspannung proportional. Bei sinusförmiger Eingangsspannung $u_E = U_o \cos \omega t$ läßt sich wegen

$$u_A = \alpha u_E^2 = \alpha U_o^2 \cos 2\,\omega t$$

$$= \frac{\alpha U_o^2}{2} (1 + \cos 2\,\omega t)$$

eine Frequenzverdopplung durchführen.

5.5.3 Dividierer

Mit einem Multiplizierer und einem OPV läßt sich ein Dividierer aufbauen (Fig. 198): Es ist $U_+ = U_2$ und $U_- = \alpha U_1 \cdot U_A$. Wegen $U_+ = U_-$ folgt

$$U_2 = \alpha U_1 U_A$$

und damit ist die Ausgangsspannung $U_A = \frac{U_2}{\alpha U_1}$ dem Quotienten der beiden Eingangsspannungen proportional.

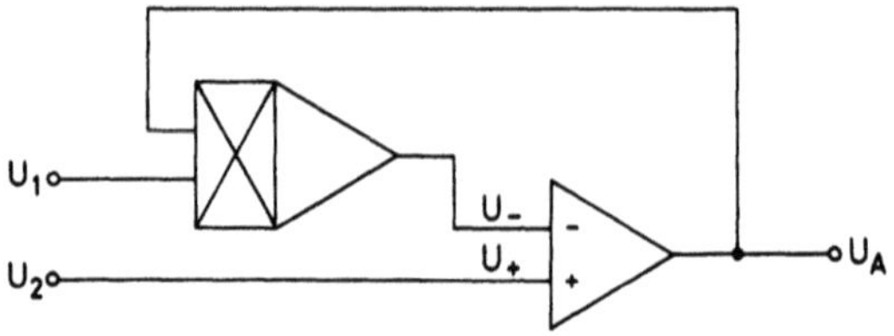

Fig. 198: Dividierer

5.5.4 Radizierer

Er ist ähnlich aufgebaut wie der Dividierer (Fig. 199). Es ist $U_- = \alpha U_A^2$ und $U_+ = U_E$.
Aus $U_- = U_+$ folgt auf $\alpha U_A^2 = U_E$ bzw. $U_A = \sqrt{\frac{U_E}{\alpha}}$.
Mittels solcher Schaltungen ist eine schnelle und exakte Effektivwertmessung beliebig geformter Wechselspannungen möglich.

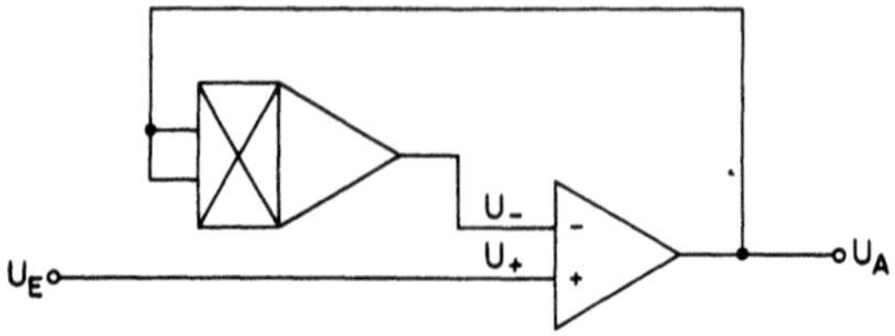

Fig. 199: Radizierer

Der Effektivwert ist definiert als Wurzel aus dem Mittelwert des Spannungsquadrates:

$$U_{eff} = \sqrt{\overline{U^2}} \text{ mit } \overline{U^2} = \frac{1}{T}\int_0^T U^2(t)\,dt \quad .$$

Entsprechend dieser Rechenvorschrift bildet man

1) die Größe $U^2(t)$ mittels eines Quadrierers,
2) den zeitlichen Mittelwert dieser Größe mit einem Mittelwertbilder (Ziff. 4.16),
3) die Wurzel aus dem Mittelwert mit einem Radizierer.

Aus der Fülle der Anwendungsmöglichkeiten analoger Rechenschaltungen soll noch ein Verfahren zur Amplitudenmessung sinusförmiger Wechselspannungen beschrieben werden, das vor allem bei sehr tiefen Frequenzen eine sofortige Amplitudenbestimmung ermöglicht. Es beruht auf der Formel

$$U_o^2 \sin^2 \omega t + U_o^2 \cos^2 \omega t = U_o^2 (\sin^2 \omega t + \cos^2 \omega t) = U_o^2 \quad .$$

Zur Messung der Amplitude U_o der Spannung $u = U_o \sin \omega t$ ist nach obiger Rechenvorschrift ein Quadrierer erforderlich, der den Ausdruck $U_o^2 \sin^2 \omega t$ bildet. Die um 90° phasenverschobene Spannung $U_o \cos \omega t$ kann von einem Integrator mit der Zeitkonstanten $RC = \frac{1}{\omega}$ gebildet werden (s. Ziff. 4.1.3). Ein zweiter Quadrierer bildet $U_o^2 \cos^2 \omega t$. Die quadratischen Ausdrücke werden von einem Summierer aufaddiert und das Ergebnis U_o^2 einem Radizierer zugeführt, an dessen Ausgang die Amplitude U_o der Wechselspannung als konstante Größe ansteht.

Sachregister

MIX
Papier aus verantwortungsvollen Quellen
Paper from responsible sources
FSC® C105338

If you have any concerns about our products,
you can contact us on
ProductSafety@springernature.com

In case Publisher is established outside the EU,
the EU authorized representative is:
Springer Nature Customer Service Center GmbH
Europaplatz 3, 69115 Heidelberg, Germany

Printed by Libri Plureos GmbH
in Hamburg, Germany